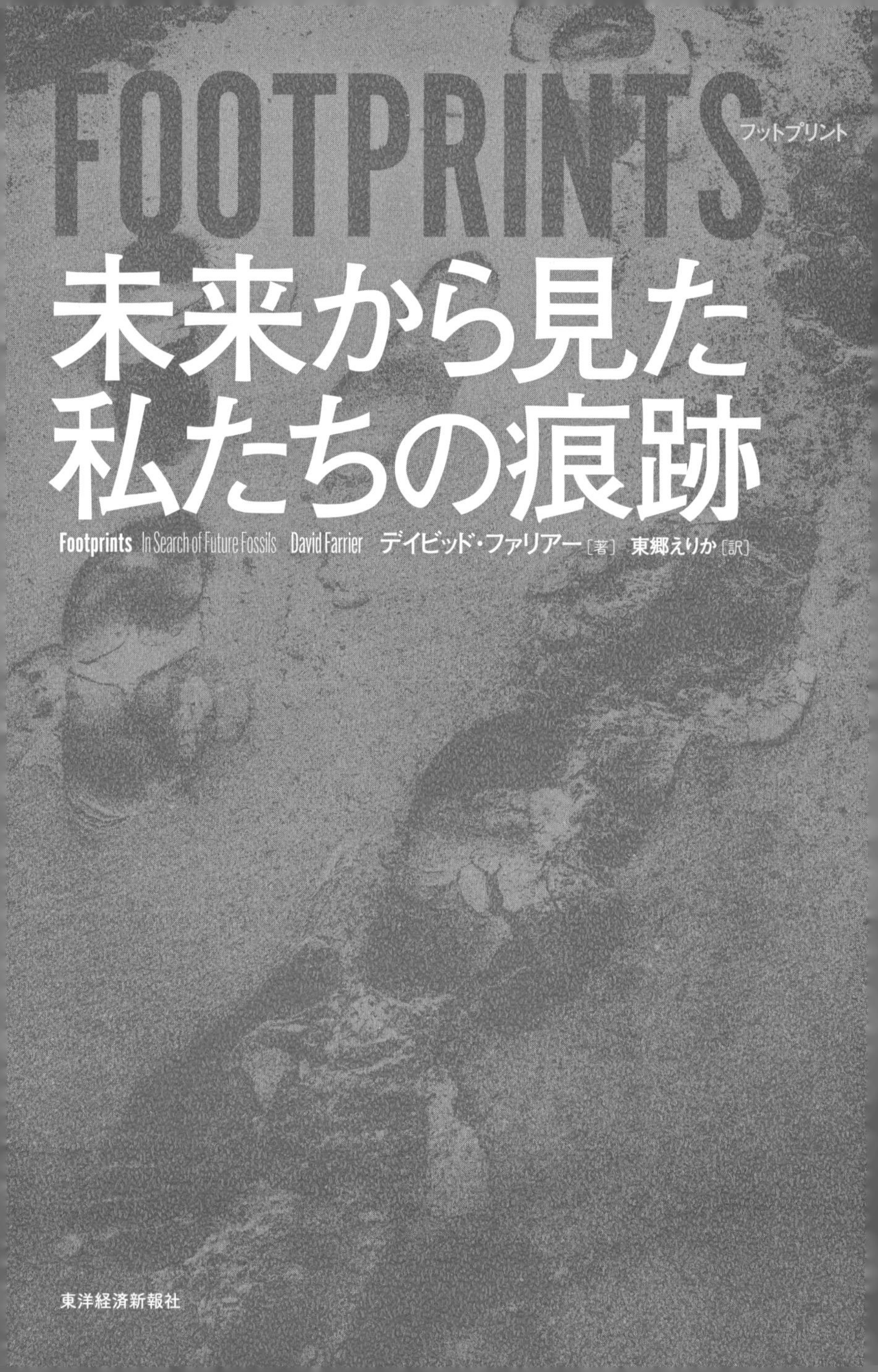

FOOTPRINTS

フットプリント

未来から見た私たちの痕跡

Footprints In Search of Future Fossils David Farrier

デイビッド・ファリアー〔著〕 東郷えりか〔訳〕

東洋経済新報社

アイザックとアニーに

FOOTPRINTS

未来から見た私たちの痕跡

目　次

序章

呪われた未来の痕跡 9

第1章

飽くことなく延びる道路 34

第3章 ペットボトルの行方 100

第4章 氷床コアの記録 129

第7章 脅かされる生物多様性 …… 240

第8章 微生物の攪乱 …… 270

終章 未来の化石が示すもの

序章　呪われた未来の痕跡

人類の足跡の化石

イングランドの東端はゆっくりと再び海面下に沈みつつある。潮流は年間2メートルほどの割合で、イーストアングリアの海岸線をなす低い崖を削り取っている。季節的な暴風雨で土地は侵食される。その大半は、45万年前にイギリス南部まで氷床が広がっていた時代に堆積した氷河岩屑《ティル》だ。安普請の壁のように、海岸は侵食と突然の崩壊を受けやすい。1845年のある晩、ノーフォーク州ヘイズブラ近くで1人の農場主が4・8ヘクタールほどの畑を耕し、翌朝には種まきができる状態にしてから就寝した。目が覚めると、畑は消滅していた。1953年に300人以上の死者をだした壊滅的な洪水のあと沿岸には防潮堤が築かれたが、それも崩れて久しい。

かつては海岸の見えない場所に立っていた建物も、いまやすぐそばまで海が迫っており、家主たちは丹精を込めて手入れをした庭までその境界が少しずつ迫ってくる様子を、不安な面持ちで眺める。ときおり、家屋が崩れて海へと沈んでゆく。足下の地面は、あたかも借り物の時間の上に立っているかのように、その場限りのものに感じられる。

だがときには、海が何かを返してくれることもある。2013年5月、春の嵐がヘイズブラの崖地の泥状の前浜に、アフリカ以外で見つかった人類の痕跡としては最古のものを露出させた。戦後まもない時期に建てられ、崩れかけた防潮堤の背後にあった砂を、潮位の上がった海がもち去り、薄板状に固まった沈泥に数十個の菱形の穴が開いた一角が出現したのだ。その窪みは、初期の人類の一団であるホモ・アンテセッサーによって残された85万年前の足跡化石だった。

彼らは太古の川のぬかるんだ川岸沿いを移動していたのだ。足跡《フットプリント》の大きさがまちまちであることから、成人と子供からなる異年齢の集団で、南の方角へ向かっていたことが示唆された。当時、ここは河口域で、マツ、トウヒ、カバノキの森のあいだにところどころ、ヒースの荒野や草原など開けた土地が広がっていた。

足跡の写真は、熱狂的なダンスステップを描いた足型図に似ている。足跡があちこちへ行き来する様子は、住み慣れた場所であることを思わせる。くたびれた子供をなだめるために大人が立ち止まったり、地平線を見渡して捕食者がいないか確認したり、腕を上げて何か興味深いものを指し示したり、励ますように肩に手をかけたりする情景だ。いくつかの足跡は保存状態がきわめてよく、指の1本1本の輪郭までが見えるほどだった。

このヒト属の小集団は、遠い過去から現在まで歩いてやってきたのだ。足跡は現われたのとほとんど同じくらいすぐさま消え去った。2週間も経たないうちに、潮流が足跡をすべて洗い流してしまったのだ。

　太古の足跡は、巣穴や轍《わだち》、歯形と同様に、生痕《せいこん》化石と呼ばれている。〔いわゆる〕化石とは異なり、これらは死ではなく生を語る。実体こそないが、生痕化石はそこを離れた生体の体重や足取り、習性を証言するものであり、太古の暮らしがどのようなものであったかを物語ってくれる。ヘイズブラの足跡のような生痕化石は、偶発的な記憶だ。集団がどこからやってきて、どこへ向かっていたのかは知りようがない。

　だが、足跡は祖先たちの姿を魔法のように垣間見せてくれる。彼らの過去は私たちの現在に触れるかのごとく、その足取りは私たちの時代まで踏み入れて神秘的な旅に誘いかけるかのようだ。たとえ写真からでも、足跡はこの集団がまだ立ち去ったばかりで、その痕跡は新しく光っていて、私たちが急げば彼らに追いつけるような、不可思議な感覚を掻き立てる。

　太古の人類によって残された痕跡という観点からは、ヘイズブラの足跡は比較的新しい。知られている最古の人類の足跡は、現在はタンザニアのンゴロンゴロ保全地域となっているラエトリの火山灰のなかで見つかった360万年前の〔アウストラロピテクス・アファレンシスの〕ものだ。この足跡は1976年に発見され、鮮新世の「ファースト・ファミリー」の痕跡として受け入れられており、ミルトンの〔『失楽園』に登場する〕アダムとイブのように、「手に手を取って、さまよいながらのろのろと」進んでいたのだと考えられた。

　遠い過去が現在にやってくるときは、往々にして驚くべきものとなる。ラエトリの足跡は、メアリー・リーキーによって率いられた古人類学者のチームが、発掘作業の休憩時間に浮かれた気分になり、ゾウの糞を互いに投げ合い始めたときに発見された。調査団の元気いっぱいのあるメンバーが、足跡の上で転んでからようやくその存在に気づいたのだ。

だが、おそらく最も有名な足跡は、少なくとも欧米人の想像のなかに最も深く刻まれた足跡は、実際には一度もつけられなかったものかもしれない。

ある日の正午に近いころ、ボートに向かう途中の出来事だった。浜辺に裸足の人間の足跡があって、それが砂の上で非常にくっきりと見えてひどく驚いた。私は雷に打たれたように、あるいは亡霊でも見たかのように、そこに立ち尽くした。耳をすまし、周囲を見回した。何も聞こえず、何も見えなかった［……］あるのは足指から踵まで、足のあらゆる部分が揃った足跡そのものだけだった。どのようにしてそこまでやってきたのか、私にはわからなかったし、想像することもできなかった。

このたった1つの足跡の発見は、1719年に出版され、最初の近代小説とも呼ばれてきたダニエル・デフォーの『ロビンソン・クルーソー』のなかの最も象徴的な場面だ。ロバート・ルイス・スティーブンソンはこれを、文学における四大名場面の1つと考え、ほかのどれにも増して、「心の目に永久に刻みつけられて」きたと考えた。フライデーが残したありえない痕跡――それ以外の点では手つかずの浜辺の真ん中に、どうしてたった1つの足跡が残りうるだろうか？――に、クルーソーは怯えた。無人島での孤独な暮らしに耐えたのちに、彼は突然「あらゆる枝や木を誤解し、遠くに見えるすべての切り株を人間だと思い込み」、あらゆる場所に人間の存在を示すヒントを見るようになる。

フライデーの足跡や、初期の人類の足跡の発見が、私たちの想像力をそれほど強く掻き立てるのは、誰もがいずれかの時点でそれに似た経験をしているからだ。不意に、見えない誰かが道連れとなっている気分になることだ。独りきりでいるにもかかわらず、なぜか近くに人の気配が感じられたり、人けのない部屋にまだ、少し前に去ったばかりの人の存在が色濃く残っていたりするのだ。誰かが、あるいは何かがすでに通り過ぎていたのである。

T・S・エリオットの『荒地』の最後の部分は、南極大陸へのシャックルトン遠征隊の記録から着想を得ていた。そこには遠征隊の疲労困憊した隊員たちが、数えられる人数よりもいつも1人だけ多くいるという幻覚を起こしていたことが綴られていた。「前方に白くつづく道を見上げると、いつも誰かが隣を歩いている」と、エリオットの詩のなかの姿の見えない多くの声の1つがこぼす。

近年、ラトエリの足跡は、当初考えられたように、連れ立って歩いていた2人を表わしていたのではなく、別々の時代に個別につけられた一連の足跡ではないかと言われている。新しい高解像度の写真技術によって、2種類の足跡によって消されていた3つ目の足指の跡があることが明らかになった。3人目の人物は、右足よりも左足を使いたがっていたらしく、おそらく怪我をしていたのだろう。彼らがどこへ向かっていたにせよ、同じルートで戻ってくることはなかった。帰りの旅を記す足跡はなかったのである。

10万年後も残りつづける人為起源の炭素

過去から一連の足跡が踏みだしてきたとき、別の種類の足跡《フットプリント》は未来へと踏みだしていた。2013年5月、ヘイズブラの足跡が発見された同じ月に、ハワイのマウナロア観測所の気候科学者たちは、大気中の二酸化炭素濃度が人類史上初めて400ppmに達したと発表した〔カーボンフットプリント、炭素の足跡は、温室効果ガスの出処を突き止め、排出量を把握すること〕。

ヘイズブラの足跡が泥のなかにつけられてから、19世紀なかばまでの80万年間に、地球が凍りついた氷期と温暖な間氷期を繰り返すなかで、大気中の二酸化炭素の濃度は180ppmから280ppmまで揺れ動いた。濃度が280ppmを最後に超えたのは、350万年前の鮮新世中期のあいだで、そのころにラエトリの足跡はつけられ、私たちの最古の祖先はまだ類人猿から分岐したばかりだった。そこにあったのはいろいろな意味で、私たちには馴染みのある世界だったのである。大陸は基本的に今日と同じ場所に位置し、おおむね似たような動植物が生息しており、そのあいだの海洋にも同じ種類の魚類が泳いでいた。だが、海そのものは今日よりも何十メートルも水位が高く、地球の平均気温は約3℃高かった。

鮮新世が私たちの知る世界に似ているとすれば、それはまたこの世界がなりかねない姿を予示するものでもある。科学者のなかには、鮮新世を「太古の実験室」のようなものと見なし、地球の気温が上がりつづけた場合に人間が暮らすことになる、困難で危険な世界をよりよく理解させる時代と考える人もいる。地球の平均気温はすでに1850年当時よりも1℃高くなっており、今世紀なかばにはその差は1・5℃にも達し、現生人類が進化した世界とは根本的に異なる世界となる瀬戸際に立たされることになるだろう。すでに旱魃《かんばつ》や洪水、森林火災や暴風雨が世界の多くの場所で頻繁に生じ、致命的な結果をもたらすようになった。

だが1・5℃以上に上昇すれば、根本的に異質な場所となった地球で、どのように生きるかを急速に学ばねばならない羽目になる。かつてのように作物が実らなくなり、赤道付近の都市は人が住めなくなり、海抜の低い島や国は波間に沈むだろう。地球上の生態系のおそらく5分の1は、その限界を超えれば、何らかの根本的な変化を遂げなければならないが、より懸念されるのは、北極圏の永久凍土が取り返しのつかない形で解け、大惨事を引き起こすレベルで温室効果ガスを放出し、数世紀のあいだに間違いなく鮮新世のような気候に戻るということだ。

鮮新世が再来するかどうかは、まだ既成事実になってはいない。私たちはまだ違う未来を選択できるのだ。それでも、私たちがすでに引き起こした変化の兆しは、たとえ遠い未来であれ、その時代に住む人びとにとっては明らかとなるだろう。産業革命の溶鉱炉やごく初期の内燃機関の排気筒からでた二酸化炭素は、目には見えないがまだ私たちの頭上を循環しており、化石燃料を燃やすことで生じる特徴的な同位体は、地球全体に胞子のように拡散し、氷河や湖底の堆積物のなかで層をなしている。たとえいますぐ化石燃料を使うのをやめたとしても、私たちが生みだした炭素の痕跡は、非常に長期にわたって残りつづけるだろう。

シカゴ大学の気候科学者のデイビッド・アーチャーは、化石燃料を燃やすことで生じる炭素の3分の1もの量が、いまから1000年間は大気に留まりつづけるだろうと推計した。1万年後にはこの量は10％ないし15％に減るが、約7％という、人為起源の炭素の長い尾は10万年後にもまだ存在し、氷河期が再び訪れるのを遅らせるのに充分な期間となるだろう。私たちの炭素はこの先50万年間は気候に影響をおよぼしうるのだ。

いまでは大気全体に私たちの通った痕跡が残っている。あたかも、人類が経てきた旅と消費してきたエネルギーの地球化学的な巨大な生痕化石のようなものだ。私たちの炭素の最後の名残がようやく大気から消えるころには、人類はさらに４０００世代は生きて、進化しているだろう。言語も意思伝達方法も、私たちが知るものとはまるでかけ離れているに違いない。10万２０００年という年に生きる人びとの話し方も考え方も、彼らが美術や音楽と考えるものも、私たちにはまるで見分けのつかないものとなるかもしれない。人間であることが何を意味するかすら、私たちには想像のつかないものに変わっているだろうが、その変化が生じ、子孫たちが私たちから離れてゆくにつれて、エリオットの詩のなかの３人目の亡霊的な存在のように、私たちは子孫に連れ添うのだろう。

マウナロア観測所の科学者たちが測定してきたような大気中炭素の急激な増加を生みだすために、人類はほかにも地中に無数の深い痕跡を残してきた。燃料や鉱物を探し求めて掘った穴から、それらを坑道からポンプや工場へ運ぶ耐久性に富む道路網にいたるまでの、さまざまな痕跡だ。私たちの炭素の痕跡は、専門家の知識や装置がなければじかに読み取ることはできないだろう。だが、以前より頻繁に、極端に生じるようになった異常気象現象という形ではすでに読むことができる。

気候の変化がもたらした新しい景観は、静かにその事実を証言するだろう。大地を干上がらせる旱魃や、水浸しにする嵐は、生態系が変わるか、様変わりし、沿岸都市の暮らしが海面の上昇によって維持できないものとなるにつれて、それ自体の生痕化石を生みだすのかもしれない。人為起源の炭素の相当量は大気中になどなく、海洋によって吸収されてきた。海は徐々に水温が上がり、酸性化しており、そこに棲むほぼすべての生物と、それに依存する生物に深刻な影響をもたらしている。

ヘイズブラとハワイでの発見の不気味な偶然に私が気づいた瞬間は、不気味なものでもあれば、驚愕するものでもあった。ある意味では、それは時間的にそれほどかけ離れたつながりの奇妙な類似性ゆえだった。ロビンソン・クルーソーのように、ヘイズブラの足跡は私たちに、「足指から踵まで、足のあらゆる部分が揃った」ものを突きつける。私たちと同じように歩き、恐れ、愛した個々の肉体である。だが、大気に残された「炭素の足跡《カーボンフットプリント》」も、同様に見覚えのある感覚を掻き立てるのではないかと私は思った。ヘイズブラの足跡が見つかったとき、85万年の歳月がわずか数メートルの距離にまで縮まったように、未来の世代の人びとも過去が彼らに向かって押し寄せるように感じるのだろうか。未来の人びとは彼らの行く手に私たちの存在がまだ感じられることに気づいて、クルーソーのように警戒するのだろうか。足跡《フットプリント》は、人類が地球におよぼした影響のうちでも、きわめて広く認識されるメタファーとなった。

とりわけ欧米社会では、自分たちがどう暮らすかしだいで、世界の大気に残される化学的な痕跡が深くもなれば、浅くもなることに注意を傾けるよう促されている。私たちのカーボンフットプリントは、みずからの行動の結果についてどれだけ気にするか（またはしないか）の印なのだ。ときには、「とるのは写真だけ、残すのは足跡だけ」というハイカーへの有名な忠告のように、そのメタファーは文字どおりのものになる。

しかし、足跡などつかの間のもので、風や雨ですぐさまきれいに拭い去られる一時的な跡なのだと示唆することは、私たちの残した印が実際にはきわめて長期にわたって残りつづけるという現実を覆い隠す。人類の生痕化石は地球の地質学的、化学的、進化的な歴史に刻まれるのであり、場合によっては、私たちの最も遠い子孫にも読み取れるものとなるだろう。私たちが沈黙してからずっとのちにも、それらは20世紀後半から21世紀初めにかけて、人間がどのように生きたかを語るものとなる。

いまからずっとのちの時代に、それに気づく人がいるとすれば、誰であるかは、推測するしかない。おそらくその時分には私たちの痕跡を読む人間は誰もいないのかもしれないが、それでも私たちはどこにでも、つねに存在し、何よりも驚くべき夥しさで、今後何十万年どころか何億年ものあいだ消えない遺産を残している。ヘイズブラの足跡のように、最もつかの間の現象に思われることが、時間における最も途方もない飛躍を予兆するのである。私たちはみずからを亡霊として呼びだす呪文をかけて、はるか遠い未来まで出現させているのである。

ディープタイムという時間の尺度

私はエディンバラ大学で英文学を教えている。2013年初めに、マウナロアの発表とヘイズブラの発見のわずか数カ月前に、私は自然と場所をテーマにして書くコースを教え始めた。それ以来、春学期には1週間に1度、学生たちと私は小さな教室に集まり、金色にラッカー塗装されて、表面がプラスチックのような感触の松材のテーブルを囲んで、エドワード・トマスやキャスリーン・ジェイミー、W・G・ゼーバルトなどの作家の作品について話し合う。教室の一方の側は全面が窓で、ソールズベリー・クラッグスの景色が広がる。死火山である「アーサーの玉座《シート》」の麓にきめの細かい粗粒玄武岩《ドレライト》が一塊の断崖をなした場所で、その周囲にエディンバラの都市そのものが１０００年以上にわたって広がってきた。

ソールズベリー・クラッグスの陰でこのコースを教えたことから、ディープタイム〔ヒトの時間の尺度を過去にも未来にも超えた地質学的な悠久の時代〕という考えに私は魅了されるようになった。巨大な車輪の轂《ハブ》のように、ソールズベリー・クラッグスはエディンバラ市の象徴であり、方角を示すものでもあった。この断崖の周囲をめぐる遊歩道からは、南にはペントランドヒルズが、北と西にはジョージアン・ニュータウンとフォース湾が見え、その先にはファイフ州の低い丘陵が望める。だが、この断崖は歴史のなかではさらに特別な場所となっていた。18世紀にエディンバラがスコットランドの啓蒙主義として知られた知的活動で大いに賑わい、その中心地となっていたころ、この一帯は採石場だった。

ジェームズ・ハットンという農場経営者がこの断崖をもとに、堆積岩は地中からの途方もない熱と圧力によって徐々に隆起して山となったという自説を証明した。赤味を帯びた火成岩がはるかに古いドレライトの白っぽい一角を包み込んだ、いまではハットンのセクションとして知られる場所を発見したことから、彼は溶岩が古い堆積層に貫入したことを証明した。１７８８年に出版されたハットンの『地球の理論』〔*Theory of the Earth*、未邦訳〕は、地球を形づくるのに要した途方もなく長い時間の尺度というものを想像した、最初の科学的な研究だった。

ハットンの考えは、今日の地質学者のものとは相容れない。世界は陸地が隆起しては削り崩されて侵食される周期のなかで、際限なく動きつづけるマシンだと彼が考えていたのにたいし、現代の地質学者は、地球が予測のつくプロセスだけでなく、突然の事象によってもつくられてきたと認めている。火山活動の急激な増加や隕石の衝突などの大惨事も、ハットンが突き止めた秩序のある周期と同じくらい影響力があったと考えているのだ。

ハットンの遺産はむしろ、その他の人びとが考えるべき範囲を彼が示したところにある。彼がもたらした本当の革新的考えは、私たちの周囲の世界の見方を根本的に変えたことだった。〔落ちてゆく〕砂粒のきめ細かさで測るそのような見方は、何億年もの歳月を要するものだった。それ以前に想定されていたどんな過去よりもさかのぼる「悠久の時代《ディープタイム》」である。

ハットンのセクションは、悠久の時代が想像された最初の場所の1つだったが、この言葉を考えだしたのは彼ではない。奇妙なことに、この言葉はよい著作がいかに長く残るかに関する考察のなかで最初に登場する。「すべての作品はまかれた種だ」と、スコットランドの博学者のトマス・カーライルが1832年に、ジェームズ・ボズウェルの『サミュエル・ジョンソン伝』に関するエッセイのなかで書いた。長年、読み継がれているジョンソンの著作について熟考した作品だ。「それ〔ジョンソンの作品〕は成長して拡散し、みずから種をまき、こうして無限に生命も作品も反復発生する」、つまり再生する。「どんな影響がもたらされたのか、そしていまなお悠久の時代《ディープタイム》にまでもたらしつづけているのか？」

それからわずか150年後に、この言葉はアメリカのエッセイスト、ジョン・マクフィーがアメリカ南西部の景観について書いた著書『河川流域と山脈』〔*Basin and Range*、未邦訳〕のなかで有名になった。だが、ハットンの想像に火をつけたマグマの指のように、悠久の時代に関する彼の見方はその後につづいた詩人や作家の心にも貫入してきた。ハットンの考えの痕跡は、テニスンの「追憶の詩」（「丘は影であり、流れる／形から形へ」）に見ることができる。キーツは「海について」で、海は「1万の洞窟を2度満たす」と空想し、シェリーは「モンブラン」でゆっくりと迫る氷河作用の猛威が「破壊の洪水」となり、景観を「身の毛のよだつ、爪痕の残る、分裂した」場所に変えたとした。

一部の人びとにとって、太古の昔は信仰の絆が緩むことによって失われていた神秘感を再び満たすものとなった。「地球の実情について私たちはいかにわずかしか知らないか」と、エドワード・トマス〔第1次世界大戦で戦死したイギリスの詩人〕は書いた。「宇宙や時間については言うまでもないし、永遠についても言うまでもない」

地球の途方もない年代に関するハットンの洞察がなければ、チャールズ・ダーウィンは進化論を思いつくほどの範囲で物事を考えなかっただろう。はるか彼方の悠久の時代という視点から、最も扱いにくい岩石が卵の殻のごとく脆いものとして、水のように自由に流れるものとして登場する。

私たちが扱ってきたように、地球を吸収源《シンク》や排出《タップ》の連続〔シンクの本来の意味は流し、タップは蛇口〕として考えることは、現在に焦点を絞らせることになり、私たちもまたこの流れのなかに生きている事実を見えなくする。地球の長い拍動は、私たちの生命の弧を形づくるが、これを目にしようと思えば、日々の想像力にとてつもない難題を突きつける。ほとんどの場合、悠久の時代は「奇妙な眠り」であり、シェリーによれば、「それ自体の深い永遠のなかにすべてを包み込むもの」だからである。

1944年11月のある日、ドーセットの白亜の高台にある「海がつくりあげたむきだしの丘」に立って、アイルランドの作家、ジョン・スチュアート・コーリスはベールの向こうを覗こうと試みた。「私は時の底なし沼に自分の心を深く押しつけた」と、彼はのちに書いた。彼の力のおよぶ試みではなかったが、それによって時間が実際につかの間止まったときに明らかになった記憶を呼び起こしたのである。

かつて、大西洋の真ん中で、水平線を眺めながら、私はその先の空間を想像しようとした。一瞬、その空間が、空間の向こうにある空間が、本当に垣間見えたのだ。そしておそらく1秒ほどの時間に、私は1億年もの真実を見たのである。

大海原では、地球の本当の太古の姿が洞察力によって一瞬のあいだ浮かび上がる。古代ギリシャの修辞学では、この突然の明快さを表わす言葉は現実態《エネルゲイア》と呼ばれ、これは話し手が現時点を超えて覗き見る能力を表わしていた。アリストテレスはエネルゲイアによって、聞き手は「物事を将来のことのように聞く代わりに、いま生じているのを見る」ことができるのだと書いた。心の目を灰色の水平線の彼方まで押し進めようとしたとき、コーリスがそこで見たものは、縦に横に揺れる大西洋と、感覚を不可思議に傾けながら韻を踏む悠久の時代のエネルゲイアだった。忍耐強く注意して物事を見ようと思えば、私たちも同じ洞察力を得ることができる。それによって、シェリーがやったように、私たちは「遠い世界の光」を捉えることができるのだ。

あるいは、さほど遠いものではないかもしれない。エネルゲイアが明らかにするものは、つねに容易に向き合えるとは限らない。詩人のアリス・オズワルドによるこの言葉の訳は、「輝く耐え難い現実」である。2013年5月にピークに達してからまもなく、地球の大気中のCO_2は400ppm以下に減少したが、これは短い猶予期間にすぎなかった。今日の大気中のCO_2濃度は、変動を考慮すると410ppm前後で、年間約2ppm増えている。オーストラリア国立大学の気候科学者が近年、人間の活動は地球システムを自然のプロセスよりも170倍の速度で変化させていると言いだした。この不安を掻き立てる計算によると、私たちは1万年におよぶ環境の変化を、人の生涯よりも短い58年間で見ることになるだろう。

人新世《アントロポセン》への移行

この信じがたい変化の度合いを考えれば、地球の歴史の新しい局面には名前をつけてしかるべきだと、一部の地質学者は考える。地質年代の順番を定めている国際年代層序表は、100年以上にわたって完新世で終わりを遂げていた。最終氷期が終わった1万1700年ごろに始まり、人間社会の発展と時を同じくしていた時代である。

だが、2009年に、国際層序委員会（ICS）が地質学者、生物学者、大気化学者、極域科学者、海洋科学者、考古学者、地球科学者からなるグループに、地質年代の新しい世《エポック》の始まりを反映すべく、この層序表を更新すべきかどうかの検討を依頼した。人新世《アントロポセン》ワーキンググループは、地球化学と堆積および生物学的プロセスが相互に依存し合うシステムとして、地球の仕組みを完全に捉え直すための証拠を探すことに努力を傾けてきた。その証拠を有無を言わさぬものとするには、層序学的な記録に明確に分かれた新しい層が生じていなければならないと、研究者らは判断した。

ワーキンググループは、人間が介在した侵食と堆積の割合の加速、主要な化学物質（炭素、窒素、リン）の循環への撹乱、海面の水位に多大な変化が生じる可能性、地球全体の生物種の多様性と分布に人間の活動がおよぼす影響を調べた。彼らは核実験によって発生した人工放射性核種からプラスチック廃棄物まで、合成物質が地層に見分けのつくシグナルを残している可能性を探った。これらの変化とシグナルの多くは、いまでは存在していて観測が可能であるだけでなく、考古学的・層序学的記録のほぼ恒久的な一部にもなっていると彼らは結論を下した。

地質時代の境界を定めるには、層序学者は悠久の時代の闇のなかで1つの地質年代から別の年代への移行を示す証拠が光る場所を探す。そのような境界地は「ゴールデン・スパイク」とも呼ばれ、岩に青銅製の円盤が打ち込まれて目印となっている。しかし、人新世ワーキンググループが探したものは、エネルゲイアの一瞬のひらめきだった。世界の過去の残留物ではなく、新たにやってくる世界の困難な輝きである。

地質学は慎重な学問だ。その実践者の多くは、国際年代層序表に新たに追加するプロセスは、地層に新しい層が形成されるのと同じくらい辛抱強いものでなければならないと感じている。だが、2016年にケープタウンで開かれた万国地質学会議では、国際層序委員会のメンバーはほぼ全会一致で、人新世は層序的な現実であり、20世紀なかばに突如として技術革新と物質消費が始まったのと同時に展開していたということで合意した。ワーキンググループは現在、人新世を地質時代の新しい世《エポック》として正式なものにする提案に取り組んでいる。

ハットンは日々見ていた岩石に遠い過去を読むことを学んだ。そして、人新世ワーキンググループによれば、私たちはいまではごく一般的な人工物にすら遠い未来の何かを読み取ることができるのだ。人新世の証拠は周囲のいたるところにあり、私たちの暮らしに切り離せないほどに織り込まれている。しかし、それを見るためには、私たちがつくりあげた「輝く耐え難い現実」と向き合わなければならない。

私たちがつくりだし、捨て去ってきたもの

窓の外にソールズベリー・クラッグスが黒々とそびえるなか、教室内では私たちは紙に書かれた言葉に忙しく取り組んでいる。学生たちと私は10週にわたって、自然界についてほかの人びとが語ったことをめぐって意見をだし合ってきた。作家たちの足跡を、たとえ比喩的な意味でもたどることで、スコットランドの荒れ地からイングランドの森までを私たちは疑似体験でめぐる。川を水源から海までたどった人や、冬の原野で猛禽を追った作家たちだ。

文学専攻の学生は通常、現地調査旅行にでかけたりしない。自分たちの研究は間接的な自然の研究にすぎないことを認めるかのように、コースの終わりになって私たちはようやく教室から外へ踏みだした。3月のある土曜日の朝、列車に乗って、エディンバラから50キロほど東のロージアン州の海岸沿いにあるダンバーに向かったのである。

ダンバー駅からバーンズネス灯台までの岩だらけの海岸沿いの低い道は、往復で12キロ程度しかない。小道は、芝の手入れが行き届いた町のゴルフ場の周囲を迂回する形で始まり、散策する人の目印となる細く延びた芝の道をたどる。刈り込まれた芝は、緑地が突如として小石だらけの海岸に変わる場所に無

造作に積み上げられた漂流物とは好対照をなしている。だが、ゴルフ場の最終ホールが伸び放題の草地へと変わるにつれて、はるかに複雑な光景が現われ始める。

実際には、そこはどちらかと言えば実用本位の場所で、A1〔ロンドンからエディンバラまでを結ぶ高速道路〕の灰色の障壁があるために海岸沿いの細長い一帯に留められている。遠くに聞こえるかすかな交通騒音が波のため息と入り混じる。ゴルフ場から離れた海岸の突先では、広大な露天掘りの炭鉱から燃料を得ている現役のセメント工場が、廃墟となった19世紀の石灰窯の並びを見下ろす。石炭と石灰岩の層が掘り返され焼かれて、地元の農家のために石灰を提供していた。窯跡は危険すぎてなかには入れないため金網で囲まれ、警告標識が数珠つなぎになっている。この景観全体が「石灰岩舗装」〔人工的な舗装道路のように石灰岩が覆う地形の呼称〕の上にあり、それこそが150年前に窯で焼かれていた材料の入手先だった。

ここにある化石の大半は、ヘイズブラの足跡のように、生痕化石だ。何千個もの湾曲した管状のものは、絶滅して久しい生物が巣をつくったり餌を探したりして掘った小さな痕跡で、マカロニのように石灰岩の一帯に散らばっている。数十個の浅い穴がポツポツと空いた広い一角もあり、スコットランドが赤道近くに位置していた石炭紀に、熱帯の森に生えていた個々の木の痕跡と考えられている。いくつかの穴は下盤粘土で埋まっている。化石化した湿地の土壌であり、そのなかには太古の植物の根の細かい痕跡がまだ見られる。

博物学者のアダム・ニコルソンが述べたように、北ヨーロッパは地質学的にはいまも回復中の景観であり、氷河作用の途方もない後遺症でまだよろめいている。氷床が解けてなくなるにつれて、ブリテン諸島はアイソスタシー隆起と呼ばれるプロセスでゆっくりともち上がってきた。寝ている人の頭の重みから解放された枕が、元どおりの形に戻ってゆくようなものだ。かつてはヒマラヤ山脈よりも高くそびえていたスコットランド高地にある山々がただの岩塊になるまで削られていったように、町も高速道路も石灰窯もセメント工場も歳月とともに風化し、事実上、何ら跡形もない状態にまでなるだろう。

だが、抹消される前に、それらは地球に消えることのない痕跡を残すことになるはずだ。セメント工場は、人類が生産したそれこそ崇高なほどの量のコンクリートと、生産にかかわったプロセスを思いださせる。ヒトは何千年ものあいだ土を動かしてきた。今日までの人為的な地形改変の証拠をすべて積み上げたら、その結果は標高4000メートル、幅40キロ、全長1000キロにおよぶ山脈になると考えられている。

そして、21世紀の終わりには、それまでの5000年間に人類が動かしたのと同量の石や堆積物を、たかだか150年にわたる建築物や道路の建設、採鉱などで動かすことになるだろう。毎年、私たちは1883年に〔インドネシアで起きた〕クラカタウの大噴火の1万8000倍にも相当する岩石を動かしている。約5000億トンほどのコンクリートが、これまで人間が使用するために打たれてきており、これは地表全体に1平方メートル当たり1キログラム〔約0・4ミリの厚さに〕敷き詰めるのに充分な量なのである。その半分は過去20年間に生産された。

「石灰岩の舗装」から南に数キロ下ったところに、トーネス原子力発電所がある。いずれは、この施設そのものは跡形もなくなって、おそらく放射線を浴びた地面の一角だけが残ることになるだろう。それでも、ここから生みだされた廃棄物は、この発電所が開業してから30年余りで、地球一帯にその痕跡を残すことになる。

トーネスで処理されるウランの大半はオーストラリアから運ばれてくる。南オーストラリア州の地下鉱山オリンピックダムや北部特別地域《ノーザンテリトリー》のレンジャーにある露天掘りの採鉱場などである。後者はインカの都市のように階段状の広大なクレーターになっており、そこから何千万トンもの岩石が掘りだされてきた。

現在、トーネスからの使用済み燃料は、国内すべての高レベル廃棄物の80%とともに、イギリス最大の核施設であるカンブリア州セラフィールドに運ばれている〔2020年中に施設全体の廃止が完了予定〕。何千立方メートルもの廃棄物は、1950年代にこの工場が開業してから最初の40年間に蓄積したもので、いまも屋外にある巨大な貯蔵池に収蔵されている。2014年にマスコミに漏洩した写真には、池で水浴びをするカモメが写っていた。現在は閉鎖された最も初期の研究所は、内部にどれだけの量と種類の生命に危険をおよぼす物質が含まれているのかが明らかではない。今日、セラフィールドに送られる廃棄物の大半は再処理されているが、3%前後の残留物は依然として残っている。

恒久的な解決策を講じる代わりに、廃棄物は1200℃で液体ガラスと混ぜ合わせられる。冷却すると、この混合物はガラス質になり、放射線を発する固体のガラスの塊となる。セラフィールドには、巨大な有毒の棒飴のようなガラス固化体が収められたステンレス製容器が6000本は貯蔵されている。内部にある有害物質には、数千年間は致死効果が残るだろう。私たちのことなど噂に聞く程度となる人びとにとっても、まだ有害なのだ。

この海岸にあるもっとありふれた物質も、同じほど驚異的に時を超えて残りつづける。私たちは全員がこの旅行に弁当を持参しており、サンドイッチを包むためには多くのアルミホイルや食品用ラップフィルムが使われていた。自分たちのごみは念入りにすべて回収して、いちばん近くのごみ箱に捨てられるまでもち歩いた。エディンバラの家庭ごみの大半は、実際にはこの海岸からさほど離れていない埋立地に最終的に行き着き、そこで粘土とプラスチックで覆われる。現代の埋立地はたいがいこの方法で建設され、有害物質が地下水に染みだすのを防ぐために、中身のごみに気密・防水シーリングを施して、事実上ミイラ化させる。

1970年代にウィリアム・ラティという考古学者が埋め立てたごみの内部で何が起こるのかに興味をいだいた。それから20年にわたって、彼はアリゾナ州トゥーソン周辺のごみの埋立地を発掘し、40年前のホットドッグや25年前のレタスがまだ店頭に並んでいたような状態で見つかったと報告した。1980年代なかばには、1967年の新聞とともに埋まっていたにもかかわらず、まだ充分に食べられそうに見えるグアカモーレ〔アボカドのディップ〕が見つかった。20世紀なかばの埋め立てごみのなかで食品が何十年間も保存されうるのであれば、現代の埋立地に埋められているプラスチックやアルミニウムなどの、より耐久性のある物質ならば間違いなく、もっとずっと長期にわたって見分けのつく状態を保つだろう。

20世紀なかば以降、私たちはアメリカ合衆国全土をアルミホイルで覆えるほどの、5億トンのアルミニウムを生産してきた。毎年、海に流れだす何百トンものプラスチックの大半は、海底に落ちてゆく。プラスチックはそこで地層のなかの1つの層として堆積物に取り込まれてゆき、そこに事実上、恒久的に追加される。少なくとも、熱と圧力によって再びそれが石油に戻るまで、あるいは海底の一角が隆起して侵食されるまではそれがつづく。これは何千万年という歳月を要するプロセスだ。私たちのサンドイッチの容器のようなものですら、物語を伝えることができるのだ。

毎年、人間の消費用に６００億羽のニワトリが殺されている。将来、化石化されたニワトリの骨がどの大陸でも、人間の食欲が貫入した証拠として地質記録に現われるだろう。こうした最も日常的な見慣れたものは、いずれも新たな化石となる潜在力があり、人新世を身近なものにする。

エディンバラに戻る列車に乗るためにこの海岸に背を向けても、そこは私たちの記憶を留めることになるだろう。

本書の試み

本書は、非常に遠い未来に私たちがどう記憶されるかを発見しようと試みるものだ。人間は何千年にもわたって土地を改造し、生態系を変えてきたが、産業革命以来、私たちは（おおむね世界の北側で）前代未聞のスピードと発明によって地球に手を加え、より耐久性のある材料を生みだしてきた。それによって、これまで人類がつくってきた何にも増して永続する痕跡を残すことになるだろう。

「未来の化石」を探すなかで、私は大気や海洋、岩石を、そして、南極大陸の中心部から掘りだした氷のなかの気泡から、フィンランドの基盤岩のはるか下方にある放射性廃棄物の墓までを検討する。最も長期にわたって残るだろう景観と物質、およびそれらが経てゆく変化を本書は調べる。巨大都市を地層のなかでコンクリートと鋼鉄、ガラスの薄い層に変容させるプロセスである。あるいは地球を取り巻き、遠距離を移動させた物資を私たちの都市に供給する５０００万キロの道路の未来や、すでに世界の海洋を循環している五兆個ものプラスチック廃棄物など、それらの物質自体の話である。

だが、本書はまた失われるはずのものも探索する。生物多様性がなくなるにつれて、沈黙そのものがシグナルとなり、別の種類の痕跡の欠如を訴えるようになる。私がオーストラリアで見たような、白化したサンゴ礁は、こうした喪失の記念碑となるが、バルト海で私が訪れた広大な無酸素の海域のような、海洋の死の領域もまた然りである。

氷床からの柱状試料《コア》は過去の気候を、人間の活動によってもたらされた変化を含めて記す驚くべき古文書《アーカイブ》となるが、氷が解けるにつれてこの記録の一部も一緒になくなり、かたや氷の喪失は地球の記録に新たな物語を書くことになるだろう。私たちが隠しておき、完全に忘れ去りたいと願う放射性廃棄物のような、非常に耐久力のある危険な物質も存在する。

そして、人類は見間違えようのないほど多くの痕跡――地中に掘った深い坑道や、廃棄物がたっぷりと埋められた穴――を残したうえに、さらに目に見えない世界にも自分たちの跡を残しているのだ。微生物の生命体は、主要な生命のプロセスと化学的循環のほぼすべてにかかわり、生命を育む酸素で大気を満たしている一方で、その役割は侵害されてきた。旅の終わりには、私たちの痕跡が地球上に棲む極小の生命体の細胞内にどれだけ残るかを探る。

未来の化石を認識することは、人新世の輝く耐え難い現実が露呈するものを見ることを意味する。地質学者が見るように都市を眺め、工学者の視点から核廃棄物を安全に保つことの問題に取り組み、プラスチック廃棄物においては化学の物語を理解し、崩壊した生態系にこだまする沈黙に耳を傾けることだ。

だが、それはまた、私が学生たちと語ることの本質を何度となく思い返させる。そこにある筋書きや虚構、イメージやメタファーを。自分たちがあとに残す世界を私は発見したいのだが、その世界に住むだろう人びとの目に、いまの世代がどのように映るのかもまた知りたい。それは私たちのなかから残る話であり、そのためには古生物学者が必要なのと同じくらい、詩人も必要になる。私たちは物語によって、あるがままの世界を、そうなるかもしれない世界を、見ることができるようになる。途方もなく遠い未来が私たちにとってどれほど近いものかを想像するうえで、芸術は手助けをしてくれるのだ。

人新世が地球規模の物語であることを私たちはすでに知っているが、その証拠を探すためにさほど遠くまで行く必要はない。未来の化石は私たちの周囲のどこにでもあり、家庭にも、職場にも、それどころか体内にすら存在する。したがって、私の旅はエディンバラに始まり、きわめて遠方の地にも向かうことになったが、周期的に私が故郷だと思う北海の世界に戻っていった。私の探索のほとんどはまた、シドニーの大学で客員研究員となっていた時期に行なわれたものでもあった。ここはスコットランドからは赴ける限り遠く離れた場所とも言え、私が慣れ親しんできた北方の気候とは対照的なうだるほどの暑さにもなるところだ。

ときには、特定の場所を探しだして、未来の痕跡を形づくるうえでそれらの場所がはたす役割をもっと理解しなければならないと思うこともあった。都市がいかに化石となりうるかを学ぶために、私は上海を訪れた。人口２４００万の都市が、それ自体の途方もない重みで１００年未満のあいだに２メートル以上も地盤沈下してきたところだ。だが、最も強い印象を受けたのは、未来の化石がいかにどこでも見つかるかということだった。私たちの現在は、遠い未来にまで残りつづけるものであふれているのだ。本書を読んでいる読者のあなたも、まず間違いなく生痕化石をつくるのに一役買うものや物質に囲まれているだろう。

私とともにこの旅にでる前に、ページから目を上げて、身の回りにあるものが――ノートパソコンのプラスチック・ケースや、内部にあるチタン製品や、その脇にあるコーヒーカップが――いかに、たとえ石のなかの痕跡にすぎないとしても、いまから何百万年ものちまで残るだろうかと想像してみて欲しい。

未来の化石は遅々とした地質学的過程に任せた、あるいはまだ生まれていない世代の好奇心に頼った遠い先のものだけではない。それらは日々、私たちが暮らしのなかで何百回となく触れているものであり、そこに私たちが誰であるかだけでなく、誰になりうるかも、見ようと思えば見えてくるものなのだ。

私たちはすでに地球上で生命を支えるシステムを根底から、深く憂うべき方法で変えてきた。最も傷つきやすい生命が最もひどく影響を被ることになり、未来の世代に全体でどれだけのツケがおよぶかはまだ計算されていない。未来の化石は私たちの遺産であり、それゆえに自分たちがどのように記憶されるかを選ぶ機会を与えている。前方に危険があると知りながら、構わず進もうが、行く先を変えるだけの心配りをしようが、未来の化石はそれを記録に残すだろう。私たちの足跡は、それが発見されるころにまだ生きている人間がいれば彼らに、いまの世代がどう生きたかを明らかにし、私たちが大切にしたものや、ないがしろにしたものを、私たちがでかけた旅や選んだ方向をほのめかすことになる。

第1章

飽くことなく延びる道路

スコットランドの巨大な道路橋

それは一生に1度の機会であると宣伝された。フォース湾の両岸にまたがって架かるスコットランドで最も新しい道路を歩くチャンスなのだと。

1964年以来、この河口域を渡るすべての車の流れはフォース道路橋を通っていた。南北に何億回となく繰り返される往来は負担となっていた。古い橋にはひずみが見え始めており、そのため新しい橋が架けられることになった。完成までには6年の歳月がかかった。

私の家族は、橋桁が水上をのろのろと進み、吊り橋のケーブルがゆっくりと編み上がってゆく、その遅々とした建設工程を追っていた。自宅近くの海岸からは、エディンバラとサウス・クィーンズフェリーのあいだの丘の上から、橋の建設現場で吊り橋の塔が少しずつそびえてゆく様子が見えた。市内から西へと車を走らせるたびに、私の子供たちはその形状や大きさの変化を指摘していた。新しい橋はついに開通することになり、それを祝して、河口域をまたがる全長2・7キロを歩いて渡ることのできる5万人がくじ引きで選ばれた。私たちは幸運にも当せんしたので、9月の絶好の天気の土曜日に、それ以降は、時速80キロでしか通行できなくなる区間を徒歩で渡る旅にでかけた。

私たちはエディンバラ郊外の工業団地内にあるサウス・クィーンズフェリーまで、8キロほどの距離を運んでくれるバスに乗った。河口域に沿って西に進むと、新しい橋が見えてきた。遠くから見たクィーンズフェリー・クロッシング橋は、光と空気からなる奇跡であり、紡錘のような形の3基の塔から吊るされたまばゆい白のケーブルによって支えられている〔斜張橋である〕。橋をつなぎ合わせているケーブルは、並べたアップライトピアノの共鳴板に張られた弦にも似て、橋桁はハープの腕木のなだらかな曲線のごとく上り坂になってから下っている。「ただの力仕事から、いかにしてそなたの聖歌隊の弦を並べられたのか!」と、ハート・クレーンは有名なブルックリン橋について書いた。北海の強風が河口域を吹き抜ける際に、どんな魔法の音楽を奏でるのだろうかと私は考えた。

私たちが乗ったバスは、橋の南側の欄干が川の上にでる直前のところまで乗り入れたので、そこから車が1台もいない複数車線の高速道路を、群衆に交じって北側のファイフ州に向かって私たちは歩きだした。足の下でアスファルトが軋むなか、遠くで見たときに感じた軽やかな印象は、はるかに重たいものへと変わっていった。ほっそりと見えた白いケーブルは、私の体よりも太かった。斜めから見ると、ケーブルは合体して1つの白壁になったように見えた。路面は硬くて柔軟性がなく、継ぎ足されたすべての支柱と手すりから、拳のようなリベットが盛り上がっていた。

軽さは、むしろ私のなかにあった。歩いて渡ることを考慮していない路面を歩きながら、私はめまいを覚えた。あたかも水の上に足を踏みだすことで、周囲の空間とはまるで異なる関係性のなかに踏み入れたかのようだった。そこでは珍しく、橋の感触を味わうことができた。ケーブルの骨のように白い滑らかさ、車道間の分離帯の薄い青緑色の光沢、路面の粗い粒などである。辺りの空気はスリルに満ち、不法侵入するような雰囲気が漂っていた。

現実には、このイベントは空港並みの組織体制と制限を受けるものとなった。橋に到着する前から荷物が検査され、写真入り身分証明書を提示させられ、1時間以上は長居しないようにという厳格な指示を受け、さもなければ帰りのバスに乗れなくなるだろうと言われた。それでも、短時間ながら、私たちは道路を取り返した気分になって楽しむことができた。

実際、私たちはじつに多くの譲歩をしてきた。私たちの大半は、道路網が許す限りの範囲で暮らし、うろついているのであり、道路の端に沿って這い、ひっきりなしの騒音に耳を閉ざした状況に誘い込まれている。人は「道路の上に家を建てる」と、1849年にラルフ・ウォルドー・エマソンは嘆いた。そして人類は日々、前へ進み、たどるべき道を切り開く。

だが、この渡り初めの旅では、私たちはもはや歩道に限定されることなく、好きな場所を歩き回ることができた。エンジンのうなり音や騒音の代わりに、聞こえてくる音は軽く、味わいがあり、人びとの話し声や笑い声、そして何百人もが立てる静かな足音によるものだった。年間2000万台以上の車が通行しても耐えるように建設されたこの新しい道路は、むしろ産業革命前の時代の昔の道のように、足で踏み固められた巡礼道のように見えた。あるいは石油がなくなり、エンジンが沈黙した時代に訪れる道路の光景なのかもしれない。

橋の各塔のたもとには大型の案内板があり、建設工事の詳細が表示されていた。橋は遠くから見ると水上に浮いているように見えたが、最強の方法で地中に固定されていた。15万トンのコンクリートと、上海の造船所からスコットランドのロサイスまで船で運ばれてきた3万5000トンの中国の鋼鉄が建設工事に使われ、地球を赤道で1周した距離よりわずかに少ないだけの、3万7000キロメートル分のケーブルが使用された。南側の塔の基礎を築く工事は、水中にコンクリートを連続して注入する過去最長の作業を伴った。1万7000立方メートル近い量が昼夜を問わず15日間、川底の岩に注ぎ込まれた。

この橋と結ぶ新しい道路網の建設現場を掘り返したところ、中石器時代の竪穴式住居の遺構が出土した。スコットランドでこれまで見つかったなかで最古の住居跡だった。いまでは土中の影にすぎないが、柱穴のツメ部分の痕跡が、炭化したハシバミの殻や焼いた骨片とともに泥のなかで、おそらく1万1000年もの歳月のあいだ残っていたのだ。だが、南側の塔の下の基盤に、スコットランドの花崗岩やイングランドの石灰岩を粉砕したものを、インドや中国からの砂と混ぜて注入した骨材入りコンクリートは、はるかに長く存在することになり、未来の地質学者の頭を悩ませる謎を突きつけることになるだろう。

川からの無作法な汽笛が、おしゃべりの声に割り込んできた。下方を通過するコンテナ船が渡り初めを承認するように汽笛を鳴らしてから、自分たちの水路をたどって行ったのだった。

橋の北端では、写真家の一団を取り囲むようにちょっとした人垣ができていた。スコットランド首相がインタビューに答えており、彼女と一緒に子供たちが並ぶ写真を撮るチャンスを私たちも待ち構えた。

全員がカメラに向かってにこりと笑うと、私は高くなった路面と沈み込む出口ランプから道が湾曲して北へと流れる様子を眺めた。１００メートルほど先には巨大なドレライトの断崖が道路の東側沿いにそびえていた。

１８８０年代にこの河口域に最初の鉄道橋を建設した技師たちは、緩やかに起伏する土地を開削して進み、何千年ものあいだ風雨にさらされたことのなかった岩肌を露出させた。彼らはまるで頭骨を割るように、この岩の塚を切り崩して進んだ。車で橋を渡っていれば、そのことに気づくのにわずか数秒の猶予しかなかっただろう。車の鼻先の下で灰色の絹のようにぼんやりとアスファルトが滑る光景に誘われて、岩石の重みなどおそらく周辺視野の影以上に記憶されなかっただろう。だが、そこに自由に立ち、眺めてみると、露出した岩は、現在から抜けだして私を捉え、引き寄せ、若い地球の記憶のなかに私を引きずり込むかのようだった。

背後では、あの大量注入されたコンクリートが川の下に眠っており、南側の塔の根元で黄金の財宝を守る龍のごとくとぐろを巻いている。切り通しを眺めているうちに、橋は川の両岸を結ぶものではなくなった。橋は一瞬、私の想像を超えて飛び、時間のなかの別々の瞬間にまたがっていた。

いまから１００万年後には、橋の細長い塔も、その輝くケーブルの聖歌隊と優雅に湾曲した橋桁も消え去って久しいだろう。路面は洗い流されているに違いない。だが、風雨による侵食力と歳月が大打撃を与えて、断崖を崩し、技師たちが残した割れ目を堆積物で埋めても、コンクリートの基礎と切り通しになった岩はまだ読み取れ、失われた引用部分を囲む引用符のごとく地表に書き込まれるだろう。かつてここに、川を渡る道路があったが、それ自体はとうに消えてしまったことの証左となって。

パンアメリカンハイウェイ——世界最長の道路

世界最長の道路はパンアメリカンハイウェイと言われている。実際には、17カ国にまたがってくねくねと進む国家間の幹線道路網であるこのハイウェイは、アラスカからアルゼンチンの末端まで分断されることなくつづく。例外は中央アメリカと南アメリカのあいだの106キロにわたる雨林帯〔ダリエン地峡〕だけだ。その最北端であるアラスカのボーフォート海に面するプルドー湾には、アメリカ合衆国最大の油田がある。この湾に何千基もの油井が点在する光景は、ここを北極圏のツンドラに移植されたテキサス西部の一角のように見せていると、作家のバリー・ロペスは書く。

ここから、道はアラスカのブルックス山脈を抜けてフェアバンクスまで緩く弧を描いて、南のユーコン準州に入る〔公式ルートはフェアバンクスから始まる〕。ハイウェイはこの先、カナディアン・ロッキーの北端を回って東へ曲がり、アサバスカのオイルサンドの一帯を迂回してアルバータ州の平原を走り、エドモントンに向かう。そこで道は分岐する。一方は南下してから東へ向かい、五大湖の端に達したのちスペリオル湖に沿って折り返すようにミネアポリスに入り、そこからアイオワ州デモイン、カンザス州の大平原《グレートプレーンズ》の都市を抜けてオクラホマ、そしてテキサス東部に点在する油田を抜けてダラスに達する。もう一方は南下してから西のカルガリーに向かい、モンタナ州のブラックフット族、フラットヘッド族、クロウ族の保留地を抜けてワイオミング州に入り、コロラド州西部の新しいシェールガスの埋蔵地《プレイ》を通って、デンバーに達する。アルバカーキーを過ぎると、ハイウェイは東へ曲がり、テキサス西部の油田地帯の南を回って、サンアントニオで合流して再び1本になる。

ジャック・ケルアックの『路上』の最後の旅は、デンバーからメキシコまで、この西側に分岐したハイウェイの一部を、あたかもそれが伝説の都市に到達する魔法の旅であるかのようにたどった。ケルアックはそこが最も素晴らしい道であり、「魔法の南部」がどこまでもつづくと宣言したのだ。ディーン・モリアーティとともに彼〔小説のなかではサル・パラダイス〕はテキサスを１６００キロ走り、はてしなく現われるようなガソリン・スタンドを通り抜けてサンアントニオに着いた。その後、南へ弧を描きながら雪を頂く山々のあいだを抜けてメキシコのモンテレイに向かい、モンテモレロス周辺の沼地と砂漠の平原を越え、すべての道が指し示すかのような場所と彼が呼ぶ、メキシコ・シティへと向かった。

ケルアックの旅は、１９５０年の春にここで終わった。熱帯熱〔赤痢〕に冒されてニューヨークまで這々の体で戻ることになったのだ。だが、彼の想像力を掻き立てた道はもっと南へとつづき、砂時計のくびれを通る砂のように中央アメリカを抜けてパナマへ達し、そこでセンテニアル橋を通って運河を渡る。さらに２６０キロ南で道は一時的に、その途方もない距離のなかでただ1回だけ途切れる。ダリエン地峡と呼ばれる雨林と山岳地帯による障壁に阻まれるのだ。

キーツはかつて、ここから太平洋を初めて垣間見た〔エルナン・〕コルテスがうっとりと立ち尽くす姿を想像した。ハイウェイはコロンビアで再び始まり、エクアドルの高地を曲がりくねり、アマゾンの雨林の周辺部を迂回しながら、ラゴ・アグリオとプンガラヤクの油田の西にあるキトに向かう。ここで道はアンデス山脈の塁壁の背後に隠れるように太平洋岸を走り、リマ周辺の海岸沿いにまたもや油田を通り過ぎ、チリのバルパライソに達すると、そこで突如として60号線沿いに東へ向かい（アンデス山脈の下を掘り抜いた全長３０００メートルのクリストレデントール・トンネルを通過し）、ブエノスアイレスのバロック風の道へとつづく。

旅の最後の行程は、大西洋岸から離れずにティエラ・デル・フエゴまで一気に南下する。ブルース・チャトウィンは『パタゴニア』で、ハイウェイのこの部分をたどった旅について書き、フエゴ諸島先住民の焚き火が立ち上ることからコンキスタドレスがこの地域に〔火の国を意味する〕その名称をつけたと記す。マゼランはここを「煙の国」（ティエラ・デル・ウーモ）と呼んだが、チャトウィンによれば、神聖ローマ帝国のカール5世が、火のないところに煙は立たないと理由づけて名前の変更を命じたのだという。チャトウィンの旅はアルゼンチンの国道3号線の最後の区間沿いに、マゼランが見た焚き火ではなく、南大西洋岸の石油掘削装置の炎で照らされた「火の国」を抜けて、終点である世界最南端の町、ウシュアイアに到達した。スタート地点から4万8０００キロ離れた場所である。

道路が語るもの

現代の道路は、私たちがつくった世界を結びつける。世界各地には5０００万キロ以上の道路があり、少なくともその3分の1は舗装されている。これは地球を1３００回周遊できるほどの距離の舗装路面となる。中国だけでも、４００万キロ以上の舗装道路がある。私たちの未来の化石の物語は、ある意味では、この道路網によって定められている。生痕化石の多くは通過した痕跡であり、その昔に生物がどこを通ったかの詳細を留めている。私たちの肉体ではなく、機械によってつくられたものではあるが、道路はこの点からすればどんな足跡にも劣らず多くを語るだろう。それは膨大な移動の物語であり、ちょうどクィーンズフェリー・クロッシング橋のたもとに埋め込まれたコンクリートの丸い塊のように、1つの場所から引きだされて、遠く離れた場所に留め置かれた物質の話なのである。

だが、それはまた現代の世界を可能にしているさまざまな場所――資源のために発掘され、見捨てられ朽ちはてた場所――の物語でもある。居心地のよい欧米諸国に暮らす人びとには非常に遠く感じられるかもしれないが、私たちが密接にかかわっている場所だ。そして、それは掘削孔やパイプやエンジンに流れて、道路を拡張しつづける需要を生みだすもの、すなわち石油に関する話だ。「石油はおとぎ話なのだ」と、リシャルト・カプシチンスキ〔ポーランドの作家〕は書く。だが、おとぎ話はみなそうだが、石油もまた嘘なのだと、カプシチンスキは戒める。石油は解放を期待させるけれども、実際には私たちを「影の場所」につなぎとめている。この物語を知るためには、道路そのものがどうなるかを知るだけでなく、それが私たちを何に結びつけているかも知る必要がある。アスファルトやコンクリートの舗装は足跡を残さないかもしれないが、それでも道路は未来の化石の確かな供給源となるだろう。

だが、まずは、視点の問題に取り組まなければならない。

道は、私たちの想像に自由のイメージを与える。ケルアックが実践したような旅は、行く手を遮るもののない前進と自分探しの感覚を象徴するようになり、開けた地平線は無限の可能性を暗示していた。道路は、現代的であるように感じる何かを呼び起こすのだ。道は世界を開いてくれるが、エマソンが気づいたように、それはまた私たちが進む方向も定めてしまう。生涯のほとんどにおいて道は私たちとともにある。道路から100メートル以上離れた場所で過ごすことが、あるいは道路の騒音がまるで聞こえない場所で暮らすことがどれだけあるだろうか？　だが、私たちは実際には道路にまったく気づかないようにみずからを訓練しているのだ。

1950年代にウラジーミル・ナボコフが『ロリータ』の執筆中に実施した車の旅に関する物語に挿絵を描く仕事を、1983年に『ヴァニティ・フェア』誌が画家のデイビッド・ホックニーに依頼した。この小説のための調査と執筆に勤しんでいたころ、ナボコフはアメリカ合衆国を縦横に旅していた。運転者はつねに妻のベラで、東海岸から西海岸まで進む〔10年にわたる〕タペストリーの走行距離は24万キロにおよんだ。ホックニー自身の車の旅は、4月の嵐のさなかにモハーベ砂漠から始まった。彼の被写体はつかみどころのないものとなり、天候も幸いしなかった。だが、翌朝、さらにあてもなく車を走らせ、写真を撮りつづけたあと、ホックニーは運転手に、前日通過した交差点で何か有望なものが見つかるかもしれないと提案した。かなり時間はかかったが、一行はやがてそれを見つけ、その後の8日間に撮影したさまざまな写真から、ホックニーは20世紀を代表する道路のイメージをつくりあげることになった。

「ペアブロッサム・ハイウェイ、1986年4月11－18日、#2」は、見る人の視点を捉える罠である。これは何百枚もの異なる写真を集めてつくったコラージュで、ペアブロッサム・ハイウェイがカリフォルニア州道138号線とぶつかる場所の、何の変哲もない砂漠の道路を描きだしている。道は画面手前から極端なくさび形をなして遠くへと先細りになる。厚く塗られた2本の黄色い平行線が車線を区別しており、作品の底辺からなかほどまでつづくが、そのあたりで青い地平線によって道は両側に分岐し、遠くにはアンジェレスクレスト・ハイウェイの通る山並みが青くうねる。黄色や緑、赤の4つの道路標識が消失点に向かって道の右側に並ぶ。道の両側には葉の尖ったジョシュア・ツリーが点在し、捨てられた瓶、缶、タバコの包みが散らかっている。作品の上半分は、カリフォルニアの砂漠の空がほぼすべてを占めており、子供が描くような青い太い線が素朴な帯をなしている。各要素は単純で特徴はない。アスファルト、道路標識、木、山、空。だが、その全体はめまいがするほど精密だ。どの写真も至近距離から、それもしばしば真正面から撮影されている（ホックニーは止まれの標識を撮影し、それぞれのごみを真上から見下ろすために梯子を使った）。視線をどこへ走らせても、細部に捉われる。塗装された道路表示に入ったひび割れや、潰れたペプシの缶の皺に捉えられた陽光の輝きは、身近に、すぐそこに存在するのだ。

道路は私たちの時間と空間の感覚に奇妙に作用する。車の旅をするときは空想の世界に入ったようになることが多い。子供のころ私は長い車の旅の単調さを、自分が車と一緒に走っていて、道路沿いにごちゃごちゃと連なるものを超人的に飛び越える姿を見ているのだと想像して紛らわしていた。妨げられることのない、完璧な動きを空想していたのだ。いま、ハンドルを握るときは、別の時間と空間が――未解決の問題や、自分の目的地への期待や、解けた記憶の糸が――思考を埋め、実際には周囲の世界に気を留めることなく旅ができることに気づく。

シェイマス・ヒーニーはこれを「運転のトランス」と呼び、この魔法にかかりながら詩作に耽り、ハンドルを操作しつつ韻を踏んだ。多くの道路は私たちの場所の感覚を消し去るように建設されている。交通騒音を抑えるために設けられた道路沿いの盛土もまた、道路の向こうに広がるものから視界を遮る。味気ない灰色のガードレールはほとんど記憶に残らない。白線は地平線に向かって容赦なく延びる。

小説家のジョーン・ディディオンにとって、ロサンゼルス周辺のフリーウェイを運転する行為は非常に蒸留され濃縮した形態となり、「フリーウェイの歓喜」という麻薬のようなものを伴った。車の旅の眠気を誘うエンジン音や、走行距離を記す道路標識の呪《まじな》いや、車自体が生みだすスリップストリームのささやかな加速〔前走車の後ろにできる螺旋状の空気の流れで、後続車は楽に走れる〕――そのすべてが一緒になって、私たちを時間の外に誘いだす。そのような瞬間に、ある意味で、私たちは完璧な存在になっているのだ。「心は晴れやかになる」と、ディディオンは書く。「リズムが支配するのだ」

道路の旅がもたらす距離感

現代の道路の旅の歴史は、完璧な道路を、可能な限り摩擦のない道を追求するものだ。空間を楽々と移動することは、おそらく現代の暮らしがもたらす基本であり、地球に縛りつけられる重さから私たちを解放するためにかけられた呪文のようなものなのだろう。

この変質は、19世紀に鉄道とともに始まった。1830年代には機械化された輸送手段が駅馬車による旅の速度を3倍に増しており、それによって鉄道の旅をする人びとは根本的に時間と空間の異なる関係に置かれることになった。1839年に『クォータリー・レビュー』誌に掲載されたある記事は、鉄道の旅の影響によって、世界の「大きさは縮み、しまいには巨大な一都市と変わらない程度の大きさになるが、それでも何らかの奇跡によって、それぞれの人の居場所は、つねに存在する場所に見いだせるばかりか、かつてなく広いものとなったのだ！」と書いた。

ルイス・キャロルが体を小さくしたり大きくしたりする魔法の薬をアリスに飲ませるより何十年も前に、鉄道は世界を不思議の国に変えていたのであり、そこでは〔石をつくる〕地質年代のプロセスが模倣され、地球の大河は小川に縮小し、湖はただの池になった。

自動車の発明とともに、鉄道の完璧さを真似て道路が建設された。昔の公道は地形の起伏に合わせなければならず、動かすことのできない山や谷に合わせて曲がりくねっていたが、鉄道はトンネルや切り通しによって山中もただ走り抜けた。21世紀の道路は同じ技術水準で建設され、摩擦なく移動する需要に合わせて強引に土地を開発した。

ドイツの歴史家のボルフガング・シベルブシュは、旅の機械化は、それに呼応して世界各地で旅行者の場所の感覚の機械化を引き起こしたのだと指摘する。鉄道の旅の速度――１８３０年代に時速64キロにも達していた――は産業革命前の土地意識を定めていた奥行き知覚を破壊したのだ。遠くにあるものは新たに得たパノラマ的な視野で眺めることができたが、列車が高速で通過するなかで、その様相はどんどん変わり、前景は形も色も区別のつかないぼやけたものになって失われていった。産業革命前の旅行者は、徒歩または動物に牽引されて移動していたので、目の前の環境にどっぷり浸っていただろうが、鉄道が誕生して以降、大半の旅行者は車窓から見える光景のなかに自分が立っているとは感じなくなっただろう。

この距離感は、今日、道路でいだくのと共通の経験だ。車で旅をすると、私たちは夢中になり、我を忘れる。鋼鉄やガラスに囲まれた周囲に慣れてしまい、インフラストラクチャーに心を奪われ、振動に麻痺するのだ。フロントガラスという映画スクリーンを通して世界を眺めるうちに、体はその目的地に向かっていても、私たちの心は別のところを旅しているのだ。

機械による旅は、世界にたいする私たちの感覚を鈍らせる。エマソンは鉄道が旅人の自己中心主義を助長し、「世界は見世物であって、自分のなかにあるものこそ安定している」という印象を強めたのだと述べた。だが、「ペアブロッサム・ハイウェイ#2」では、接写されたすべての写真が私たちの安定感を吹き飛ばす。ホックニーのコラージュは私たちを、この場面に縫い合わせ直す。感覚を鈍らせて私たちを世界から遠ざけるパターンは何百回もの一瞬によって置き換えられる。道路標識が規則的に現われて距離を知らせ、重要なことはいまどこにいるかではなく、どこに着くかなのだと思いださせ、白いティッカーテープ〔株価情報を伝えるのに使われていた鑽孔テープ〕のような路面標識は絶え間なくカチカチと信号を伝え、「ここ《ヒア》」は実際にはつねに数メートル前方なのだと主張するのである〔日本では「この先右折」などと書かれる〕。完璧な道路の魔法に対処するかのように、「ペアブロッサム・ハイウェイ#2」は私たちをいま、ここに連れ戻す。というよりはむしろ、無数の「いま」によって構成された「ここ」に。道路は解かなければならない魔法なのだと、この作品はほのめかしているようだ。

古い橋と「道の終わり」

新しい橋を家族と歩いてから数カ月後のある日曜日の朝、私は古い橋を渡りに自転車ででかけた。その日は申し分のない11月のある日で、静かな通りは霜で雲母のように輝いていた。空気は豊かな金色に感じられた。聞こえる音は私のタイヤの下で潰される茶色い枯葉の音だけだったが、一度だけ、ガンの群れが互いを責め合う憤慨した声が高い青空にこだました。

最初のフォース道路橋は1960年代初めに建設されたが、新しい橋が開通してからは、自動車は通れなくなった。現在はバスだけが使用しているほか、自転車と歩行者にも開放されているが、利用する人は多くない。私は新しい橋を渡りながら、あるいは川岸に立って、この古い橋を眺めてきた。橋は放置されているように見えた。かつてここを通っていた押し寄せる波のような往来から解放されて、私は橋の上に立ってみたかった。そうすれば、ここを通る人間がもはや存在しなくなったあとで、道路そのものに何が起こるのか感じられるかもしれないと思ったのだ。

サウス・クィーンズフェリーを自転車で抜けると、石畳の道がその凹凸ごとに前輪に電信を送ってきた。大通りの末端で、道は古い橋のたもとの下をくぐる。コンクリートの側壁は、半世紀間スコットランドの風雨にさらされて汚れている。左手には、土手をぐるりと回りながらコンクリート製の道が橋桁までつづいていた。橋の上にでると、低い太陽が水面に銀色の脆い道を照らしだす。川のなかほどでは、小さな漁船がそここで揺れ動いており、新しい橋のケーブルが、これから出航する帆船の船団のように輝いていた。遠くには、南岸〔の西側〕にあるブラックネス城が見えた。地元民には、「出帆しない船」として知られる15世紀の要塞だ。先端の細くなったその砦が、〔先端の尖った〕犂《すき》の刃のように河口域のほうを向いているからである。1台のタンカーがゆっくりと海へ向かっていた。

はるか北西のオーフル丘陵は雪でふんわりして見え、東には川へとつづく低い丘の背後に、モスモランのエチレン工場の冷却塔が、雲1つない空にもくもくと蒸気を吐きだしていた。この工場の経営者は周期的に、生産工程を再始動させる必要がある場合に、余剰のガスを燃焼させる。モスモランの炎は何日間も燃えつづけ、そういう日には私の寝室の窓から空が照らされる様子が見える。いちばん最近の燃焼はわずか数週間前のことで、昼夜の別なくサウロン〔トールキンの小説に登場する冥王〕の目のように燃えていた。

古い橋のそばに住む友人が何人かいるので、この橋の陰で私は多くの時間を過ごしてきた。かつては車の騒音がつねに聞こえており、ときには北海からこの土地に上がってくる海霧、ハーほどの濃さで響いていた。だがいまでは、あのラッシュも喧騒も蒸発して不気味な静けさが残っている。凪は凪いでいたが、それでも、クィーンズフェリー・クロッシング橋の細長い車の列からの音は、新旧の橋のあいだの空間に呑み込まれていた。

新しい橋の渡り初めでは、新たな始まりの軽さを感じたが、これほど人けのない古い橋を渡るのは、哀歌のように感じられた。「道の終わり」はしばしば比喩的に物事の終わりにくる感覚を、あるいは終末的な意図を表わすのに使われる。しかし、道そのものの終わりを考えることはめったにないのではないか。詩人のエドワード・トマスは1911年に、「旅については多くのことが書かれてきたが、道についてははるかに少ない」と書いたとき、そのことに気づいていた。だが、ここには使用が停止される瀬戸際に瀕したような道があった。やがてはひび割れが生じ、雑草がその塔にはびこることになるだろう。

橋の終点で、私は丘の斜面を深く切り通しにして道路を通した地点を通過した。側面は黄色いハリエニシダで賑やかに彩られていたが、その陰に敷かれた緑色の苔の下から、むきだしの岩が赤くにらみつけている。私はロイ・フィッシャーが岩の切り通しを車で通り抜ける魔法の経験について書いた美しい詩、「スタフォードシャー・レッド」を思いだした。イングランドのミッドランズでカーブを曲がると、砂岩の崖に向かって道がまっしぐらにつづいていたことに驚いて、詩人は一瞬、自分が水を滴らせるシダや緑の光からなる原始の光景に突入するかのような気分になった。やがていつの間にか、道路はミッドランズの穏やかな景観に彼を連れ戻し、〔異世界への〕出入口が何の変哲もない木立にすぎないことを明らかにしていた。それでも、彼はどことなく自分が変わった気分になり、この一帯で緩く弧を描く道をたどらずにはいられないと感じたのだと述べている。道はやがて切り通しに戻り、「赤い尾根を力ずくで削った切り通し」を通り抜けさせ、再び「エネルギーの一刷毛」を感じさせた。シダと苔のあいだに待ち受けている時代を超越した謎との、つかの間の接点に触発されたものだ。

私は切り通しの向こうまで自転車を漕ぎ、橋へ出入りする車両が通過するランプウェイの急カーブに到達した。ここから100メートルかそこらの区間、双方の橋に向かう道路は平行して走っている。静まり返った古い橋の入口に立つと、新しい橋には車が列をなして次々に入ってゆくのが見え、一瞬、自分が古い橋に立っているのではなく、新しい橋の未来を予言する光景を見ているかのようだった。

いつの日にか——化石燃料の資源が枯渇して、もっと狭い生活圏で暮らさざるをえなくなるか、単にそれを使う人類が、必然的にもはや存在しなくなるためか——私たちの町や都市を結ぶ道路は放置されるだろう。そうなれば、その周辺まで刈り込まれていた植物が思う存分這い回るようになる。その表面は割れて裂け、歳月は橋の巨大な塔ですら低く崩してしまうに違いない。耐久性はあっても、その多くは分解され、腐食するだろう。植物の根は執拗にその表面に取りつき、雨が洗い流すはずだ。それでも、その一部はかつての全体像を暗示するものとして残される。1990年代初めにカイロの近くで発見された、4500年前の世界最古の舗装道路の一部分のように、押し寄せる砂の下に短い部分は埋もれ、海面の上昇で水面下に沈み、あるいは地滑りで埋もれるだろう。想像のつかない圧力を受けて道は歪み、圧縮されても、突き固めた土台とアスファルトの表面は地層のなかで明らかにそれとわかるはずだ。

そして、いまから数百万年後に、これらの部分のいずれかを圧迫していた力が逆転すれば、化石となった道路はやがて新しい橋のごとく空気中に盛り上がってくるだろう。この新しい崖、もしくは山腹に埋められた道路の名残は奇妙な変則部分をなすに違いない。その終焉の地から何千キロも離れた場所で産出したかもしれない岩石の層であり、かつて地球をぐるりとめぐっていた灰色のネットワークを示す手がかりだ。

ノルウェーにある全長25キロほどのラルダールトンネルをはじめ、トンネルはさらに長く残る可能性がある。このトンネルはあまりにも長いため通り抜けるのに20分はかかり、3カ所に山の王の大広間のごとく、広い地下の退避空間を設けながら建設されており、運転しながら居眠りしないように、それぞれに日の出を模した照明が施されている。こうしたトンネルが遠い未来まで存続するのを阻む唯一の現実の脅威は地震だ。地上の道路網は、それぞれ長さが1キロ程度の、短い断片としてしか残らないかもしれない。パンアメリカンハイウェイで化石となって残るのは、おそらく1%以下だろう。20万年前、北米のローレンタイド氷床はミズーリ州まで南下していた。新たに氷河期が訪れれば、ハイウェイの北部はすべて失われ、アンデス山脈の風化によって高地を通過する区間もまた消滅するだろう。だが、クリストレデントール・トンネルを通る3キロの区間は保護されるし、ラルダールトンネルや中国の秦嶺《しんれい》山脈の下を通る終南山《しゅうなんざん》トンネルなどでは、20キロほどの化石の道路が、縁石や道路標識、照明、路面標識もろとも残るかもしれない。

私は人けのない橋へと引き返し、家路についた。川のなかほどに差しかかったところで、バスが騒音とともに追い越して行った。まどろんでいた橋桁はしばらく揺れ動いたが、再び眠りについた。

すべてを食べつくす「道の王」

昔あるとき、「道の王」と呼ばれた巨人が森に住んでいた、とナイジェリアの小説家ベン・オクリは書く。だが、貪欲な人びとのせいで森が縮小すると、巨人は森をでて人びとが旅をする道になった。この巨人は暴君で、飽くことのない食欲に加えて、「同時に100カ所にいる」能力があった。旅人たちはそこを安全に通行するために生贄を捧げたが、それでも道の王のとてつもない食欲は土地を疲弊させ、飢饉が訪れた。生贄が滞ると、飢えて腹を立てた王は生者も死者も攻撃し始める。この巨人をなだめるために、人びとは村中に行き渡るほどの大量の供物を集めた。その供物を道の王に届けると、王は一口でそれを平らげてしまい、供物を届けにきた使者も食べ始めた。

2度目の使者も同じ運命に遭うと、絶望した人びとはこの王を殺す決心をする。彼らは地球の隅々から毒を集め、魚や獣、ヤムイモやキャッサバからなるご馳走にその毒を盛った。貪欲な王は今回、まず使者団に向かったあとで、彼らがもってきたご馳走を一呑みにした。

この食事のあと横になると、道の王は腹が痛くなり始めた。その痛みを鎮めるために、彼は手当たりしだい、石でも砂でも、それどころか大地そのものを食べだした。しまいに、王は自分自身に取り掛かり、みずからの体を食べつくしてついには満たされることのない胃袋だけが残った。雨が7日間降り、王の胃袋を洗い流して大地に注いだ。雨が止むと、王の姿はどこにも見えなかったが、人びとの足下からその胃の唸る音が聞こえた。

「道の王はこの世界のあらゆる道の一部となった」と、オクリは小説『満たされぬ道』に書く。「王はまだ腹を空かせており、これからも空かせつづけるだろう」

道路は飽くことなく延びる。舗装道路は、地球上に私たちが残した最も基本的で永続する変化すべてを、どこよりも深い鉱山から最も広い巨大都市まで、あらゆるものを結びつける。道路によって、私たちは限られた資源にたいする依存症的な欲求を満たしているのだ。遠い未来においては、私たちの都市は無数の未来の化石を呑み込む巨大な吸収源《シンク》となるが、そのほぼすべてがはるか遠方で生産され、その新しい遠方の目的地に道路を通って輸送されてきた。

世界の海洋に漂う何兆個ものプラスチック片はいずれも、油田から人手まで、一連のハイウェイの旅を経由して海岸までたどり着いた。道路そのものもタイヤの磨耗による大量の合成粒子を生みだし、海や川に流れ込ませている。それらは最後には海底に行き着き、泥の層の下に封じ込められる。化石燃料の燃焼は、地表面をうっすらとフライアッシュ〔飛散灰。石炭灰の一種で、コンクリートに混ぜると流動性が増す〕で覆ってきた。これらの小さな炭素粒子は自然由来のものではないが、湖底の堆積物から氷床コアまで、地球各地に広範囲に拡散しているため、放射性降下物にも匹敵する人新世の主要な特徴となっている。

人類は何らかの形で、地球の陸地表面の半分以上を改変してきたと考えられている。道路は人里離れた地域を切り開いて資源の利用を可能にし、それらの地を都会や産業の中心地に結びつける。ガイア・ビンス〔イギリスの環境ジャーナリスト〕は、アマゾンの雨林を通るすべての道路のあとに、幅50メートルの「森林伐採の後光《ハロー》」がつづき、さらなる地滑りと侵食を引き起こし、地球各地の堆積物の循環を加速させるのに寄与すると述べる。人間はいまや年間で45ギガトンという、世界の河川をすべて合わせたよりも多くの堆積物を移動させており、道路そのものを含め、私たちの痕跡が未来の化石として埋没し保存される可能性は増している。

このすべてを支えるのが砂、すなわちコンクリートとアスファルトの主成分なのである。世界の砂需要に勝るのは、水需要しかない。年間、400億トン前後の砂が建設工事と道路建設に使われているほか、窓ガラス、スマートフォンのスクリーン、シリコンを使ったソーラーパネル、化粧品などにも使用されている。砂は鋳物業でも、シェールオイルやガスの水圧破砕法《フラッキング》でも主要成分となるが、埋立地の建設にも使われる。

シンガポールは過去40年間に、輸入した砂を使って自国の領土に130平方キロを追加した。ドバイの人工島群パーム・アイランド・コンプレックスは（世界地図を模したザ・ワールドを含めると）、3ギガトン以上の砂を使用することになり、中国の万里の長城の8倍近くに相当する重量となる。砂漠の砂は大量にあるものの、商業的に利用するには細かすぎる。代わりに、私たちは地球の風化作用能力に頼って山奥や丘の斜面から粗い砂を採取しているのだが、世界の需要は地質学的過程を上回っている。道の王はまだ腹を空かせているのだ。

バーティンスキーの「残余物」の写真

オクリの書いた、ナイジェリアの飽くことを知らない道路の寓話から、私はカナダの写真家、エドワード・バーティンスキーの写真に行き着いた。1970年代から、バーティンスキーは「残余物」と彼が呼ぶものを求めて、つくりだされた景観——採石場や塩田、鉄道の切り通し——を写真に収めてきた。私たちの痕跡や原材料の需要の痕跡であり、土地が人類から放棄されてからずっとのちまで残りつづけるものだ。彼の被写体は、都会とはほど遠い場所で、しばしば環境哲学者のバル・プラムウッドが「影の場所」と呼んだものだった。通常は見えもせず、考えられたりもしないが、鉱物やエネルギーにたいする私たちの欲望を煽るものだ。

バーティンスキーはどんな情景でも、壮大なスケールで写真を撮り、それも往々にしてクレーンやヘリコプター、ドローンの助けを借りながら、非常な高みから撮影している。距離は景観を変え、バーティンスキーが「神話的な空間」と呼ぶものを生みだす。上空からは、景観はしばしばパターンに変化し、抽象画のごとく、それまで気づいていなかった幾何学をあらわにする。そこでは人物は存在しないか小さな色の粒となる（彼はよく産業地帯で撮影するため、写真のなかの人物は通常、黄色い安全ベストを着ている）。

その効果は第三者的だが、愛情に欠けるものではない。バーティンスキーの景観には人はいないが、人間の存在が満ちている。そこに反映されて見えるものは私たち自身、もしくは人間の影そのものであり、飢えた私たち自身であり、それが地球をえぐり、切り、爆破し、成形し、貯蔵してきたのであり、しまいにそれが鏡のなかの顔のように私たちを見返すようになった。

道はバーティンスキーの視点を形づくるうえで重要な役割を担ってきた。景観をパノラマとして捉える彼の感覚は、子供のころにカナダを横断した長い旅のあいだに、「どこまでもつづく田舎が過ぎてゆく」のを眺めるうちに培われたと彼は語っている。

若い写真家となって美を追い求めるなかで、彼はアメリカ各地を2週間、1人で旅をして回った。ペンシルヴェニア州で道を間違えたことから、彼はフラックビルという炭鉱の町にたどり着いた。そこの景観に魅せられた彼は、ただ車を止めて見つめることしかできなかった。どこを見ても、どの方向にも、その土地には人間の産業によってつくられなかったものがなかったのである。石炭鉱滓《スラグ》の山は黒い丘となって弧を描き、その麓にはライムグリーン〔薄黄緑色〕の池ができていた。人間以外の生命が存在する唯一の証拠は、スラグからまっすぐ伸びている骨のように白いカバノキだけだ。

バーティンスキーが最初に思ったのは、自分はなぜか異世界に入り込んだということだった。黒い土地は「私をすっかり動揺させた」と、彼は言った。「これは地球なのか、と私は思った」。だが、フラックビルのような場所で自分が見いだしたものは、人間が化石燃料に耽溺して、岩石や堆積物のなかまで探しだした結果なのだと、彼はすぐさま気づいた。私たちは、自分でも気づかないうちに「影の場所」に入り込んでいるのだ。

バーティンスキーの写真は、飽くことなく延びる道の食欲をたどる。２００７年に、彼は西オーストラリアの金鉱地の露天掘りの採鉱場を撮影した。レフロイ湖の周囲にある塩類平原の1枚の写真では、臍のような深いクレーターが、まるでオクリの寓話にでてくる道の王の胃のごとく、地中に何十メートルも沈み込んでいる。硬くなった白い平原とは対照的に黒く、波打ったその層は、塩のなかで不気味に目立っていた。

カルグーリー近くの「スーパーピット」で撮影された別の1枚では、この金鉱地の周囲に白い地衣類のように張りついた小さな町に気づいて初めて、この場所の本当の規模が明らかになる。坑道の入口は、最大地点では横幅3・5キロの口を開けており、180メートル地下まで潜っている。曲がりくねった連絡道路が、狭くなってゆく基底部までつづら折りにつづく。ここでは年間23トンほどの金が採掘されているが、金1グラムを得るのに500キロ分の土を運びだす作業が伴う。

このような堆積物を動かす人間の能力は、地質学的過程によって堆積物がつくられる割合をはるかに凌いでおり、未来の生痕化石を無数に残すことになるだろう。カルグーリー・スーパーピットのように広大なものから、地中深くから掘りだされ、地表面に散乱する鉱物そのものまで、大小さまざまな化石である。

地表面にますます集約する金、銅、プラチナや、採掘の過程で産出するカドミウム、鉛、水銀のような有害な重金属が、貴重な鉱物にたいする欲望を満たすために私たちが容赦なく追い求めてきたやり方の証左となるだろう。地質学者は、原産地から遠く離れた場所にまで岩石や堆積物を拡散させる人間の能力を、氷河が遠方の谷間に迷子石を落とすことに比類するものとして語る。

バーティンスキーの写真についてマイケル・ミッチェルはこう書く。「考えてみれば、地球上のすべての石造りの建物のために、どこかに大きな穴が開いているのだ」。バーティンスキーがバーモント州のロック・オブ・エイジズ採石場で撮影した写真は、ニューヨークなどの都会の峡谷に似ている。超高層ビルの各階のように等間隔の水平部分に分割され、棚状の部分が珍しく降雪で強調されたこの光景は、完成したビルが地中からそっくりもち上げられたように見える。解けた雪が灰色の花崗岩の壁を伝い、黒曜石のように黒く変えている。

ミケランジェロは、彫像はすでに石のなかにあり、彫刻家の仕事はそれを明らかにすることだと主張したことで有名だ（バーティンスキーが最初に写真に収めた採石場は、ミケランジェロのダビデ像の大理石が採掘されたイタリアのカッラーラだった）。バーティンスキーの写真のなかで、私たちは都市が丸ごと発掘されたかのごとく、亡霊となった建物のようなものに向き合うことになる。

石油が築いた世界

１９９７年に、バーティンスキーは「石油の悟り」と彼が呼ぶ体験をした。自分が撮影してきた人手による多くの景観はすべて「石油の発見によって可能になったものだった」という悟りだ。彼は化石燃料の途方もなく複雑なインフラを、発掘現場から枯渇した油田やそのあとに残された荒廃した光景まで、カメラで追おうと決心した。古いフォース道路橋を渡るサイクリングにでかけてから数週間後、私は大学の図書館に行って『バーティンスキー・オイル』を眺めた。バーティンスキーの探求の結果を集めた本である。

その前半のほとんどには力強く劇的な傾向が見られる。カリフォルニアの油田の広角レンズを使った写真には、従順で鈍重な牛のような何千基もの油井やぐらの群れがはてしなくつづく。地平線の彼方まで広がる砂漠で餌をついばみ、首を上下させるその光景は、アメリカの平原から姿を消したバイソンの群れを思いださせる。バーティンスキーの製油所の写真では、何キロにもわたってギラギラと光るパイプが写真フレーム内にぎゅう詰めになり、左右対称のようで、そうでもない動脈となっている。

ロサンゼルスの州間高速道路105号線と110号線の交差点（『ラ・ラ・ランド』のオープニングの歌とダンスはここで撮影された）の航空写真では、道路は神話的な規模にまで高められている。都市の広がりは写真の四隅まで埋めつくし、北にあるサンガブリエル山脈までもつづく。だが、道路によってそのすべてが矮小化する。紙でできたような家々がはてしなく並ぶ光景だけでなく、ダウンタウンの超高層ビル群ですら、何車線からもなる巨大な食道のようなハイウェイによって小さくなり、支配され、交差点から広がり、北へと膨れあがり、曲がりくねりながら進んでいた。

この写真から、私はSF作家のJ・G・バラードの作品を思いだした。草原よりもコンクリートの景観をむしろ好むと主張した彼は、ロサンゼルスの都市が記憶のなかに消えてしまったら、後に残るのはフリーウェイ・システムだけだと予測した。未来の人びとはランプウェイや高架交差路を、私たちがギザの霊廟を惚れ惚れと眺めるように、いまの時代の人びとの美の基準の謎めいた証拠として見るだろう、とバラードは述べた。

石油の影の世界を想像することを私たちに求める写真もある。バーティンスキーはアゼルバイジャンのバクーにある枯渇した油田にもカメラを向ける。おそらく、世界最初の産業化した油田があった場所で、20世紀初頭にここは世界最大の油田でもあった。この地では、石油は少なくとも15世紀から掘られてきた。そこには脆くなって黒ずみ、あるいは錆びついて、骨組みだけになった油井やぐらと塔が、カリフォルニアの写真にあった穏やかに首を上下する機械の代わりにある。手前には、角張った金属ごみが、干からびた牛の肋骨のように空を仰いでいる。

地中の奥深くへとつづく穴

いまから1000万年後には、地球上に存在する人間の構造物はいずれも風化しているだろう。私たちの生痕で最大かつ最も広範囲にまたがるものは、地下だろう。動物は2・5メートルほどの深さまでは巣穴を掘ることができる。植物の最も深い根でも、70メートルには達しない。一方、人間はこれまでどんな生命体が試みたよりも深く穴を掘ってきた。

ロシアのはるか北西端にあるコラ半島超深度掘削坑は、直径はわずか23センチしかないが、地中に12キロ以上も掘られている。地中の奥深く、地下5キロまでの岩石の隙間や割れ目に棲む微生物群よりもはるかに下方である。しかも、人間はそれをどこでもやってのけているのだ。カリフォルニアで草を食んでいるような油井やぐらや、バクーにある老朽して傾いた塔の下方にはおそらく深さ1キロにもなる掘削坑がある。世界各地には、南極を除いたすべての大陸に、同様の掘削孔が何千と開いている。

人新世ワーキンググループは、その端と端をつなぎ合わせれば、深さ5000万キロの掘削孔となり、世界の道路網にも匹敵し、現在生きている人間の、1人当たり7メートル分にも相当すると推計する。地上道路は断片的にしか残らないだろうが、これらの掘削孔は侵食からも守られる。その一部は変成過程を経て褶曲し、圧縮され、あるいは徐々に地表に隆起し風化して塵となるかもしれないが、その他は未来永劫その場所に留まり、地球の奥深くまで開いた円柱となって、その周囲は残油とバリウム〔掘削時に加重剤として使われる〕を含む泥を塗られることになる。閉鎖された炭鉱では、地下に巨大な空間が残るだろう。石炭を求める衝動から、私たちが地層を丸ごと掘りだしてしまった場所だ。

飽くことなく延びる道路は、未来の化石のきわめて有力な供給源となるはずだ。たとえ断片となっても、道路は大陸の隅々まで、あらゆる大自然のなかまで、人間の勢力がおよんだことをほのめかすだろう。そうした断片を観察した鋭い人のなかには、より大きな物語を構築できる人もいるかもしれない。繁栄した巨大都市や、地球にまたがる産業や、化石燃料にたいする私たちの欲望や、それを追い求めた深さについての物語だ。さらに信じ難いことに、海の底には陸と陸を結ぶきわめて長い道路もあり、それらもそのまま残るかもしれない。

タンカーの解体所

『バーティンスキー・オイル』の最後のセクションで、バーティンスキーはバングラデシュの沿岸都市チッタゴンにある船の解体場を訪れる。1990年代末から2000年初めに、フランスの沖合の重油タンカー事故をはじめとする危険な事故が相次いだことから、船体が一重構造のタンカーの使用禁止へとつながり、〔船舶解体という〕新しい産業が生まれたのだ。

チッタゴンでは遠浅の砂浜に何十隻もの船が乗り上げ、スクラップとして解体され、リサイクルされるのを待っている。バーティンスキーの写真では、なかば解体されたタンカーが彫刻のような、それどころか地形模型のような姿にも見えた。船首を失った船は、鉄の断崖の地層にも似た横断面でその船体をあらわにする。金属の断崖や張り出しと化した船もある。船舶解体は絶望的なほど危険を伴う産業であり、バーティンスキーによれば、ほとんど「バーナーと重力」に頼っただけの裸足の男たちによって行なわれている。けがや死亡事故は日常茶飯事で、その作業環境は石油ときわめて毒性の高い船舶用塗料の薄片が入り混じる危険なものだ。船が解体されると、そこからは5万メートル分もの銅線や、何十キロ分ものアルミニウムと亜鉛、何万リットルもの石油が〔膨大な鉄くずのほかに〕得られる。その過程で、船はほとんど跡形もなく崩される。

それでも、チッタゴンの浜辺に永眠しにくる以前から、タンカーは未来の化石をつくる作業に一役買っていたのだ。海洋への船舶廃棄物の投棄は1972年に禁止されているが、毎年、60万トン以上が海中に投じられていると推計されており、その大半は硬質と軟質双方のプラスチックと空き缶、漁具からなる。一部のごみは海流で運ばれて海底峡谷や海底の窪みのごみ溜めに入り込むが、主要な航路周辺に集中したまま残るごみも充分にあり、そこがかつて船の通る道であったことを示すことになる。

海底につづくこれらのプラスチックの道は、硬いクリンカの層の上にある。クリンカは、19世紀に蒸気船から船外に投棄された石炭燃焼後の残存物だ。多くの船はボイラーを清掃する際に港でもさらにクリンカを投棄していた。これらの〔海底の〕硬い舗装路は、リバプールとニューヨークのような19世紀の主要港を結んでおり、すでに堆積物に覆われて侵食から守られている。陸上の道路網の広がりを示す手がかりは断片的にしか残らないだろうが、未来の地質学者は主要な海運網のほとんどを、海の下にあるこれらのクリンカの道から再構築できるだろう。

私はバーティンスキーが撮影した石油とその末路の写真を2時間ほど眺め、メモと印象を書きつけたが、しまいに空腹から集中力が途切れた。だが、残りの数ページをめくって図書館をでる支度を始めたところで、最後の1枚に完全に釘づけになった。カメラはチッタゴンの泥のなかに押しつけられたすり足の跡を地表面からまっすぐに見下ろしていた。そこから1万2800キロは離れたヘイズブラの、80万年以上前の足跡そっくりだった。だが、チッタゴンの足跡は黒く光っていた。泥は乾いてひび割れており、解体されたタンカーからあふれた重油が割れ目から足跡に流れ込み、ちょうどその縁まで満たしていたのである。

第2章　薄い都市

ハリケーン・カトリーナ

私は階段を上っていたのだが、水中に沈んでいるような奇妙な感覚を味わっていた。

5月末のことで、大学周辺の桜の木々は花盛りだった。学生たちは試験を終えたばかりで、私の日々にもいくらか余裕がでてきたので、大学のギャラリーを見て回ることにしたのだ。タルボット・ライス・ギャラリーは、オールド・カレッジの隅に隠されているうえに、長い階段につづく目立たない灰色の扉を通らなければ行き着かないので、簡単には見つからない。ここは大学の最も古い一角で、その石造りの基礎には、何世紀にもわたってエディンバラの気象が残した跡が刻まれている。4階にあるギャラリーに上るにつれて、白いしっくい塗りの空間は流れる水音で満ちてきた。階段の隅にひそかに搭載されたスピーカーから流れてくる、重く鈍い海底のガラガラ音である。上階に行くほど、自分が深く沈んでいくような感じがした。

ギャラリーに入ると、私は向かい側の壁にある入口へと進み、その向こうにある照明のない空間に足を踏み入れた。その部屋は真っ暗で、中央にベンチが1台だけ、大きなスクリーンを前にして置かれていた。映像がループ上映されており、私が席に着いたときはすでに始まっていた。

スクリーン上では、スポットライトがアメリカの郊外の一般的な通り沿いを低く照らしだしている。空は重く、無情なまでに黒々としており、写真のネガフィルムのように立ち並ぶ家々は輝いていた。道路は道幅があって広々としているが、不思議と平らではない。砂なのか雪なのか、私にはわからない白い吹き溜まりがうずたかく積もって光り、道はでこぼこにうねっていた。

低く鳴りつづける電子音を掻き消すように、チェロが憂いに満ちた音色を奏でており、ときおり潜水艦のアクティブ・ソナー音が割り込む。カメラは通り沿いを追いつづけていたが、そこで突然、道路のなかに、まるで波間に潜るように飛び込んで驚かせ、そこから泳ぎ手に変身したかのように輝く家々を下から見上げた。その効果には息を呑ませるものがあり、めまいを覚えさせた。

アサド・カーンとエレーニ゠イラ・パヌルジアによるこのインスタレーションは、ニューオーリンズ市の位置座標にちなんで、29.9511°N, 90.0715°Wと名づけられた。これは2005年8月29日にハリケーン・カトリーナで同市が氾濫したのち、アメリカ地質調査所とNASA、アメリカ陸軍工兵隊が、光検知と測距技術《ライダー》（LIDAR）を使って集めたデータからなる3次元動画だった。ライダーは散乱光パルスによって地図を描き、光が物体にぶつかって反射され返すまでの時間を、距離の尺度で解釈する。それによって通りの景観は、引いていく水が残していった堆積物にただまみれているだけでなく、実際に点を積み重ねて全体が構成されているかのような、きめの粗い質感になった。

建物は透明に近く、その形状は磁石に吸い寄せられた鉄の削り屑のように、白い点で際立たせられていた。光る白い泥は、車のフロントガラスに積もり、タイヤも包み込んでいる。木々や電柱はめちゃくちゃな方向に傾いていた。家屋はまだ立ってはいたが、奇妙に洗い流され、中身がなくなっていた。教会の薄い壁からは、がらんとした信徒席の列が見えたが、人の姿はなく、それどころか生命の痕跡もどこにもない。迫りくる暗闇が強いスポットライトで照らしだされ、堆積物の雲が視界を曇らせているため、放置された通りは海底探検のフィルム映像を思いださせた。

ハリケーン・カトリーナは、アメリカ合衆国に上陸した暴風雨のなかでも最大級のものだった。ハリケーンは朝の6時10分に到達し、ニューオーリンズ市の防護壁はものの20分で使い物にならなくなった。堤防が何カ所も決壊したということは、地域によっては数分も経たずに浸水したことを意味する。洪水のピーク時には、同市の8割ほどが臭い水に3メートルは浸かっていた。このハリケーンのさなかと直後に1833人が命を落とした。そのうちの半分以上がアフリカ系アメリカ人だ。60%は高齢者だった。100万人以上が家から立ち退かされ、損害の総額は10億ドル以上になった。

ニューオーリンズは、水浸しの粘土と沈泥からなる深い土台の上に建設された。ミシシッピ川によって何千年ものあいだに堆積したものだ。多くの堤防が決壊したのは、それらが移動する砂地の上に築かれていたからだ。防壁は、その下の軟らかい土壌に水が侵入すると崩れた。古い防壁の一部は、ハリケーンが上陸する前から海面より1メートル近く沈んでいた。都市の重みは、かなり文字どおりに、この土地には耐えられないものとなっていたのだ。

地盤沈下が最初に言及されたのは19世紀末のことだった。地下水の需要が増したことで地中に空洞が生じ、それがのちに上にある土地によって圧縮されたほか、ミシシッピ川の上流にダムがつくられたために堆積物が補充されなくなり、この都市の土台を損ない、いまでは1年に12ミリは沈下していると考えられるほどになった。軟弱な三角洲に建設されたその他の主要都市も同じ問題に直面する。1900年以来、バンコクは1・6メートル沈み、上海は2・6メートル沈んだが、東京の東部は驚くなかれ4・4メートルも沈下した。ニューオーリンズは海面の上昇よりも4倍の速度で沈んでいる。この都市の半分はすでに海面下にあり、深いところでは2メートル下にまで達している。

スクリーン上では、映像がずっとループ上映されている。放置された、光を発する通り沿いをカメラが追ってから、薄い都市の表面下に潜る〔ようにレーザー光で検知する〕様子を、私は繰り返し観つづけた。

海水位の上昇

水は引き、ニューオーリンズに人は戻ってきた。しかし、カトリーナ以降も、ハリケーン・サンディが大西洋側の沿岸地域に壊滅的な被害を与え、ハリケーン・ハービーはヒューストンを荒廃させた。気候変動に関する政府間パネル〔IPCC〕は、100年に1度の規模の沿岸洪水に見舞われる人口が2010年の2億7000万人から、今世紀なかばには3億5000万人に増えるだろうと予想する。

海は1901年から2010年のあいだに毎年平均1・7ミリ上昇しているが、上昇の大半はこの数十年間に生じた。1993年からは年率が平均値の2倍近くになっている。今世紀の終わりには、地球の平均海水準は今日よりも1メートルは高くなるかもしれない。ツバルやモルディブのような島嶼国に深刻な結果を示唆する統計値だが、バンコク（海抜1メートル）、シンガポール（海抜ゼロメートル）、アムステルダム（場所によって海抜マイナス2メートル）などの都市にとっても同様だ。

水は温まると膨張する。今日までの海水位の上昇全体において、熱膨張はその半分の原因となる。残りの原因の大半は、氷河や氷床の融解によるが、その他の要因も関係している。それは海がどこでも同じ水位にまで上昇するわけでも、同じ割合で上がるわけでもないことを意味するのだ。たとえば、エルニーニョ・南方振動が発生して温暖な時期には、太平洋の平均海水位は一時的に40センチも上昇することがある。極地で氷が解ければ、氷床の引力は弱まり、一方の半球で失われた氷がもう一方の半球では海面の水位を高めることになる。融解するグリーンランドの氷が、シンガポールや香港の九龍の防潮堤に押し寄せるのだ。

海岸線の大半――95％ほど――は海面の上昇に直面するが、極地では、それもとりわけ北半球では、海面は実際には下がることになる。こうした地域では、陸塊はまだ最終氷期の終わりに失われた氷床の重みから回復しつつあるのだ。ニューヨークは氷床からの回復期の最高潮を過ぎ、いまでは5億年前の片岩の広大な地層の上に沈みつつあり、西南極氷床の融解による水が袋小路に入り込んでいる。メキシコ湾流の速度はアメリカ合衆国の大西洋岸沿いで遅くなり、ニューヨーク市周辺は水が膨れ上がった状態になっているのだ。

海洋がどれだけ急速に上昇するかは誰にもわからない。だが、古代の洪水の物語は、ノアからギルガメシュまで、いずれもいちばん最後の間氷期に生まれたものだ。この時代には、海水準は1世紀に1ないし2メートルは上昇したと考えられている。

『ギルガメシュ叙事詩』では、神々ですら海面の上昇におびえ、いちばん高い天にまで逃れていた。

極端な海面の上昇がもたらす人的損失には恐ろしいものがある。世界の人口の10%前後は、低地の沿岸地帯として知られる海抜10メートル未満の場所に住んでいる。6億ほどの人びとは、洪水にたいして限定的、もしくは回復力の乏しい沿岸地域に暮らしている。何ら手を施さなければ、2100年までに7200万から1億8700万人が海面の上昇によって立ち退かされることになるだろう。

人びとは命を脅かされてもすぐに対処して暮らしを守れるかもしれない。だが、海は辛抱強い。大気中の炭素の量はすでに、向こう数百年間はさらなる温暖化が生じることを意味している。一部のシナリオは、産業革命前のレベルから1℃温暖化するごとに海面が1メートルから3メートルは上昇すると予測する。

これほどの海面の上昇は必然的に、グリーンランドと西南極の氷床のいずれか、もしくは両方の崩壊を伴うだろう。一方は上から侵食されつつあり、もう一方は下から崩されている。暖かい空気が、産業や森林火災からの煤と相まってグリーンランドの氷の表面を黒ずませ、それが融解を促進している。西南極では、水温の高い水が巨大な氷床を大陸に繋ぎ止めている接触面を着実に解かしているのだ。

とりわけ、スウェイツ氷河の下方には、350メートルの深さでマンハッタン島の半分以上の面積におよぶ空洞が空いており、これは140億トン分の氷に等しい体積である。この膨大な量の氷は解ける以前からすでに水中にあったので、幸い全球的な海水準を上昇させることはなかった。だが、スウェイツ氷河自体は〔海に面した〕横幅が120キロある。この氷河だけでも、地球の海面を0・6メートル上昇させることができるほか、ここは背後の氷床の歯止めの役割をはたしているので、この氷河の喪失は海洋がさらに2・4メートルは上昇することを意味しうる。

合計すると、地球の氷床と氷河には、海面を今日よりも60メートルは上昇させられるだけの氷が固定されている。これだけの氷がすべて解ければ、海洋が世界地図を描き換えるだろう。北アメリカは西側に縮小する。南アメリカは内陸にまで三角洲が拡大して埋め尽くされる。イギリスは、今日私たちが知る国の痩せこけた姿になるだろう。オーストラリアでは、水はスペンサー湾〔南東部、アデレードの近く〕を抜けて大陸の赤土の中心部にまで押し寄せることになる。中国の海岸線は、現代の位置から150キロは離れた北京付近までも後退するだろう。

すべての氷が喪失する状況は空想でしかないが、グリーンランドと西南極の氷床の崩壊は空想ではなく、双方を合わせれば全球的な海水準は11メートル上昇すると推測されている。これほどの規模で海面が上昇するには、数世紀どころか、数千年間はかかるだろうが、いったん崩壊が食い止められない時点にまで到達したら、沿岸にあるすべての都市の命運は尽きるだろう。都市の相次ぐ崩壊は世界文化への嘆き声のように響くに違いない。コルカタ、ジャカルタ、上海、ロンドン、コペンハーゲン、アルジェ、ラゴス、マイアミ、ニューヨーク、ヒューストン、ニューオーリンズ、カンクン、ブエノスアイレス。

都市にたいするベンヤミンの洞察

どの都市も廃墟になりかけている。廃墟はすでに、輝かしい通りの下にあるのだ。どこにも増してそれが明白なのは、哲学者のバルター・ベンヤミンのアーケード・プロジェクト〔パサージュ論〕においてだが、1940年に彼が死去したために未完に終わっている。ベンヤミンは19世紀パリの鉄とガラスで覆われたアーケード街について、13年にわたって考え、書き残した（ナチス占領下のフランスから脱出中にベンヤミンが死亡したとき、書類鞄から最後の原稿が紛失したという噂がいまも残る）。

この論考は、メモと考えの概略からなる培養土でしかないにもかかわらず、現代都市に関する肝心要《かなめ》の作品として、多くの人に読まれてきた。後世に伝えられてきたのは、追想と学習、引用に小話の奇妙なコラージュという、それ自体が一種の廃墟のようなものだ。都市にたいするベンヤミンの洞察は、ばらばらの細部という形態をとる。

ベンヤミンがこうした考察を行なうきっかけを与えたのは、ボードレールのエッセイに書かれていた遊歩者《フラヌール》だった。群衆のなかをさまよい歩き、その視線で都市の表面を貫き、その断片をつなぎ合わせる人のことである。ベンヤミンにとってパリは、ボードレールの詩の「沈んだ都市」なのであり、立ち並ぶ「家の海」は「多層階の波」のようであり、「地下ではなく、むしろ海底」なのだと彼は明言した。

だが、彼の想像を最も捉えたのは、アーケード街のガラス天井の下に沈められたものだった。1928年または29年に書かれた初期の一節で、ベンヤミンは子供のころ百科事典を読みふけっていたことを、なかでも先史時代の光景を描いたカラー挿絵に見入っていたことを回想する。石炭紀の鬱蒼と茂ったジャングルや、「最初の氷河期の湖と氷河」などである。パリのアーケード街について考えてみると、似たようなパノラマが広がっているのだと、ベンヤミンは述べる。それらは彼にとって、太古の昔の名残のある場所に似ているのだった。

洞穴のようなアーケード街で狩りをする消費者は、「ヨーロッパ最後の恐竜」なのである。そして「これらの洞窟の壁には、彼らの遠い昔の植物相が、消費財が［……］ひどく不規則な組み合わせで」存続する。各地のアーケード街のなかで、「秘密の類縁性の世界」が生じるのだと、ベンヤミンは書く。「ヤシの木と羽根はたき、髪用ドライヤーにミロのビーナス、人工器官《プロテーゼ》に手紙の書き方マニュアル」などが、それまで経てきた生涯では知覚されないままに結びついているのだ。

アーケード・プロジェクトにたいするベンヤミンの根本的な洞察は、すべての都市が無数の秘密の類縁性によって成り立っているというものだった。世界の隅々から運ばれてきた物質は、その建物のコンクリートやレンガ、鋼鉄となって、あるいはコーヒーカップやクレジットカード、光ファイバーケーブル、窓ガラス、ダイヤの指輪、ペーパークリップとなって都市になだれ込む。互いにまるで別個のものに見えても、そこには共通するつながりがある。その秘密が私たち人間なのだ。人間の暮らしに消費財は棲みつき、親密な関係を築く。私たちが残すどんな痕跡にも増して――静脈のように陸地に広がる灰色の道路や、人間が掘削した深い立坑、大気や氷、水に私たちが残す化学残留物、寿命の長いプラスチックやさらに寿命の長い放射性核種よりも――都市は、私たちが誰であり、どう生きたのかについて、最も集約された、事実を明らかにする記録《アーカイブ》となるだろう。私たちの「遠い昔の植物相」は建物のなかで化石となって残りつづけるのだ。埋もれたインフラのなかで、廃棄された無数の細々とした物のなかで、人間の暮らしと欲望に関する膨大な百科事典のごとく残るだろう。

化石となる都市とならない都市

世界の人口の半数以上はいまでは都市に暮らしている。1800年までは、その割合は3%だった。2016年には、人口100万人以上の都市は512都市あった。国連の予測では、2030年にはその数が662都市になり、さらに毎年7200万人が毎年、世界の都市人口に加わるという。1億4500万人は海抜1メートル未満の海岸沿いに暮らしている。その大半はジャカルタ、ラゴス、ニューヨーク、ムンバイなどの巨大都市にいる。人口1000万以上のそのような巨大都市の数は、1995年から2015年のあいだに2倍以上になった。

2030年には、上海の人口は2400万から3000万以上に増えるだろう。ムンバイの人口は2700万人に増えているだろう。ダッカにはさらに900万人が暮らすようになる。ラゴスでは1100万人増となる。最近の数十年間に、都市はドバイのきらびやかな御殿のように砂漠にも広がり、海を埋め立てた数万平方キロもの土地に人びとが入植してきた。将来は、シンガポールで計画されている多層の地下都市のように、地下に住居を掘るようになるかもしれない。

どの都市も、しばらくのあいだは痕跡を残すだろう。完全な姿ではない。ムンバイの耐久性のあるインフラのないダラビ地区で困窮生活を送る100万ほどの住民は、ナリマンポイントの超高層ビルに住む人びとほどこの都市の痕跡には貢献はしないはずだ。だが、大きな構造物と深い基礎があれば、もぬけの殻の都市でもコンクリートとガラスの島として、支流（鉄道や道路、下水道、パイプラインなど）のネットワークに結びつけられて、何千年間も残りつづけるだろう。

とはいえ、都市の運命を数百万年の時間の尺度で考えれば、標高の高い地点や、土地が隆起している場所にある都市は、いずれは風化して跡形もなくなるはずだ。保存される都市は、水の恵みと泥の癒しによって侵食から守られることになる。海岸平野や河口域、川の氾濫原にある低地の巨大都市は、上昇する海に呑まれるが、化石となって残る可能性が最も高い。いったん水面下に沈むと、廃墟の都市は分厚い泥の層に覆われ、それによって風化や酸化の旺盛な食指からは守られるようになる。

最終的に、都市の建物は崩壊するが、埋められているもの、つまり地下の痕跡——ニューオーリンズの超高層ビルを支えていたコンクリートの直接基礎《ラフト》や杭、あるいはベネチアの都市の下の水中で木杭の上に石を敷いた土台や、地下鉄の路線、パイプにケーブル——は、人新世ワーキンググループの座長を務める地質学者のヤン・ザラシェビチが「都市の地層」と呼ぶものを形づくるようになる。岩石のなかに圧縮された人間の痕跡と秘密の類縁性が大量に含まれた層である。1億年後、ニューヨークやムンバイに残るものは水泳プールの浅い部分ほどの厚みしかない堆積物かもしれない。皮肉なことに、沿岸都市を放棄せざるをえなくする水が、これらの都市の未来を確かなものにもするだろう。

一方、私たちの知る都市が失われれば、人びとは乾いた土地を探し求めて移動するので、別の都市を興隆させることにもなる。ニュー・マイアミや、ニュー・ダルエスサラームや、ニュー・ニューヨークなどである。古い都市が波間に沈むにつれて、これらの新しい都市は海抜の高い場所へとこぞって移動し、その基礎を地中深くまで打ち込み、独自の秘密の類縁性の世界を築くことになるだろう。

ベネチアと薄い都市

もちろん、放棄される前に、多くの都市は上昇する海を鎮め、抵抗しようと試みるだろう。

ベネチアは1000年にわたって海を伴侶としてきた。毎年、昇天祭には、ベネチア共和国の元首《ドージェ》と総大司教が先導するボートが潟《ラグーナ》まで漕ぎだしていた。ラグーナの入口までくると、総大司教は波の上で聖水の容器を割り、かたやドージェは指にはめていた金の指輪を外して船外に落とし、こう宣言する。「海よ、われらは真に永遠の支配の印として、汝を娶る」。彼らの意図は、海を鎮め、自分たちの繁栄がかかっている安定を維持することにある。

ルネサンスの図像学で、海から生まれた女神ビーナスと同一視されたベネチアは、水の上に建設された都市である。6世紀には、ローマの歴史家のカッシオドルスが、ウェネティ族、つまりローマ帝国の崩壊から逃げて島に住むようになった当初のベネチア人について「水鳥のごとく、海にいたかと思えば、陸に上がっている」と書いた。海はこの都市の基層に流れているのだと、ピーター・アクロイドは述べる。有名な運河や水路を通じてだけでなく、サンマルコ寺院のなだらかな起伏のある床にも、「海によって強固になった」ガラス製品――ベネチアの名声を何世紀にもわたって広めたもの――にも海は感じられる。

ベネチアの海との関連に、ジョン・ラスキンほど思いをめぐらした人はいないだろう。彼の3巻物の『ベネチアの石』は、1850年代初めに刊行された。「ベネチア人は、最も貧しい人ですら、貝類のように自分の家を建てる」と、ラスキンは書いた。彼にはこの都市が巨大な貝殻を裏表にしたようなものに思われた。「内側は荒削り」だが、「表面には真珠層」があって、滑らかで古典的な正面《ファサード》は「海の波のごとく光っている」のである。「初期のベネチアは、レンガの荒野だったのだと人は想像するかもしれない」と、彼は推測する。「そこに海が打ち寄せて化石化して、しまいに大理石になったのだと。当初は黒っぽい都市だったのに、海の泡で洗われて白くなったのだと」

多くの作家は、ベネチアが神勅によって築かれたという神話を繰り返してきた。だが、ラスキンにとっては、この都市はもっと凡庸で、わずかな隙間が幸いにもあったために生まれたのだった。正確に言えば、18インチ、すなわち45センチの、ベネチア潟の平均的な潮の満ち干の差である。海流がもっと深ければ、島々は孤立して、侵略にさらされただろう。もっと強い高波が襲えば、ベネチアの住民はその洗練された建築の代わりに、通常の港湾のような護岸と防波堤を築かなければならなかったはずだ。逆に潮汐が相殺されていれば、市内のごみは狭い運河内で淀んでしまったに違いない。また、満潮時と干潮時でさらに45センチも差があれば、「どの宮殿の入口の階段も、干潮時には海藻やカサガイが危険なほど繁茂することになっただろう」。

そうだとすれば、ベネチアの潮汐とのかかわりは白紙に戻りつつある。ラグーナの潮汐力学は浚渫《しゅんせつ》と埋め立てですでに変わっており、ニューオーリンズと同様に、地下水の汲み上げによって市の一部は沈下している。いちばん高いところでも、ベネチアは海抜1メートル以下であり、過去80年間に1メートル以上浸水することが17回あった。大惨事となった最大のアックア・アルタ〔異常潮位現象〕は1966年に発生し、このときは2メートル近く浸水した。ベネチアは当初から浸水には慣れていたが、絶妙な均衡を保っていた状況に危険な荷重がかかるようになってきた。重大な浸水の半数は、

2000年以降に起きている。かつてベネチアは1カ月未満の限定的な浸水に見舞われていたが、いまでは市の一部は年間75回も冠水している。

1966年の衝撃をバネに、1970年代なかばからベネチアは上昇する海にたいする防壁を築くことに熱意を注いできた。MOSE防潮堤（Modulo Sperimentale Elettromeccanico、実験的電気機械モジュール）は、ラグーナの海底に固定され、水中で空気注入させる〔なかの海水を押しだして空洞にして浮力をつける〕一連の水門のことで、高潮時に立ち上がらせるとラグーナを海と分断することができる。だが、その名称の元となったモーセは紅海の波間を押し分けたが、MOSEは海面のたかだか20センチの上昇に対処すべく設計されているにすぎない。IPCCによる全球的な海面の上昇が起こるとすれば、MOSE防潮堤は稼働する前から役に立たなくなるだろう。海は2050年にはその高さを超えているかもしれない。

イタロ・カルビーノの小説『見えない都市』では、ベネチアの探検家マルコ・ポーロが、荒廃した巨大な帝国を治めているクビライ・カアンに謁見する。帝国の隅々まで旅をしてきたポーロを、クビライが招いて、訪れた都市について語らせるのである。都市は夢のようなものだと、ポーロはクビライに教える。どちらも想像する限りどんな形態でも取りうるが、最も思いがけない夢にも潜在意識のなかの不安と欲望が隠されている。クビライの欲望、そして不安は、自分の帝国全土を見ることであり、その範囲を知ることだった。そこで、ポーロはありえない都市——自分たちの都市の考えうる限りさまざまな形態の模型がある博物館を備えた都市や、通りが譜面のような配置になっている都市など——を集めた作り話を次々に語った。

ところが、ポーロの空想は範囲も種類も驚異的であるにもかかわらず、ただ1つの都市について際限なく話していることがクビライには明らかになる。「都市について語るたびに、私はベネチアについて何かしらのことを話しているのです」と、ポーロは打ち明ける。

ポーロが描写したさまざまな都市群のなかに、「薄い都市《シン・シティ》」と彼が呼ぶものがある〔イタリア語の原語はLe città sottili。邦訳版では「精緻な都市」〕。都市の境界線が深い地下の湖の輪郭をたどるイザウラという都市や、杭の上に立つゼノビアのような都市である。一部の都市は、MOSE防潮堤など、技術者たちが上昇する海から都市を守るために考案する諸々の方策と驚くほど似通っている。

ニューヨークは「ビッグU」の建設を提案している。ロウアー・マンハッタン〔最南端部〕の周囲に巨大な防潮堤を築き、金融街を守るものだが、ウエスト57丁目よりも北に住む人びとは波にさらされたままになる。オランダの海岸沿いやミシシッピ川の三角洲では、侵食している海岸線に一定量の新たな堆積物を供給する人工島を建設してきた。すでに海抜マイナス2メートルにあるロッテルダムを守るために、技術者はライン川河口のメスラントケリンクに全長210メートルの鋼鉄の水門のような巨大障壁システムをつくり、水とともに上昇して浮く家の設計と組み合わせている。

ポーロが語った都市の多くには、その代替案がつきまとう。たとえば、古い都市の基層をリサイクルして建ててはまた建て直されるパリンプセスト〔書かれた文字を消して上から再び書かれた羊皮紙〕の都市、クラリスがある。過去と未来が同居する都市ロードミアでは、ニッチと亀裂からなるその無限の建築のなかで、考えうるあらゆる隙間にまだ生まれていない世代が入り込んでいる。上昇する海によって脅かされている都市も同様に、水に沈んで放棄されるか、もち堪えて繁栄するのか、みずからの将来にありうる姿につきまとわれる。こうした都市に暮らすことは、さながら未来の都市にすでに見捨てられたかのように、立ち退かされる気分になるだろうとしか私には想像できない。

ポーロの都市のように、ベネチアにはその影が存在する。ラスキンはベネチアの不滅の美について熱狂的に語った。「ここはその王座に海の砂と同様に、砂時計の砂も据えつけているようだった」。それでも彼はベネチアを「海の砂の上にいる亡霊」として見ていた。その衰退のなかにすっかり失われてしまい、「ラグーナの蜃気楼のなかに映ったかすかな姿を見ると、どちらが都市で、どちらが影なのか迷うくらいだ」。

ベネチアは永遠の潮汐とエントロピー〔徐々に無秩序な状態に陥ること〕のあいだに囚われた難民によって築かれた都市であり、波間に消えてゆく最初の都市の1つなのかもしれない。それでも、私たちがベネチアについて語るときには、この都市全体の水没した未来だけでなく、キリバスのような島嶼国やダッカの未来の影のなかで語っているのだ。そして、おそらく将来において、私たちが海に失われた都市について述べるときはいつでも、ちょうどマルコ・ポーロのように、自分がベネチアについて何かしら語っているのだと私たちも知るようになるだろう。

沈みつつある上海

金陵東路は音楽であふれていた。通りには楽器を売る店が並び、各店の前を通ると、バイオリンの温かい音色や、涙形の中国の琵琶《ピーパ》の流れるような〔ポルタメントの〕音や、カラスの喚き声のようなエレキギターの音が私にのしかかってくる。

楽器店から聞こえる音楽は、けたたましいクラクションや車の流れのあいだを縫う数十台の原付バイクの呟き込むようなモーター音を和らげてくれる。しかも、バイクの乗り手はよく携帯電話で夢中になって話をしているだけでなく、歩道に乗り上げ、ホーンに寄りかかって前方の露払いをしている。青信号は通行権を示すよりも、歩行者と車の運転者の交渉開始の合図であるかのようだ。W・G・ゼーバルトはベネチアの静けさのなかで歩くことと、その他の都市の喧騒とを対比させる。ラッシュ時の交通音は、「石畳とアスファルト一帯に」押し寄せて砕ける「新しい海洋」なのだと彼は言う。

上海の通りは交通騒音の波に洗われているが、この都市の本当の音楽は建設工事現場から流れてくる。ドリルの高速の振動音、鋸の甲高い音や、鋼鉄にハンマーを振るう金属音がどこへ行くにも私に付きまとうようだった。

1840年代には、上海は蛇行する黄浦江《こうほこう》のぬかるんだ西岸にしがみつくような細長い一帯〔外灘となった地区〕でしかなかったが、それ以来ここは総面積が6000平方キロ以上の都市にまで拡大した。2010年には人口が2300万人になっていた。超高層ビルの数は800棟を超える。どちらも急激に拡大している。

揚子江の支流である黄浦江を見下ろす断崖の上にあった上海――この名称は「海の上」を意味する――は沈みつつある〔当初の城郭都市はこの高台にあった〕。地下水をやたらに汲み上げたために、その下の土地が空洞化し、1921年に最初に問題が発覚して以来、合計で2・6メートルという憂慮すべき割合で都市の地盤が沈下しているのだ。都市を守るための救済措置には、コンクリート製の洪水防壁を定期的に嵩上《かさあ》げすることや地下を「再膨張」させるために水をポンプで送り込んで戻す試みが含まれる（これによって一部の地区は11センチ上昇した。ただし、２０１２年に、中国の地質調査では１９７０年代以降、帯水層から汲み上げた１０００億立方メートルの水を再び戻すには、1万年前後を要すると報告された）。だが、宇宙的な景観の超高層ビル群は、泥のなかに90メートルは打ち込んだコンクリートと鋼鉄の基礎の上に建てられており、全長５００キロ以上におよぶその地下鉄網は世界最長になっている。

急速な拡大と深い基礎は、この都市がすでに地層に痕跡を残したことを意味する。私は自分の目で、未来の広大な化石となることが確実となったものを確かめるため上海を訪れた。

上海の成り立ち

スコットランドの詩人ヒュー・マクダイアミッドは、古い火山の黒い岩の上を覆うエディンバラを、「狂った神の夢」と呼んだ。ダニエル・ブルックによれば、上海もやはり狂った夢の産物だった。世界屈指の自給自足可能な帝国の真っ只中に、国際貿易都市を建設したのである。

１７９３年に乾隆帝《けんりゅうてい》は、交易関係を結ぼうとするイギリスの申し出を不要だとして却下した。中国〔清朝〕には「あらゆるものが揃っている」と、乾隆帝は説明した。だが、１８４２年に南京条約によって中国の沿岸都市の5港が外国貿易に開かれることになり、上海が世界最大級の都市に発展する出来事が次々に引き起こされた。

これほど早く巨大都市の地位に到達した都市はほとんどない。上海は、ときには停滞し、ときには怒濤のように、一連の急激な拡大を経験した。最初は1840年代から60年代にかけてつづいた土地ブームだった。当時、何十万人もの難民が清王朝にたいする太平天国の乱から逃れて上海になだれ込み、ここを地球上で最も急成長を遂げた都市にしていた。さらなる急速な発展は、1895年から1915年までに人口が2倍に膨れ上がったことを意味し、1930年代には上海が「世界で最も近代的な都市」になったとブルックは書く。アールデコ様式にジャズ・エイジの反復楽句《リフ》、野心的な建築、残虐なギャング行為、飽くなき消費。300万を超える人口をかかえた上海は、1934年には世界第6位の大都市になっており、人口密度は最も高く、1エーカー〔約4000平方メートル〕当たり600人が居住するようになった。

回想録『人生の奇跡』のなかで、上海で育ち、第2次世界大戦中は市外に抑留されていたJ・G・バラードは、自転車で南京路を行き、くるぶし丈のミンクコートを着た「ドラゴン・レディーズ」や、側溝に取り残され餓死するに任された人びとの脇を通り抜けたことを思いだす。1920年代や30年代には、共同租界はニューヨークのような国際都市の複製として完全に建て直されていた。超高層ビルの列が、その時代までは高い建物を支えるには軟弱すぎると考えられていた地盤に植えつけられて、急成長を遂げた。

ニューオーリンズと同様に、上海は湿地だった場所に建てられた。ベネチアのように、ここもぬかるんだ地面に打ち込んだ杭の上に建物を載せることで、立地上の難題を克服した。この都市は揚子江が過去3000年にわたってくさび形に堆積させた、厚さ300メートルの未固結の泥と砂の上に立っている。

だが、１９３０年代になると、新たな自信が生まれて地形にたいする疑念を打ち負かした。この時代の格言は、「上海が50年後にはこれらの石造りで高層の外国の建物の重みで水平線の下に沈むと考えるのは、ノイローゼ患者だ」と、豪語した。モダニズム作家、穆時英《ムー・シーイン》は、１９３０年代の上海を「地獄の上に建てられた天国」だと宣言した。かつての租界地区である外灘《ワイタン》の〔高層ビルが立ち並ぶ〕自信に満ちたスカイラインを実現するために、世界の反対側のオレゴン州では景観が様変わりした。樹高が１００メートルを超えるようなベイマツが何千本も伐採され、太平洋を越えて船で運ばれて、黄浦江沿いの軟らかい地面から急成長するビルの基礎となったのである。

１９３７年に、バラードが抑留されることになった日本軍の上海侵略によって、空に向けて上海が拡大したこの時期はおしまいになった。第２次世界大戦後は国民党が上海の支配権を握り、その後、毛沢東の支配下にあった数十年間は、人口は急激に増えつづけたものの、市の景観はほとんど変わらなかった。だが、１９８０年代に上海にたいする野心的な新しい計画が立てられ始めた。黄浦江の東岸の、外灘のちょうど向かい側にあって放置されていた浦東《ほとう》〔プードン〕一帯を、中国の野心の輝く象徴に変貌させることだ。浦東のじめじめした土壌からそびえ立ったのは、ＳＦから現われたかのようなスカイラインだった。

かつての浦東は、何千もの中国各地からの出稼ぎ労働者たちが掘建小屋に住む場所だったが、現在、浦東新区にはマンハッタンよりも多くの超高層ビルが立ち並び、そこには世界でトップクラスの高いビルも複数含まれる。これは「ファラオ的な規模の土木工学」だったと、ブルックは断言する。

裘小龍《チュウ・シャオロン》の『二都事件』〔未邦訳〕に登場する殺人課の陳操《チェン・カオ》警部は詩人でもあり、浦東新区の金持ちと貧乏人の格差は、「雲泥」の差だと述べる。再考された都市計画を実現させるためには、１００万世帯が立ち退かされた。

泥沼の上に築かれた未来都市

浦東を訪ねるために黄浦江を渡るフェリーに乗りに行く途中で、私はＳＦ的なスカイラインを目の当たりにした。金陵東路を歩いてゆくと、途切れ途切れに聞こえる音楽の合間に、ときおり生臭いにおいが鼻をついた。夏の暑さで下水が発酵したような悪臭で、舗装板の下にぬかるんだ土壌があることを思い起こさせるかのようだった。

威厳のある外灘と、未来都市のような浦東は川が大きく蛇行した場所を挟んで互いに向かい合っている。外灘の建物には男らしい、帝国的な風情がある。四角張った、真面目な優雅さがあり、化粧仕上げを完璧に施された石材で建てられていた。それに比べると、浦東は暴動だ。バラードは上海を、「自然発生する幻想」と呼んだ。夢のなかのような浦東の展望を突きつけられると、空想がついに現実と切り離せない形で融合したかのようだ。高いビル群は、あふれるほどの自信に満ちて太陽のもとで光り輝いていた。

浦東に関しては、何か華々しくエキセントリックなものがある。金茂大廈《ジンマオタワー》は現代性と古典主義を掛け合わせることで人びとの警戒心を解いており、その緊張感にあふれた仏塔《パゴダ》は爬虫類的な鱗に覆われている。東方明珠電視塔《とうほうめいしゅでんしとう》は、〔水に浮いた〕油色の球体が、串刺ししたガラスの玉ねぎのごとくコンクリート製の三脚の上に載っており、ソ連風の質素さと魔術的なリアリズムを融合させている。上海中心《タワー》は、高さが632メートルで世界第2位の高いビルである。このビルはあまりにも高いため、風圧に対処するために構造自体に歪みが設けられていて、肘で曲げた前腕を空に向けて伸ばしたように、優雅にカーブしている。

超高層ビルは、ガラスの外壁に互いの波打つ鏡像を映し合っており、鏡の間のように都市を増幅させる。超高層ビルを表わす北京語は、摩天大楼《モーティエン・ダーロウ》で、文字どおり「空に達する魔法の高い建物」を意味する。だが、浦東の技術者たちはその幻想を築くために、やはり泥沼の現実と闘わなければならなかった。上海中心の安定した基礎をつくるために、技術者たちは長さ90メートルの鉄筋コンクリートの杭を数百本打ち込んだ上に、厚さ6メートル分のコンクリートを流し込んでラフトを形成した。

油まみれのような艀《はしけ》が、錆びついたコンテナの重みで喫水線まで沈みながら泥混じりで黄色く濁った川を巡回していた。川は、ぬかるんだ土壌に深く打ち込まれた地下の姿をほのめかすかのように、高層ビルの薄い水影を映しだしていた。フェリーで浦東に降ろされると、私は上海中心のチケット売り場へ向かった。高所から街を眺めて、その規模を実感してみたかったのだ。ビルを見上げると首が痛くなったが、足下もどれだけ深くまで掘られているかを考え、それが軟らかい土壌に建物の重みそのものを押しつけていることを思うと、さらにめまいを覚えた。

上海中心のてっぺんにある展望台にたどり着くためには、セキュリティ・チェックで身体検査を受け、鞄はX線検査を通さなければならなかった。水筒は、警備のスタッフの眼の前で飲んで、中身が危険な代物ではないことを証明する必要すらあった。360度を歩いて回れる通路まで訪問者を運ぶエレベーターは、世界最速とされており、空へ向かって高速で運ばれながら、私は首の後ろに手を当てられたように、重力にそっと押されるのを感じた。

上海中心は最高であることにこだわっている。そのような大それた主張に懐疑的になりながら、私はビルにやってきたが、エレベーターから降りると、最上階から見た光景は私の皮肉な考えを覆した。そこでは都市が果てしなくつづいていた。高層ビルがあらゆる方角に並んでいたのである。浦東の意匠を凝らしたランドマーク的なビルは、一様なアパートが並ぶ地区に取って代わり、やがては乳白色に霞んで見えなくなる。北側では黄浦江が揚子江と合流する辺りに、崇明島《すうめいとう》が見えた。クィーンズフェリー・クロッシング橋の鋼鉄は、この島で製造された。

エディンバラで私が好きなことの1つは、郊外の丘に登ると、全市が一望できることだ。その境界や、自然の障害物――水域や山――が、都市の野心を抑制するものが見えるのだ。だが、見たところ際限なく広がる上海は、市境というどんな概念にも逆らうようだった。私に見えたどんな隙間も、新しい建物によって埋められつつあった。

『見えない都市』の本質は、カルビーノが別の機会に書いたところによると、実際には「さまざまな都市が1つの都市になりつつあることなのだ。かつては各都市の特徴となっていた違いが消滅して、1つの無限に広がる都市になることなのである」。上海はすでに、中国の3つの広域経済圏の1つの中心にある。高速鉄道によって結びついた都市群は、数千万どころか、数億人の人びとの暮らす場所となっている。上海中心の展望台からは、この経済圏は果てしなくつづいて見えた。世界は1つの終わりのない都市なのだと想像することは容易かった。

騒ぎ声が聞こえ、私は眺望から目を離し振り返った。子供たちの一団が床の液晶ディスプレイが見せるスリルにはしゃいでいた。床が割れて崩れ落ち、足下の６００メートル以上はある地面まで一気に落下するような錯覚を与える映像だった。上海中心は一見、自信に満ちているが、つねにみずからの崩壊を想像することに携わっているようだ。建設工事の規模に関する事実と数字はいたるところにあり、自慢げながら、その陰には不安があると思われる。まるで、それらの詳細情報がビルを引きずり下ろしかねない力に対抗するための呪文であるかのようだ。

高所から見ると、周囲の共同住宅は、漢字に見えなくもない、独特の形状をなしている。さらに先では、住宅は平行する線状の塊からなるモールス符号に変わった。黄浦江を行く空の艀は、なくした靴が川に流されているように見える。東は海岸までつづき、西は霞のなかへと広がるそのすべてが、いかに平らに見えるかということに私は強い印象を受けた。

日が傾きだすなか、私は眺望に魅せられたまま円形の展望台をぐるぐると歩き回り、しまいには連続した都市の終わりのない渦のなかで方向感覚をすべて失っていた。

J・G・バラードが見た世界

上海はJ・G・バラードの想像を形づくった。幻想から生みだされたような場所に育ったバラードは、難題は「何もかもがつくりごとのなかに現実を見つけだすこと」だったと述べた。上海をあとにしてから何年ものちに、彼は数キロ市外にあった龍華の捕虜収容所〔日本では敵国人集団生活所と呼ばれた〕での暮らしについて回想した。鉄条網越しに人けのない水田の向こうにあるフランス租界で、立ち退かされたアパートメントの建物が「日の光のなかで一面に広がる水に囲まれて」立っている光景を覗いたことを彼は思いだした。

何十年ものち、1960年代初めになって、冠水した土地と水のなかに立っているように見えた建物が彼の心に甦った。バラードを有名にした小説、『沈んだ世界』は、太陽フレアが氷冠を解かして、人類が残されたわずかな居住可能な地域である北極圏に避難するという、過熱状態の地球を描いたものだ。小説の舞台となるロンドンは、三畳紀の植生が生い茂る一連のラグーンの下に沈んでいる。「『沈んだ世界』のなかで私が使った光景はそれだったと、私はいまでは確信している」と、バラードは何年ものちに龍華収容所について語った。「本を執筆中は、自分がその光景を創作したと思っていたのだが」

上海中心まででかけた日の夕方、私は龍華を探しに行った。大したものは残っていないと読んでいた。バラード自身も1990年代初めに上海に戻り、収容所や彼が記憶する地区はほとんど残っていないことを知った。しかしその場所が、上海中学〔日本の高校に相当する寄宿制の高級中学〕の下にあることはよく知られていた。80年前、一帯は市の境界から遠く離れた場所にあったが、上海市に吸収されて久しい。

私が思い切ってそこまででかけたのはラッシュ時だった。何百万もの人びとが移動しており、地下鉄の駅から外にでた途端に耳慣れたバイクのホーンの大合奏に迎えられ、そこから石竜路《シーロン・ロード》沿いに歩きだした。夕闇が広がり始めており、人びとが家路に向かうなかでホーンがいっそう喧しくなる。くたびれた通勤客はバス停で座り込んだり、カフェに集まってタバコを吸ったりおしゃべりをしたりしていた。

翌日用のきれいなワイシャツが汚れた窓から吊るされている。いつもながら、空き地にはクレーンや重機が入り込んでいた。

15分やそこら歩いたところで、往来の激しい2本の通りの交差点にある、かつて収容所があった地点に行き着いた。バラードがここにいたときは、北にあるフランス租界の瀟洒《しょうしゃ》なアパートメントの並びまで、見渡す限り水田がつづいていた。だが、この混雑した交差点に立ちながら、私は無秩序に広がるスプロール現象に呑み込まれた気分になった。バラードの目の前に開けていた地平線が、立ち並ぶアパートの建物に乱されて、心のなかに押しつけられた。たとえこれらの障害物の上まで上昇できても、何キロも何キロも、あらゆる方角に都市が広がるのを感じただろう。

高層建築への上海の投資、つまり高さを競う浦東のように、空に居住空間を広げるこうした願望は、この都市が長期にわたって保存される真の可能性が地下にあるという事実と矛盾する。上海中心の展望台を訪れる前に、私は他階にある明るい照明のフードコートで昼食を済ませていた。上海の大半の高層ビルの下には、広さはまちまちだがショッピング街がある。地下鉄の駅の多くにも独自のモールが地下深くまでつづいている。上海中心のフードコートは地下2階にあり、その下には駐車場があった。上海はつねに膨れ上がり、賑わっており、空の都市として世界にその姿を示す。

だが、バラードが鉄条網の先に市の境界まで眺められた場所に囲まれて、街角に立ちながら、私は超高層ビルの下にある空洞や、地下鉄網のどこまでも曲がりくねったトンネルのことを考えた。都市の生活のじつに多くが通りの下で営まれている。都市の地層のなかでは、この地下にこそ、最も明白な痕跡を残すことになるだろう。

超高層ビルが残す痕跡

平均的な超高層ビルは、数千トンの鉄筋コンクリート、鋼鉄、ガラス、プラスチック、銅線、それに装飾用石材から建設されている。上海中心の重量は85万トンある。『われわれのあとの地球』〔*The Earth After Us*、未邦訳〕のなかで、ヤン・ザラシェビチはこれらの物質の耐久性を詳細に語る。超高層ビルに使われている主要な人工材料の多くには、自然の類似物質がある。

コンクリートは非常に磨耗しにくい石英と、ほとんど破壊できないジルコン、モナザイト、トルマリンなどでできているので、「本来備わった地質学的耐久性」があるのだと彼は指摘する。その一部は、造山サイクルをすでに1度ないしそれ以上は経てきたものだ。レンガは、焼成することで強化されているため、変成岩により似ている。黒曜石は、火成岩のなかに見つかる自然に生成されたガラスであり、私たちの都市を構成するガラスの未来について、何かしらを語る。その他の物質——鋼鉄、プラスチック——は、産業プロセスの介入をより明確に示すが、地質学的には短い時間の尺度（何千万年ではなく数百万年）では、これらはまだ非自然のプロセスの証拠として目につくだろう。

だが、これらの物質が化石化することによる最も驚くべき側面は、その途方もない集約ぶりなのである。大量輸送に加えて、ビルとビルを、大都市圏と大都市圏を結びつけるエネルギーと下水のネットワーク、および都市郊外で自治体が進める埋立地などが相まって、ザラシェビチによれば、私たちの都市はいまから1億年後もまだ読み取ることのできる痕跡を残すという。

「埋没は雑然としたものになるだろう」と、ザラシェビチは予告する。避けようのない浸水という事態に直面しても、一部の人びとは家を離れることを渋るか、離れられないに違いない。海面の上昇は、保険料の上昇を意味し、それが今度は不動産市場を骨抜きにして税基盤を揺るがし、沿岸部の最も豊かな大都市の強靱さですら蝕んでゆく。富裕層は内陸部へと避難し、貧困層は水辺に取り残されることになる。崩壊は段階的に進み、都市の一部分が放棄されても、残りは免れるだろう。巨大な防潮堤のあるニューヨークのような一部の都市は、この方法で数世紀は生き残るかもしれない。だが、海が海岸線や通り、孤立した建物を狙う場所ではどこでも、冠水、放棄、堆積という同じ状況が生じるだろう。

『沈んだ世界』では、都市の化石化における最初の段階が描写される。氷冠が解けてなくなると、ヨーロッパは海面下に数メートルは沈む。パリ、ベルリン、ロンドンのような都市では、1階建ての工場やレンガ造りの建物、四方に広がった郊外の街はみな消滅し、鋼鉄に支えられた高層ビルだけがそびえつづける。数百年のあいだ海が徐々に上昇するにつれて、見捨てられた海岸都市は、不測の事態に見舞われたベネチアのように冠水した無法地帯になり、かつては瀟洒な環境だった場所に、忘れられた人びとが居座るようになる。

建築材料はおそらく、別の場所で使うためにもち去られるだろう。だが、海水はコンクリートも鋼鉄もひどく劣化させ、腐食させる。浦東やマンハッタンの誇らしげなスカイラインは、手入れを怠った歯だらけの口のごとく1000年もの歳月をかけて蝕まれてゆき、最終的にはそれらのビルも崩れてゆく。

一方、海洋の分厚い泥が水面下になった低層階に流れ込み、その内部に残された地階、地下のショッピング街、地下鉄路線などあらゆるものを守ることになる。1000年後、浦東の地下にある鉄筋コンクリートの杭〔の上端〕は水面下20メートルにもなり、数メートル分の泥と砂の下で現実にはありえない樹木の根のごとく埋もれるかもしれない。ザラシェビチは地下で生じる奇妙な変成を列挙している。堆積物に巣食う蠕虫などの生物が、紙や繊維など、残っているあらゆる有機物に群がるだろう。水に浸かった木材はゆっくりと変質して泥炭になり始める。レンガは水が染み込むにつれてスポンジのように膨張し、最終的には粉々になる。

だが、おそらく最も驚くべき変容は金属に与える影響だ。銅や亜鉛など、一部の金属は水に溶けやすい。アルミニウム、チタンなど、その他の金属は表面を覆う薄い酸化皮膜によって、腐食を免れている。だが、鉄筋コンクリートや鋼鉄製の桁、あるいは捨てられた携帯電話やノートパソコンの小さな部品や、髪留め、かみそりの刃として存在したものですら、何やら素晴らしいものに変わる。堆積物中の硫化物と反応して金色になり、黄鉄鉱もしくは「愚者の黄金」に変容するのである。

『人生の奇跡』のなかで、バラードは日本の占領後に父親と一緒に廃墟になったカジノを探検したことについて書く。ひっくり返されたルーレット台や落下したシャンデリアが散乱し、静まり返ったカジノは、「薄明かりのなかで金がいたるところで輝いて」おり、「『アラビアン・ナイト』の物語にでてくる魔法の洞窟」のようだったと彼は書いた。

この段階では、私たちの埋もれた都市の地下の空洞部に入り込んだ堆積物の圧力は、それを完全に潰すには充分ではないだろう。大半の空間は堆積物で埋まっても、一部の隙間は手つかずのまま残るかもしれない。黄鉄鉱はこうした表面下の空洞で生成され、空いた隙間を埋めて、かつてそこにあった中身の輝くレプリカをつくる。なかに何かしら残されていれば、同様に硫化物で覆われ、内部全体が充填されるだろう。あとに残るものが断片のみとなることもあるが、偽の宝物で輝く空間がそっくりそのまま残されることもある。

都市の化石化に関してザラシェビチが書いていたことを頭のなかで廻らせながら、私は上海の地下のショッピング街をうろつき、アーケードからアーケードへ地下鉄で移動した。大半は地下1階部分しかなかったが、それでもすでに充分に海面下となる。大きなショッピング街は地下数階まである。いずれも賑わい、ごった返した場所だった。そこには鬘《かつら》からブランド腕時計まで、あらゆるものが揃っていた。高級品の直売店は、カーブして流れる大通り沿いに並び、偽ブランド商品を扱う業者は実用的なマス目状の区画に収まっていたが、どの店もすでに黄鉄鉱で覆われているかのように輝いていた。

明るい輝きと心地よい音楽は、買い物客が地表より何メートルも下で時間を過ごすことを選んだという事実から、気を紛らわせるために意図されたようだった。大理石の床は強固に感じたが、自分の足と硬い基盤岩のあいだには何百メートル分も軟らかい粘土と砂があるという感覚を拭い去れない。最新ファッションを宣伝して微笑みかけるモデルたちの広告看板やポスターを眺め、もぬけの殻となったアーケードで誰の顔が最後に微笑み返すのだろうかと思った。

日用品の化石

その日の終わりに、激しい雨が降り始めたとき、私は浦東の正大広場《スーパーブランドモール》の地下にたどり着いた。地上は私のいる場所より2階上だったが、丸天井の吹き抜けのいちばん下に立っていた私には、頭上にきらびやかな消費の機会が10階分もそびえているのが見えた。買い物客が、2人連れで笑いながら、あるいは家族連れがもめながら通り過ぎてゆくなかで、私はこの場所が放棄されて沈黙し、堆積物が吹き抜けになだれ込み始める遠い未来を想像しようと努めた。

略奪者が最も価値のある品を盗ってゆく可能性は高いが、おそらく多くの商品は慌てて脱出するなかで見逃されるか、価値のないものと見なされるだろう。アーケード内のすべてのものが、潜在的な未来の化石として、私のところへ飛びだしてくるようだった。鮮やかなピンク色のナイロン製の鬘と、それを被っているプラスチック製の頭部。合成皮革のハンドバッグ。何十個もの小さな瓶と道具を揃えた化粧品売り場。本物も偽物もある宝石類。東方明珠電視塔のミニチュア模型。フードコートのステンレスのカウンターや、釉薬をかけた皿にプラスチック製のスプーンやフォーク。輸入石材を使った床に、照明の列。ケーブルにパイプ、針金。

これらの日用品が化石となる可能性は、その量の多さゆえにある。『見えない都市』で、ポーロはレオニア市がいかに毎朝、新たに建て直されているかを書いた。その市民は、新しいシーツのあいだで目覚め、家には気づくと最新の電化製品が装備されているのだ。人びとは毎晩、すべてのものを一掃するため、この都市は飛躍的に拡大する。巨大な山となって積まれた廃棄物が層をなしてそびえ、レオニア市民がさらに創意工夫を重ねると、彼らが考案した物はますます耐久性を高める。「破壊できない残存物の要塞がレオニアを取り囲み、山脈のように四方八方から見下ろしているのです」と、ポーロは報告する。

同様に、私たちは生涯を通じて、硬貨からプラスチックのスプーンやフォークまで無数の製造品を振るい落としており、それはザラシェビチに言わせれば、「植物が花粉を振るい落とすのとよく似ている」のだった。泥のなかに埋葬された私たちの都市の基礎や、そこに注ぎ込まれたあふれんばかりの量の原材料は、特徴のある痕跡を残すだろう。

たとえば、ステンレススチールは、堆積物のなかに窓枠やフライパンの跡を残すくらい充分な耐久性がある。鉄筋が残す井桁跡やホイールキャップのカーブは、解読すべき奇妙な形となるに違いない。それどころか、地下鉄の車両や軌道がそっくりそのまま残る可能性すらあるかもしれない。だが、紙を束ねるクリップくらい凡庸なものでも化石となる可能性こそが、人を考えさせる。表面下に入り込んだ堆積物が圧力で固まるにつれて、岩石は箸やエアコン装置、自転車の車輪、クレジットカード、自動販売機、瓶の蓋、ペンのキャップ、ホチキスの針、ＳＩＭカード、付け爪、アイスクリーム用スクープ、電球のソケットなどの奇妙な輪郭で満たされるようになるだろう。

紙ですら、なかでも雑誌や書籍の表紙に使われるようなポリプロピレン加工を施された紙であれば、適切な状況ならば化石化される。そこに印刷されたものは残らないだろうが、暮らし方や便利グッズを提案する雑誌の痕跡が、かつてそれが私たちに買うように説得した商品の堆積物中の痕跡とともに残り、そこに印刷されていたおだて文句や広告はきれいさっぱり消えるのだと考えると、皮肉なものがある。

この秘密の類縁性の宝庫のなかにペンやスプーン、あるいは針金の束の精密な輪郭を発見する未来の考古学者が味わうスリルは想像できる。だが、これらの化石を誰かが発見したとしても、人びとを最も驚かせるのは、その量そのものに違いない。

数百万年後には、堆積物の層は数百メートルの厚さになり、何十億トンもの重みになるだろう。その下にあるものの大半は押しつぶされ、歪んで、見分けがつかなくなる。日常の化石のなかには、粉砕されても圧力によって寄せ集められるものもあるかもしれない。特殊な事例では、室内全体が保存され、隙間に椅子やメガネのフレーム、マネキン、どこにも通じていない戸口の3次元の痕跡が残る可能性もある。だが、大体において、私たちの都市で残るものは堆積物のなかに残された化学的痕跡と独特な色によってのみ解読できるようになる。鋼鉄から染みだした鉄は、血のように赤い染みを残すはずだ。岩石から絞りだされた水は多くの鉱物を溶かすことになり、充分に酸性であれば、セメント内部の炭酸カルシウムすら溶かすだろう。人工的なガラスの破片は、暗闇のなかで何も見えずに見つめる白内障の目のように、白く濁るだろう。

海が都市を呑み込んでから1億年後には、都市は地表から数キロは下にあるかもしれない。かつての巨大都市は薄い都市になり、地層のなかの細い層と化しているに違いない。造山地帯の攪拌《かくはん》エンジンのなかに位置する若干の都市は、溶けてねじ曲がり、存在が跡形もなくなるだろうが、大半は1メートルの厚さの瓦礫、つまり日用品の輪郭がところどころ入る都市の角礫岩として化石化する。酸化鉄の深い赤と不透明ガラスの乳白色の輝き、それに愚者の黄金のきらめきで色づいた層だ。

都市の終焉

セメント色の空の下を列車が南へ向かうなかで、浦東の巨大な構造物はしだいに、どこまでもつづく一様の高層ビル群に取って代わった。何キロも、何キロも、何キロも、そっくりな高層ビルが延々と並んでいる。一連の共同住宅はほとんど切れ目なくつづくが、ごくたまに水田や沼のような湿地の周辺にわずかな耕作地が見える区画が割って入った。こうした住宅は何千棟もあるに違いなく、いずれも10階建て以上で、列をなして行進する送電線の鉄塔――それ自体も何階建て分もの高さがある構造物――と足並みを揃えている。地平線上には、対抗する都市国家のように、小さなビルの塊が誇らしげに立っていた。線路のすぐ近くにある共同住宅は、病気のような薄緑色からピンク、さらには喫煙所のようなどんよりした灰色まで、さまざまな色をしていた。

上海軌道交通〔地下鉄〕16号線の終着駅は、浦東のガラス張りの超高層ビル群から30キロほど離れた、南匯新城《なんわいしんじょう》の滴水湖である。ここは中国の膨れ上がる都市人口を受け入れるために建設された何十もの新都市の１つだ。地下鉄の駅をでたとき、私はその静けさに驚いた。上海中心部の喧騒を経たあとでは、南匯――以前は臨港と呼ばれていたが２０１２年に改称――はほとんど人けがなく見えた。

一握りの中国人観光客が私と一緒に終点まで乗車していたが、このグループはすぐにどこかへ行ってしまい、私は何日ぶりかで初めて独りきりになった。背後では、広い大通りの起点に角張った中国の税関の建物がどっしりと構えていた。駅の入口の真向かいには、完全に円形の人口湖である、滴水湖そのものが広がる。その東端は海から１キロ未満の距離にある。この新都市そのものは、水に石を投げ入れたときの波紋のように、西側へと流れて広がる同心円を描くように配置されている。

南匯は計画都市で、２００３年に開設されて以来、まだ上海からあふれてくる人びとが共同住宅を埋めるのを待っており、進行中の事業でありつづけていた。建設工事が行なわれている証拠はどこにでもあったが、湖の周囲では、ひび割れたペンキや潮風で腐食した外観が、すでに自然の力がこの都市の領有権を主張し始めたことをにおわせていた。15年を経たのちも、ここはまだほとんど無人の街に見え、永久に季節外れの海辺のリゾートのようだった。数台の車が通り過ぎ、タバコ休憩をとっている少人数の清掃員たちの横を通り抜けたが、本格的な人の気配は、人工島の1つで開かれていた子供祭りからのみ感じられる。祭り会場の上空では、クラゲやイカの形をした凧が揚がっていた。楽しそうな声と軽い音楽が穏やかな湖面に漂っていた。

湖を半周したところで、私は軌道沿いの小道を外れて、海に向かう道をたどることにした。人けのない娯楽場は静かな建設工事地区へと変わり、それからぬかるんだ土地になった。くるぶしの深さの水に、丈の高い草が生えている。1、2度、水浸しの一帯の端で運頼みで漁をする孤独な漁師のそばを通った。通る車もないので、この道路がほとんど水際までつづく6車線のハイウェイである必要はあまりなく思われた。エントロピーがすでに作用しているようだ。湖の周辺は手入れが行き届いていたが、ここでは舗装はひび割れており、私は枯れ草と割れたコンクリートのガタガタ道を歩かなければならなかった。

自分が海を埋め立てたばかりの土地を歩いていることを、痛切に感じていた。1940年代から中国は広大な干潟を開発のために利用してきており、浦東の東部に厚い地殻をつけ加えてきた。両側には緑地がそびえていたので、左右に分かれた海のあいだを歩いているような気分になった。

海岸に着いたときは引き潮で、海辺には靄《もや》がかかっていた。海は少し遠くでただの茶色の染みとなる。世界屈指の長い橋である東海大橋が、大烏亀島に向かって湾曲しながら靄のなかに消えていた。

私は防潮堤の切れ目を抜けて砂の上に降りた。浜辺はビニール製のぼろ切れや使用済みの紙おむつ、腫瘍のような白い発泡スチロールの塊であふれ、汚らしかった。1人の男性が流れ着いた竹竿の山を集めていたほか、海の靄にほとんど消えかかった人影が2つ、潮が変わるのを待っているかのように満潮線をゆっくりと歩いてゆく。防潮堤は2メートルほどの高さで、逆巻く波のようにカーブしながら、決然と海に対峙していた。その背後に、切れ目を通して、南匯の塁壁が見えた。この新都市の西への長征はそこから始まる。

「あらゆる形状が独自の都市を見いだすまでは、新しい都市は生まれつづけます」と、マルコ・ポーロはクビライ・カアンとの最後の謁見のおしまいに明言する。「形態がその種類を使いつくして、ばらばらになると、都市の終焉が始まるのです」。上海に戻る列車のなかで、私はカルビーノの『見えない都市』を再読した。地下都市アルジアは、通りが空気の代わりに土で満たされていて、どの部屋も階段も写真のネガのようであり、表面からは何一つ見えない。モリアーナは輝くファサードに錆びた金属とずた袋という別の面が隠されていて、1枚の紙の裏表に描かれた図のようになっている。テクラは足場に囲まれた都市で、いつでも建設中だ。

テクラ住民に、なぜ工事がそれほど長くかかるのか尋ねれば、答えはいつも同じなのだと、ポーロはクビライに告げる。「その崩壊が始まらないためです」

第3章 ペットボトルの行方

世界を自在につくり替える生き物

小説のなかで私が気に入っている場面の1つは、実際には何も生じていない場面である。それはもう少しである出来事となる、想像に近いものだ。ウィリアム・ゴールディングの『後継者たち』に登場するネアンデルタール人の小集団は、イングランドの南のどこかに暮らしており、自分たちとは妙に似ていないヒト属のよそ者集団の到来に対処するすべを学ばなければならない。新しい集団はホモ・サピエンスで、「民《ピープル》」を自称するゴールディングのネアンデルタール人の創意工夫をはるかに凌ぐ技術を携えてやってくる。「民」は裸で食べ物をあさるが、「新しい民」はカヌーを使って海を越えてやってきて、衣服をまとい、絵画や音楽をつくりだす。「民」は直観したパターンと習慣的動作からなる世界で暮らす。彼らはまだ分析ができるほどの知能をもたない。代わりに、彼らは想像するのだ。集団内で何かを思いついたり、新しい解決策を考えだしたりする人は、「絵」を思い浮かべられるのだと言われる。

小説の初めのほうで、「民」はネコ科の大型動物が殺した雌鹿の死骸をあさる。彼らは海辺の近くで熾《おこ》した火で鹿肉を炙り、腹のなかの液体を煮始めた。集団の長老のマルは落下事故で負傷しており、若い女性であるファがその肉汁に棒切れを浸していくらかすくいあげ、マルの口に運ぶ。彼女には「絵」があり、その絵がつかの間、彼女の元を離れ、まるで別の世界のふちに佇《たたず》む。「私は海のそばにいて、絵をもっている」と、彼女は言う。そこには貝殻から海水を注ぎだす人びとの絵がある。別の男性、ロクにも「意味のない貝殻の山［……］それに水」の絵が見えるが、その幻想はほとんど現われた途端にぼやけ始め、徐々に消え、「民」は再び食事に戻る。ロクは川まで走って下り、両手で水をすくってマルに水をもち帰る。

私はこの場面に力強く訴えるものを感じる。ファは、気づきさえすれば、彼女の世界を完全につくり替えることになるアイデアに近づくのがわかるからだ。「民」は狩猟採集によって暮らし、かかえるのは子供と、入念に手入れされた火かき棒だけだ。貝殻を使って川から水を運ぶというファの「絵」は、そのことを誰かに表現できる前に失われてしまう空想だが、これはただ生きる以上の世界であり、そこでは有用のものは保存し、運ぶことができる。「民」の需要に合わせて形づくることができるのだ。もっと自在につくり替えられる人間の世界である。

ゴールディングのネアンデルタール人は愛情豊かで、子供のようであり、この小説の題辞に引用されていたH・G・ウェルズの言葉、「民間伝承の鬼の元祖」とはかけ離れた存在に描かれていた。ところが、『後継者たち』が刊行された1955年以降の研究からは、ネアンデルタール人はゴールディングが描いた純真無垢な姿よりも、大衆文化に見られるお決まりのけだもの像よりも、はるかに高度な知能をもっていたことが判明してきた。後期のネアンデルタール人は、石器をつくる技能を身につけ、複雑な狩りを行ない、マンモスのような大きな獲物でも共同で仕留めることができた。スペイン北部の洞窟壁にクロスハッチングのような線刻で綿密に描かれた世界最古の洞窟壁画は、ネアンデルタール人によるものだと考える考古学者もいる。

ゴールディングは、ネアンデルタール人と新参者たちの技術面の格差を大げさに考えすぎていた。だが、彼の小説の短い場面は、より大きな真実を指し示している。ヒトに発達する長い道のりには、私たちの祖先が周囲の環境という硬い甲羅を破り、自分たちの必要に合わせてつくり替えられるものを見抜く「絵」を思い描いた数々の瞬間が刻まれているということだ。石はハンマーになった。貝殻は容器になった。こうした技術革新はどちらも、世界を根底から変えたのである。何よりも硬い材料に細工を施せるようになった。水は水源から遠くまで運べるようになった。人間は、ますます可塑的《プラスチック》になる世界のなかで、発展を遂げたのだ〔プラスチックの語義は、熱や圧力で自由に変形できるという意味である〕。

入れ物の発明

1975年にエリザベス・フィッシャーという考古学者が、人類最古の道具は石斧や石刃ではなく、何かを運ぶための容器だったのではないかと提案した。アーシュラ・K・ル゠グウィンはフィッシャーの概念を、「フィクションの手提げ袋論」というエッセイのなかで採用している。武器はエネルギーを外へ向けるが、その前にエネルギーを家にもち帰る道具があっただろう、と彼女は考える。袋や籠に欲しいものを入れて、あとから使うか、分け合うという行動は、根本的に人間らしいことだと、ル＝グウィンは言う。

入れ物の発明は、時間と空間を打ち破って広げた。あとから必要となるかもしれないものを袋に入れるようになると、私たちの祖先は自分たちが選んだときに、望む場所で、飢えを満たすことができるようになった。彼らはもはや水を飲みに川まで、あるいは食べるために藪まで行かずとも済むようになったのだ。彼らは川や森を一緒にもち歩くことができるようになったのだ。ル＝グウィンにしてみれば、この移行は文化が発達する前触れだった。人間の生存能力の強化は、大型の獲物を狩るのに必要となる多大な出費を賄えるだけのエネルギー源を確保させ、こうした冒険から物語が生まれたのだと彼女は述べる。それは別の種類の入れ物だったが、そこに入るのは意味だったのである。

物語は場所と空間を結びつけ、関連を織り合わせたものからは重要性が紡ぎだされる。寓話は、私たちの世界観を形成し、自分たちがそこを移動する感覚を養う。話を語ることは、人間であることの根本なのだ。入れ物をもつ前は、現在と手元にあるものしか存在しなかった。だが、話の語り手にとっては、世界全体があさり回り、話のなかに盛り込める素材なのだ。

最初の容器がいつ想像されたかは誰にもわからないが、高密度のポリエチレンをつくる方法が最初に発明されたのは1953年だった。そして、これをプラスチックの手提げ袋に変えるパテントは1965年に取得された。その後どんな経過をたどったかはご存じのとおりだ。アメリカ合衆国環境保護庁は毎年、1兆枚ものプラスチック製の袋が使われ、捨てられていると推計する。その相当数が止めるすべもなく海へと流れでる。

サルター島のプラスチック汚染

ル＝グウィンの手提げ袋論は、スウェーデン西海岸のチャーナーにある海洋研究所で過ごした最後の夕べを思いださせた。太陽がいっぱいの1日の最後の輝きに照らされた美しい夕べで、穏やかな微風が痛いほどの太陽の熱を和らげていた。短い橋の先にサルター島があり、私は浅い小川で遊ぶ子供やサイクリングをする家族とすれ違いながらマツの香りのする道を歩きだした。サルター島は自然保護区で、鹿や野ウサギ、野生のランやツマトリソウを見に人びとが訪れる。だが、私はここにヨーロッパで最もプラスチック汚染が深刻と言われる海岸を見にやってきた。

島の反対側に回ったとき、海岸には人けがなかった。白い蝶が砂浜へとつづく潮上帯《ちょうじょうたい》の草地で踊っており、カモメが数羽、浅瀬を飛び回っていた。一見したところ、汚染されているという評判は勘違いのようだった。釣り道具を入れるプラスチック製のボックスの断片や白い米袋、割れた燃料容器《ジェリカン》が日を浴びて色褪せて牛乳のように見えるものは目についたが、それ以外はとくに何もなかった。

目が慣れてくるまでに、しばらく時間がかかった。浜辺に向かう途中、2羽のツバメが道路脇の原っぱを飛び交う様子を眺めるために立ち止まった。ツバメの白い胸が緑を背景に際立ち、1分かそこらで実際には何十羽ものツバメがいることに気づいた。とうてい数え切れないほどの数がいて、草地の上を斜めに飛んだり、滑空したりしていたのだ。浜辺でも同様だった。

眺めていると、ところどころに1、2個落ちているように見えたごみが目の前で増えだし、しまいには砂浜全体がごみで埋まっていることがわかった。漁網、プラスチック紐、日本製トレーディングカードの空き袋、色褪せて正体不明になっているフィルム包装、子供のアニメ・キャラクターのついたヘリウム風船の成れの果てなどである。

北方の海岸までたどり着くプラスチックの大半は、冬の嵐によって運ばれてくる。私が訪ねたのは8月で、1年のうちではきれいな時期であるはずであり、この海岸は春に清掃されていた。それでも、ここはプラスチックごみであふれ返っており、その大半は何らかの捨てられた容器だった。南西に面した浜辺はかぎ状に突きだした花崗岩の半島の陰に位置し、その半島が漏斗になって北海からのプラスチックをこの湾に、そこが巨大な袋であるかのように集めたのだ。近づいて覗いてみると、1メートル四方にプラスチック紐の切れ端や、硬貨大の、小さなクモの巣のような水耕栽培用のメッシュポットが見つからない場所が、どこにもなかった。

誰かが潮上帯にごみの山をつくっていた。流木と乾いた海藻のあいだには、カップ・アイスの蓋、ペットボトルが6本、チャイルド・シートがあった。ポリエチレン荷造り紐のこんがらがった塊は、近くに横たわる死んだカモメの白い残骸とそっくりに見えた。オレンジ色の手袋の片割れが、ヒースから私に手招きをしていた。

スコットランドの博物館に収められた人工物

その朝はどんよりと曇っていた。凝乳のような雲が広がり、貧乏くさい40ワットの光が照らす日だ。カモメは頭上で旋回し、私が降りたバス停横のフェンスは、雑草と投げ捨てられたラップフィルムとペットボトルで無造作に囲まれていた。私は威圧的な鋼鉄製の門まで行ってブザーを押し、ドアを通り抜け（「いや、左へ。ひ・だ・り」と、インターホンの声は、ごくわずかにくたびれた調子で言った）、クリップ付きのプラスチックケース入りの入館許可証を受け取った。スコットランド国立博物館の前期先史時代の主任キュレーター、アリソン・シェリダンは、温かい微笑みを浮かべ、手を差しだして私を迎えてくれた。

私はエディンバラの北にある、スコットランド国立博物館の保管施設を訪ねていた。フォース湾岸から さほど離れていないこの場所に、市の中心部にある博物館には展示していない収蔵品が保管されている。サルター島で見たごみなどのプラスチックについて考えていたので、自分たちの環境を思いどおりに変える関係に人間を入り込ませたこのような想像の飛躍について、私はもっと知りたかったのである。

ファの絵は彼女の役には立たず、ゴールディングの小説はより高度な技術をもった新しい民が台頭して終わる。だが、もう少しで思考となる輪郭は、祖先たちが彼らの世界をこねたり彫ったりしてつくり、自分たちの意図に合わせ、信条を反映させる試みのなかで、数え切れないほど何度も見えていた。絵として思い描かれたこれらの品々の多くは、何千年間も失われたのちに、市の外れのこの質素な倉庫群に、遠いリズムがこだまするように流れ着いた。そこに保管されている遺物が、ゴールディングの小説に描かれたような瞬間、つまり貝殻がもう少しで容器となったときと、海がほとんど分解不可能なプラスチックであふれた今日とを結びつける一助になるかもしれないと私は期待したのだ。

アリソンは親切にも、午前中の時間を割いて私に収蔵品を見せてくれることを承諾してくれた。鮮やかなピンクの靴紐をつけ、マガモがあちこちにプリントされた深緑色のTシャツを着た彼女は、鳥のようにすばやく動き回る。彼女は中庭を抜けて倉庫群の裏にある別の建物に私を案内した。そこには少なくとも高さが3・5メートル以上はある灰色の観音開きの扉がずらりと並んでいた。アリソンは壁に設置された電子カードリーダーにさっとカードを通し、扉の1つを押し開けた。

最初に目にしたものは、入口の真ん前にどっしりと立っていた巨大なケルト十字架だった。冷たい蛍光灯の明かりのもとで黒々と威厳に満ちた十字架は、私の背丈の2倍はあっただろうか。その背後の室内は長方形で、床から天井まで石器や石像の棚が何段も積み上がっていた。顔面が消えかけたローマ時代の彫像頭部、灰色を帯びた茶色の臼石、さらに多くのケルト十字架。

その十字架は本物ですかと、私は尋ねた。「いいえ、複製品です」と、アリソンは答えた。実際には石像の多くはプラスチックで成形されていた。なかには、本物は失われてしまい、いまや複製品だけがその人工物の唯一の記録となり、そのためそれが提供する情報という観点からは本物と同じくらい重要になっているものもある。複製品は非常に脆いのだと、アリソンは語った。表面はまさに風化した石のように見えたが、その内側に隠れた部分から、土台部分に真っ白い傷がついていることや、空洞の内部に蜂蜜色の硬い〔押出法ポリスチレン〕フォームが詰まっているのが見てとれた。

アリソンは部屋のいちばん奥に並ぶ青いラミネート加工が施されたキャビネットに私を案内した。「まずは斧頭〔木製の柄が腐食して残った部分〕から始めましょう」と、彼女は言った。

浅い引きだしの1つを、彼女は引っ張りだした。なかには涙形のものがいくつかあり、それぞれ濃い灰色のポリスチレン・フォームで正確にくり抜いた穴に収まっていた。これらの斧頭は色もパターンも艶も、それぞれ大きく異なっていた。原油のような灰色のものや、幽霊を思わせる象牙色に色褪せた泥炭のようなものもあった。1つの石斧は血のような濃い赤だった。

アリソンは手を伸ばして、美しい緑色の斧を取りだした。掌より少しだけ大きく、きれいに研磨されていた。ガラスのように滑らかな表面が、冷たい人工照明のもとで謎めいた輝きを放っていた。この石斧は実用的な理由で制作されたものではないと、彼女は説明した。それにはもっと重要な別の意味が込められていた。これはフランス・アルプス山中で採石されたヒスイ輝石《ジャダイト》と呼ばれる緑色の石で6000年ほど前につくられたものだ。これを制作した人は権力を求めていた。山のなかに住む神々の力だ。

「これは魔法の山からの緑色の宝なのです」と、彼女は言った。

彼女は刃の片隅にある欠けた部分を指差した。ほかは完璧な斧の表面で、1カ所だけ見られる傷だ。

「この斧がもはや不要になったときに、意図的に付けられたものです」と、アリソンは言い、刃の凸凹に指を軽く滑らした。ヒスイ輝石の斧はきわめて強い力をもつと考えられていたため、別の誰かの手に渡った場合に備えて、制作者はそれをただ捨て去ることはできなかったのだ。儀式によって斧を殺すことは、その力を聖なる山に返すことであり、物体を再び安全にすることだった。

これらの斧は道具ではなかったのだと、私は気づいた。容器だったのだ。力と加護を入れる器だったのである。その力がもはや不要になると、器から注ぎだされ、空にされたのだ。そうして元の石に戻ったのだ。

彼女は私に石斧を手渡した。それは完璧な斧であり、刃の欠けた部分から当初の力は何1つ漏れでてはいないと私は考えずにはいられなかった。その斧には夢のようなカリスマがあった。アリソンは別の大きめの斧を取りだした。この斧は灰色がかった凝灰石でできていたが、緑色の色調が目につき、湖水地方のラングデール・パイクで出土したものだった。斧の片側の刃は大まかに削られたままになっており、フリント〔燧石〕による特徴的な削り痕が、さながら商標のようについている。

「大陸からブリテン島に移住してきた人びとは、お守りとしてヒスイ輝石を携えてきたのだと私たちは考えています」と、彼女は言った。「海を越えた異郷で自分たちを守るために、魔法の山の一部をもち去ったのです。無事に渡り切れれば、斧は壊されました。でも、人びとはそのような斧を重宝しつづけたので、別の種類の緑色の石を探しだしたわけです」

宝物は現われつづけた。銀線細工《フィリグリー》ほど繊細で、赤とオレンジ色の小さな炎のような鏃《やじり》や、自然界で見られるどんな模様とも異なる複雑な幾何学パターンが彫られた石球などである。1つの引きだしにはシエトランドからの石刃《せきじん》が満載されていた。鋭い刃が平らで丸みを帯びたパテのような形に削りだされており、いずれも独特な斑点がある。イギリスではすべての考古学的な発見物は自動的に王室の所有物となるのだと、アリソンは語った。「以前にサザビーズのオークションを中断させたことがあります。誰かがバーブラ・ストライサンド〔アメリカの歌手・女優〕のために石球の1つを買おうとしていたのです。でも、彼女はそれに触れたんだ、と彼らはそのことが何かしら違いをなすかのように言っていたのです！」

これらの石器の美しさに、私は驚きを覚えた。石器は実用的なものだと思っていたのだが、日々使うための道具ですら、美的感性から選びだされていたことを示していた。制作するのにどれだけの時間がかかったのかと、私は尋ねた。「ものによります」と、アリソンは答えた。鏃ならば、熟練の狩人は10

分から15分で打ち欠いてつくることができ、おそらくは1回しか使用されなかっただろうが、ヒスイ輝石の斧頭であればおそらく1000時間はかかっただろうと、彼女は推測する。

どの収蔵品も丁寧にラベルが作成され、発見場所、ときには発見者名、斧の型名、材料の石質などが記録されていた。ヒスイ輝石の斧はヨーロッパ各地で交易されており、原産地から1800キロ離れた場所まで運ばれたものもある。のちに19世紀の蒐集家たちも、入手した品をヨーロッパ全土で取引した。

これらがじつに深い意味で社会的な品々で、それぞれに長い多様な来歴があったことに、私ははたと気づいた。当初の魔力をどれだけ失わせても、石斧は別の種類の魅力で満ちていた。アルプス山脈のゆっくりとした隆起と、数百万年ものあいだに生成した石を加工する技能から生まれた豊かな物語である。私たちは部屋の中央にある長い白い作業台へと移動した。アリソンが段ボール箱を引き寄せ、なかから気泡緩衝材に包まれた白っぽいものをもち上げた。

「これは当コレクションで最古の握り斧です」と、彼女は言った。「おそらく20万年ほど前のものです」。彼女はガラス製であるかのように、注意深くその斧を私に手渡した。それは潰したアボカドくらいの大きさで、色はオフホワイト、周辺に黒っぽい縁取りがあり、私たちが見てきた後世の石斧よりもずっと荒削りだった。石を打ち欠いたときの痕跡がまだ明らかに残っており、それぞれが水面の波紋のようだ。これらの打痕は何やら楽しげに、バルブ・オブ・パーカッション〔打瘤。打点近くに残る膨らみのことだが、「打楽器の球根」のようにも聞こえる〕と呼ばれている。石器をつくる過程を表わす専門用語の多くには、打ち欠き散乱《ナップ・スキャター》や廃片《デビティジ》のように、詩が感じられ、それは石器自体の美しさに反映されている。アリソンが注意深く見守るなかで、私は石斧を取り上げ、右手で重さを確かめた。思いの外、石斧は扱いづらく、石の塊にすぎなく感じられた。

ところが、斧を左手にもち替えると、ぎこちない違和感はたちまち消え失せた。ちょうど私が親指を押しつけた場所に、緩やかな窪みが削られていた。私の指は背面の浅い溝にいい具合に収まった。不意に、この物体は馴染みのある気軽なものになった。それで何かを打ってごらんと、私に誘いかけているかのようだった。石斧は、青銅器時代の斧がポリスチレン・フォームのクッションにぴったり収納されているように、私の手のなかにしっくりと収まった。まるで、かつてその斧をもった手が、私の手を握っているかのようだった。そのつながりには驚愕するものがあり、あまりのことに私は慌てて石斧をまた下に置いた。

これが左利きの人のために特別につくられた可能性はあるのかと、私は聞いてみた。「可能性はあります」と、アリソンは答えた。

このような石器は現存する地球上最古の人工物であり、200万年ほど前に最初に制作された。フィッシャーの最初の手提げ袋がそれに先立つ人工物だとすれば、私たちのもとには1つも残されていないので、もっと耐久性のない材料でつくられていたに違いない。人類の歴史の大半では、こうした荒削りの道具だけが、自分たちが形づくれる世界に、みずからを磨くことのできる世界に人間が入り込める企てだった。私たちが当たり前のものとするどんな発明も、道具となった最初の石につづくものなのだ。その飛躍は、ファの場合のように、もっと自由につくり替えられる可塑的《プラスチック》な世界に向かうものだった。この洞察の遺産、すなわち荒削りの刃を磨き、新たな可能性を想像した遺産は、今日、私たちがつくるあらゆるものに残る。長い物語を通して生まれた、機械のなかの幽霊だ〔元来はギルバート・ライルの言葉。ここでは人工物に宿る人間の精神という意味か〕。

哲学者のブルーノ・ラトゥールは、つくられたすべてのものは、悠久の時代までさかのぼる行動と決断の混合物なのだと言う。「これらの存在物の大半はいまでは沈黙したままである。存在しないかのように、目に見えず、透明で、押し黙ったまま、何百万年前のことか誰にもわからない昔からそれらの石器がもつ力と、くぐりぬけてきた工程を、現在にまで伝えているのである」

石斧を手にしながら、私はその途方もない来歴の末端を軽くなぞった。だがこのことは、私たちの周囲にあるその他の製造品についても言えることだった。ポリエチレンの気泡緩衝材も、ポリスチレン・フォームの詰め物も、模造のケルト十字架も、みな然りだ。それぞれ過去の諸々の工程から生まれており、はるか未来まで残る潜在的可能性がある。いまの世代もどのように自分たちを物質に刻むのか、そしてそれらの物質が今度はどのように私たちをごくゆっくりと過ぎゆく世界に書き込むのだろうかと私は考えた。はるか未来の誰かが21世紀のプラスチックを拾い上げるだろうか？　ボトルや歯ブラシのような、使う人の手のなかに、誰であっても収まるように成形されたものを見つけて、同じようにつながりに驚きを味わうだろうか？

プラスチックの奇跡

1956年の初め、フランスの哲学者ロラン・バルトは商業用プラスチックの展示会を訪れた。その冬は記憶に残る極寒の冬だった。スコットランドは猛吹雪に見舞われた。ドイツは過去100年以上で最も寒い冬を経験していた。イタリア半島はほぼ全域が場所によっては3メートルにもなった雪に埋もれ、この雪はコートダジュールの崖地にもチュニス、アルジェ、トリポリにも降った。ローマのコロッセオでは氷が割れ目で花を咲かせ、石材が剝がれて落下した。

1954年以来、バルトは『レ・レトル・ヌベル』誌の仕事で、日常生活の隠された暗号に関する短いエッセイを毎月発表してきた。彼は映画のなかのユリウス・カエサルの描写から始め、粉石鹼の広告や、プロレスの世界、アルベルト・アインシュタインの脳、グレタ・ガルボの顔がそれぞれ、ありきたりのことを神話化するうえでどう貢献するかという分析をつづけた。

のちに彼が説明したところによると、子供の玩具や、ステーキ皿や、フライドポテトのような日用品の複雑さが、常識の「自然さ」によって隠蔽されるやり方への苛立ち感が、そのエッセイを書く動機となっていた。「言うまでもないこと」として片付けられることの暴挙に憤慨していたのだ。こうした現代の神話は言語なのだが、私たちは総じてそのことに気づかずに話しているのだと、彼は主張する。だが、なかでも最大の神話はプラスチックだった。

バルトはプラスチックの展示会で、ある特定のブースの前に長い列をなして並ぶ人びとによって好奇心を掻き立てられた。彼らはショーか見世物が始まるかのように、辛抱強く待っていた。彼は群衆に交じり、布製の帽子をかぶった〔労働者階級の〕係員が緑色のプラスチック原料の結晶を管状の型に入れて、ヒスイのように輝く化粧品収納ボックスをつくるのを見守った。

完成した品そのものはじつに凡庸で、それが型から外されるとほぼたちまち、バルトの報告には登場しなくなる。彼を虜にしたのはそのプロセスであり、バルトにとってはまったく超自然的な、現代の錬金術のように思われた。中世の錬金術はありふれた材料から貴重な金属を生みだそうとしたものだが、プラスチックはそれ自体が「無限の変容という考えそのもの」であり、バケツにも装身具にも同じようになりうる「早変わりの芸術性」の驚異となっていた。プラスチックは一種の「化体」をなし遂げたのだ〔化体は、パンとワインがキリストの血肉になること〕。それは「平凡なものであることを受け入れる最初の魔法の物質」だったと、彼は断言した。

プラスチックは実際、奇跡的な物質だ。私たちはこれを思うままの形に曲げることができる。だが、それぞれのプラスチックの塊がどんな特性をもっていたにせよ、ほぼ毎回、違うものとなって現われる。古い神々は賛美することを求めたが、プラスチックの神は日常の暮らしにおける控え目な存在であり、それどころか、あまりにも遍在するため、私たちはプラスチックを見ないでいることに慣れてしまっている。

気づかれることなく消えてゆくプラスチック

石斧を手にした翌日、バルトがプラスチック展示会を訪ねたことについて読みながら、私はその朝、プラスチック製品を何度使用しただろうかと考えた。まだ9時にもなっていなかったが、プラスチックは私が行なったほぼすべてのことに黙々とついてきたようだった。

私はプラスチックの包装や容器で新鮮に保たれた食品を食べ、プラスチックに保存された洗剤で洗った道具を使い、しかもそれらは農場や工場、あるいは輸送時に何十回となくプラスチックに遭遇したあとで私の台所にやってきていた。パンを切ったナイフにはプラスチックの柄がついていたし、プラスチック台の上に電気ケトルを載せて、プラスチックの水道管から流れてきた水を沸かし、冷蔵庫の扉のプラスチック製トレイからプラスチックボトルに入った牛乳を取りだして、紅茶をいれた。空になった容器は潰してリサイクル用に分別した。

毎日2度はプラスチックのブリスター包装から錠剤を服用する。プラスチック製のシャワーヘッドの下に立ち、プラスチックボトル入りの石鹼で体を洗い、プラスチック製歯ブラシで歯を磨いた。娘の髪はプラスチック製のブラシで梳かし、プラスチック製玩具の電池を替え、扉がプラスチックでラミネート加工された衣装ダンスに娘の着替えを戻してやった。

私が歩いている床は、ラミネート加工された床板で覆われていた。わが家の洗濯機で洗った服は、何千本もの細かいプラスチック繊維を放出し、そのほぼすべてがいずれは海へと流されてゆくだろう。携帯電話で時間を調べ、明かりのスイッチを押し、プラスチックで覆われた電子機器をプラスチックで覆われたコンセントに差し込んだ。私はおそらく目が覚めてから1時間半のあいだに、プラスチックに100回近くは触れただろう。その日の終わりには、1000回以上にもなったに違いない。それでも、これらのプラスチックに遭遇したことに気づいたのは少数回でしかない。大半は、私の五感の背景に溶け込んでいた。

プラスチックが私たちの世界の見方にどう影響したかについて考えてもらう際に、学生たちに見せた1枚の写真がある。写真家のキース・アーナットは1986年と1987年に、グロスターシャー州のディーンの森にある洞窟群、ミスグレーシズレーンの外で、ハエのたかるごみの一連の写真を撮影した。選んだこの1枚は、シリーズのなかのその他の写真のテーマと同様に、かなり質素で、ありふれているとすら言えるほどのものだ。灰色のドレライトのちょっとした高台からは雑草や野の花が生えている。

だが、この写真に関しては何かがずれているのだ。あとから考えれば明らかなのだが、最初に見たときには面食らった気分になったのを私は覚えている。アーナットはごみのなかに不規則な形の透明なセロファンを見つけており、それがどういうわけかアフリカ大陸のような形をしていて、野の草の上にかぶさっていたのだ。セロファンはこの場に、霜に覆われたガラス窓から、あるいは張った氷を通して覗いているような、奇妙な冬らしさを与えていた。偏菱形の白い光がその表面に縦横に走るねじれや折りのなかで反射している。それでもプラスチックはなぜかこの構図のうちの控えめな要素なのだ。人の目はまず花に釘付けになり、それからようやくその上に亡霊のように浮いているセロファンに再び焦点が定まる。

文芸評論家はときおりリアリズム小説のことを、世界を見る窓のように語る。小説家の技巧を忘れ、ただ過ぎゆく現実の暮らしを覗いているのだと受け止めるよう私たちを納得させるものだ。プラスチックのリアリズムにも同じ効果がある。私たちはこの世界をプラスチックを通して見ることにあまりにも慣れてしまい、そのことに気づくのを止めているのだ。

１９５０年には、毎年製造されるプラスチックの量は２００万トン前後だった。２０１５年には、その量は4億トンになった。プラスチック時代の累積生産高は、いまのところ60億トンを超え、これまでに生産され、まだ焼却処分されていないプラスチック製品はいずれも、まだ何らかの形でどこかに存在する可能性が高い。世界の海洋には、五兆個以上のプラスチック片があると考えられている。その大半は、海洋渦によって集められて巨大なごみの島をつくっているほか、地球を周遊する何千トンもの宇宙ごみのかなりの部分も占めている。

私たちがプラスチックに気づかないのは、バルトが見たように、プラスチックの人工物はすべて現在によって消費されているからだ。木や石は、質感と密度にその出処を語るものを留めているが、プラスチックはその過去から切り離されて、現在に取り込まれている。大半のプラスチックは、使用される瞬間のためだけに存在するよう考案されているのである。必要なときにでてきて、必要でなくなると消えるのだ。生涯にわたる別々の活動をそっとつなぎ合わせる接着剤なのだ。

おそらくそれゆえに、プラスチックは妙に時代を感じさせない。ときおり、子供時代の玩具やよく使った道具など、プラスチック製品に特別な思い出や関連性が刻まれることもあるかもしれない。だが、大半は消えてゆく。使い捨てのプラスチックが私たちの手から滑り落ちて忘却されるように、歴史は水を通さないその表面を滑って消える。プラスチックは、天空を横切る雲のごとく、私たちの視界に入ってきてはでてゆく。その影は、それがどこからきて、どこへ行くのか、何の痕跡も残すことなく私たちを越えてゆくのだ。

それでも、すべてのプラスチックにははるか遠い過去までさかのぼるだけでなく、ぼんやりとしか見えない未来まで探り入れる物語がある。化学史の専門家であるベルナデット・ベンソード・バンサンにとって、個々の品は「記憶の山の一角」なのである。石器はプラスチックボトルのなかに見いだせ、ヒスイ輝石の斧は緑色の化粧品収納ボックスに存在するのだが、そこには蒸し暑い石炭紀の世界の記憶もまた刻まれている。プラスチック製品を手放すとき、私たちはそれを注目されないまま未来に投げ込んでいるのだ。プラスチック製品の生涯を語ることができるとしたら、それはどんな話になるのだろうか？

「フィクションの手提げ袋論」のなかで、ル＝グウィンはバージニア・ウルフの『3ギニー』の元となった本の計画について語る。新しい種類の物語を書くには、新しい言語が必要だとウルフは気づき、自分のために改定した用語集を考えだした。そこでは英雄的行為《ヒロイズム》はボトゥリズムになり、英雄《ヒーロー》は瓶《ボトル》になった。「英雄はボトル、という厳しい再評価」を受けたのだと、ル＝グウィンは書く。「これから私はボトルを英雄《ヒーロー》／主人公に提案する」

私は海辺に立ち、「絵」を思い描く。

ペットボトルの物語――ボトルをヒーローに

物語は空中で始まる。世界のあちこちで毎日何百万、何千万回と起こっているように、プラスチックの塊はその生涯において使い道のあった時代の終わりに達し、捨てられたばかりである。今回、それは1本のボトルで、ポリエチレン・テレフタレート（PET）と呼ばれる軽くて耐久性のある種類のポリエステルでつくられているが、それをポリプロピレンのストローだとするのも同じくらい簡単なことだし、ポリ塩化ビニルの血液バッグでも、ポリカーボネート板でも、ナイロンの釣り糸や発泡スチロールのパッキング材の中心部でも構わない。数多くあるもののうちの1つであり、世界各地の川や湖や海や埋立地にたどり着く使い捨てプラスチックの嵐の1滴にすぎないボトルには、何ら特徴がない。手から側溝まで緩い弧を描くとき、その波形のついた表面で陽光が輝く。

ペットボトルは落下するまでに2秒もかからないだろう。落とし主が誰であれ、それについて完全に忘れ去るまでにかかる時間とほぼ同じであり、落とし主もまた手放した瞬間から、ペットボトルの物語からは消え去ることになる。これは1回の使用時に語れるよりも無限大に長く、幅広く、風変わりな物語だからだ。それは何千年もの歳月を入れている容器なのである。

そこで、このボトルはまだ落下を中断したまま、しばらくそのままにしておき、物語は1億4500万年前ごろの赤道付近で、ゴンドワナ大陸のぬかるんだ海岸が見えるネオ・テチス海〔アルプス・ヒマラヤの造山期に現在のインド洋から地中海一帯に広く存在した海〕の浅い大陸棚を覆う海域で再び始まる。火山活動とパンゲア超大陸を覆っていた途方もない量の植生が腐食して発生した二酸化炭素によって温暖化した地球は、この物語の初めにはほとんど私たちの惑星だとは見分けがつかない。両極には氷がなく、北極圏にも植物が繁茂している。海水温度は50℃を超え、赤道付近の無酸素の海域は、植物プランクトンの途方もない増殖《ブルーム》で飽和状態だ。海の水は紫色の空の下で毒々しく輝いている。

この大陸棚は、水深の浅い海域が4000キロにわたってつづき、見渡す限りどの方角にも、どろどろした緑色の敷物が海面にシロップ状の皮膚を形成している。大増殖によって、死んだ植物プランクトンは無酸素状態の海底に次々に送りだされる。食欲旺盛な細菌のいない海底では、死骸は保存された有機物の層として泥になって堆積する。何百万年ものあいだ、藻類の死骸が海底に運ばれるこのゆっくりした循環は遮られることなくつづき、無数の小さな葉が海底へと物憂げに漂う。ごく薄い層に新たな層が重なって重量を増し、それによって多孔性の石灰岩の隙間や亀裂に死骸を入念に押し込め、岩石そのものが重みで徐々に変形するように、割れ目や裂け目から滴り落ちてゆく。

地表では、大陸プレートの研削力が徐々に、かつて藻類が繁茂した太古の海洋を囲い込み、岩石を押しては歪ませてアコーディオンのように畳み込み、そこに植物プランクトンだったものが、いまや炭化水素のワックスと脂肪のねばねばした汚水と化して集まる。細粒砂岩の分厚い重しの下に閉じ込められ、途方もない圧力と熱にさらされると、大増殖の残骸はゆっくりと原油に変容を遂げる。

光を浴びることのないこうした歳月の、長く暗い生成の日々は想像を超えたものであり、時間の外に封じ込められている。上方の世界では、大陸が分裂し、海洋は再構成される。生命の帝国は興隆しては衰退する。最終的に――もっとも、最終的にといった言葉はこれほどの時間の尺度の重みの下では色褪せるが――テクトニクスのギアのシフトとは何らかかわりなく、真っ暗闇の貯留層では、原油にわずかな振動が伝わる。

変化が訪れるときは、それ以前に経てきた遅々としたペースとは対照的に、不可解なほど急激だ。振動は水によって引き起こされる。最初の大規模な噴出油井が、ネオ・テチス海の海底からではなく、サウジアラビアのガワール油田から噴きだし、その後、失われた圧力の代わりに、膨大な量の海水がペルシャ湾から地中に圧入されるのだ。海水は黒い貯蔵室《ブラックチェンバー》にあふれ、植物プランクトンの増殖の遺産に塩水のしょっぱさを再び味わわせ、地表にまで押しださせるのである。

あまりにも長く記憶の彼方に静かに閉じ込められてきたために、原油の世界は流れと加速と急激な変化からなる世界に変わる。原油は砂漠の太陽の下で、輝く１０００キロ以上のパイプラインを通って沿岸に製油所があるメディナまで運ばれ、そこからタンカーに積み替えられて、うねる海を越えて中国の製油所まで運ばれる。

原始の凪いだ海の藻類の大増殖からパイプラインと製油所が輝く世界までの旅で、1億４５００万年間の大部分を占めてきた。次の段階は30日もかからない。石油がプラスチック原料になり、そのプラスチック原料が何かしらになる、同じくらい劇的な、あるいは奇跡的な変容だ。

まずは熱せられてから冷やされ、蒸留される。その後、エチレン、プロピレン、ブチレンなどの単純な化合物に分離し、再びそれらを結合させてロザリオのビーズや真珠の首飾りのような、長い重合体鎖《ポリマー》を生成させる。できた非加熱のプラスチックはペレットに断裁されて工場まで運ばれ、際限のない使い捨て製品の夢の世界に変えられたのち、物語は再び、冒頭の場面に戻る。同じボトルが、プランクトン由来であることの不気味なパロディとして、何ら特徴のない誰かの手から落下するところだ。

海を漂うペットボトル

ボトルは着地すると、再び変貌を遂げる。つかの間の有用な品からごみへと。おそらくボトルはあまりにも満杯なごみ箱に投げ入れられ、風に飛ばされるか、あるいはただ側溝に落とされて、下水となって流出するのだろう。だが、どんな手段にしろ、目的地は確定している。年間、８００万トンのプラスチックが海に流れでるのであり、その大半は川から運ばれる。

たまたま、このボトルは揚子江近くの上海で捨てられ、ほとんど水しぶきもあげず、誰に見られることもなく川に入る。流れる水はすぐさまボトルを拾い上げ、ほかの重いプラスチック製品（娯楽用品のごみや、河口域の少し上流側の産業からの廃棄物）を追い越してゆく。重いごみはそこでこの先10年やそこらチーズおろし器のような役割をはたして、強い底流によって暗闇のなかを運ばれてくる、軽い、動きやすいプラスチック片を磨耗させてゆく。切れ目なくつづくマイクロプラスチックごみの雲の上に浮いたまま、ボトルは東シナ海へと押し流される。日が沈む前に、ボトルは陸の見えない場所まできている。

海水より若干重いとはいえ、ボトルは表面張力と周辺の海流と風が掛け合わさることで浮きつづけ、まもなく大陸棚を越えた先の深い海溝のあるフィリピン海まで運ばれる。いまやボトルは1つの生態系となった。水に入った瞬間から、ボトルはほぼすぐさま細菌と珪藻《けいそう》という形の微小の乗客による生物膜で覆われ始める。今度はそれが生物膜を餌とする雑多な生物——ヒドロ虫、コケムシ、フジツボ——を引き寄せる。藻の雲はその透明な表面をくすませる。深い海域まで達すると、この豊かな付着物の層で追加された重みがものを言い始め、覆われたボトルは水中に沈むが、生物膜はかじりついてくる魚によって剝がされてゆく。数週間をかけて陸地からどんどん遠くへ漂うなかで、ボトルはゆっくり浮いては潜るこの状況に身を委ねている。新たな生物膜の層の重みで沈んでは、腹を空かせた魚がその積荷を軽くするか、陽光が不足して藻が死滅し、再び海面に浮上するのである。

最終的に、ボトルはフィリピン海の局地的な海流の渦から抜けだして、黒潮に乗る。熱帯域の温かい水を北方に運ぶ流れの速い海流で、それに乗ってボトルは日本の東海岸一帯を行ったりきたりする。いまのところ、黒潮の工場《ミル》で浮き沈みし、ぐるぐる回っても、ボトルはその形状を保っている。PETはきわめて疎水性の高い物質であり、熱帯の太陽に照らされてポリマーの鎖の分子結合はそれとなく緩み始めているが、生物膜の蓄積と剝ぎ取りによって沈降と上昇が繰り返されることで、ボトルは光分解と波による殴打という最悪の影響からは守られてきた。海洋渦の力は、ボトルが北へ移動して、黒潮の束縛から解放され、東へ向かう北太平洋海流に乗せられるにつれて弱まる。これは熱エネルギーと栄養塩、生物、プラスチックごみの巨大なベルトコンベヤーで、8500キロ以上にわたって太平洋にまたがっている。

約束の地への道をたどる巡礼のように、ボトルはいまでは捨てられた漁網、ペットボトル、パイプ、包装フィルム、蓋、袋、ボトルキャップ、梱包材の一群の旅仲間に、大量の極小プラスチック繊維やビーズ、ペレットなどと一緒くたになっている。アメリカ合衆国の西海岸に近づくと、一部はアラスカ海流によって北へと逸らされ、そこで5回ほどの冬を氷に閉ざされることになったのち、最終的に北大西洋に放出される。だが、これらの物質の大半は、北太平洋海流が2000万平方キロにわたって北太平洋旋回で時計回りに渦を巻く魔術にかかったままとなる。高気圧性の〔時計回りの〕風と海流、地球の自転、水中で旋回する層からの摩擦によって、ボトルも周囲のプラスチックの壮大な流れも、海洋の旋回の中心に向かって囲い込まれる。循環する海流は越えられない境界をつくるのだ。渦はボトルがそこから逃げだせない牢獄なのである。

多くの海洋生物にとって、浮遊するごみを凝固させるスープは、驚くほどの量のご馳走に見えるに違いない。漂うプラスチック袋はクラゲのようだし、細かいビーズは魚の卵に見える。発泡スチロールの塊は藻に似ている。付着生物に覆われた漁網は植物のようだ。海面に浮かぶものは海鳥に拾われる。なかには餌と間違える鳥もいるが、コアホウドリなどはくちばしで海水をすくいあげることで食べてしまう。海水をかすめ取ってイカや魚を集める際に、これらの鳥は小さなプラスチック片も掻き集めており、それが食道に残り、消化管が詰まることで徐々に餓死するのだ。海面下の光が透過する表層域では、穏やかに脈打つ白い袋がその擦り切れた端を触手のように波打たせ、腹を空かせたウミガメを欺く。渦に囚われた極小プラスチック・ビーズの大半は白か、透明、または青く、プランクトンの色とよく似ている。ビーズが沈むと、プランクトンを食べる魚は見境なくそれを呑み込む。

年を経るごとにボトルがこの渦の巨大な輪の内側に入り込むにつれて、周辺に生物が群がってくる。水に落ちて以来、ボトルは途方もない距離を越えて、まわりに取りついた有機物を運んできた。それどころか、ボトルの周囲にあるプラスチックもほぼすべてが生物の輸送媒体としての役割をはたしてきたのであり、その移動範囲は気候の変化によって着実に増しており、生物を大陸から大陸へと移動させている。

海洋で大きく弧を描いて当てもなく漂いながら、ボトルは何万個もの遠洋プラスチック片と緩やかにぶつかる。いずれもフジツボやサンゴモ、有孔虫、二枚貝軟体動物など、硬い殻をもつ生物が定着している。ときにはその経路は、このスープ内を通過する巨大なコンテナ船の航跡によって大きく攪乱される。さながら要塞のようなコンテナ船には、飽くことのない世界市場に向けて新たなプラスチック製品が積まれ、その船体にはコケムシの密航者がしがみついている。

ボトルはいまや海にでて数十年が過ぎている。海洋渦との遭遇はたいがいは比較的穏当なもの——プラスチック袋を追いかけるオサガメに脇へ追い払われるか、海面で餌を探す魚の口でその下腹をかすめられるか——だった。もっとも、6缶パック・リングや漁網でくちばしが開かなくなった不運な海鳥から、何度か苛立ったように突かれはしたが。1度などは、ザトウクジラの群れがアラスカからハワイまで毎冬の回遊をする上を通過したこともあった。そのうちの何頭かはヒレにもつれたプラスチック紐がひどく食い込んでいた。いずれも胃腸に500キロ近いプラスチック片を溜め込んでおり、組織内に毒素の懸濁液が蓄積されていた。子クジラの1頭は、母乳に混入していた毒素が体中に回っていたため、群れに追いつこうと必死にもがいている。ひどく衰弱しており、あと2日しか生きられないだろう。

子クジラはハワイまでもたないだろうが、ボトルはたどり着く。ある夏の朝、水に落ちてから30年以上は経たのちに、ボトルは人けのない海岸の南東端に打ち上げられる。北東からの風が黒っぽい火山砂の上でボトルを痛めつけ、満潮線の先でアイアンウッド〔キョウチクトウ科インドジャボク属の木〕が木陰をつくり藪の茂る植生に変わるところまで運ぶ。砂浜は三日月形で、岩だらけの岬によって囲まれることで砂地が長くえぐられており、開いた入口を通り抜けたものがその腹の底から抜けだすことはほとんどない。浅いV字形に押し込められた、綿棒、タバコのフィルター、ヨーグルトの容器、破裂したドラム缶、それに何百本というそっくりなペットボトルが一緒くたになったなかで、ボトルは休息することになる。

その後の数カ月のなかで、これらの雑多なものの多くは腹を空かせたミズナギドリの餌食となるだろう。すでに胃に詰まったプラスチックで飢えて錯乱した鳥たちの首には、派手な色のごみの首輪がはまっている。だが、満潮線から離れた岩の割れ目に挟まったボトルは、飢えた鳥たちの目には留まらない。

代わりに、ボトルはもっと執拗で過酷な太陽の目にさらされる。付着物の層はいったん水から上がると死に絶え、雨で洗い流されており、ボトルには睨みつけてくるその眼光から身を守るすべがない。何十年も海で過ごしたために表面がかなり黒ずんでおり、より多くの熱を吸収して、酸化分解反応がさらに早まる。紫外線B波の放射はその分子結合を崩し始め、ボトルは脆くなる。側面には乳白色の割れ目が現われる。

海岸に打ち上げられたまま、この調子で進めば、ボトルはわずか数年間で分解されるだろう。だが、その旅はまだ終わっていない。激しい冬の嵐が海岸に打ち寄せると、ボトルは破壊的な逆流で再び水のなかに引き戻され、岩の岬の突端まで押しだされ、再び海へと流れでる。

30年以上前に最後に水に入ったときと同様に、ボトルには再び微生物の生物膜が付き始める。だが、太陽によってすでに表面が脆くなっていたので、海水がいくらか紫外線から守ってくれたとしても、生物膜はもはやボトルを分解から守ることはできない。波が打ちつける。ほかの硬いプラスチックにしがみついていた甲殻類がボトルを磨耗させる。最終的にその側面に走る亀裂が広がり、ボトルは崩壊する。破片のギザギザした縁には、さらにまた付着物が引き寄せられ、もうかなり浮力がなくなって深く沈んでゆき、陽光が届く範囲よりも下方に落ちてゆく。

ボトルの運命はいまでは複数に分かれている。成形された底部と首部分が最初に沈む。その他の破片は海面付近に長いこと残りつづけ、どんどん小さい破片になったあげくに、ボトルの残骸は何千個もの微細粒子だけになる。プラスチックの破片は生物分解されないため、分子レベルになるまでほぼ永久に存在しつづけるが、かつてプラスチックボトルであったものの大半は、そうなる前に海底にたどり着く。

死んだ魚の体内や、深層流によって運ばれてくるのだ。大きめの破片も極小の粒子もどちらも海底谷のルートをたどり、放浪者の王のごとく、ポリプロピレンの破れた漁網で飾りつけた海山を通り過ぎながら、海底の窪みを循環する。

ボトルの破片はもはや1つひとつを追うには多くなりすぎており、おそらくあまりの多さに数え切れないほどとなっているので、1つの断片で残りのすべてを代表しなくてはならないだろう。いまでは、ボトルは350年以上を海中で過ごしている。この特定の断片は子供の腕輪についているビーズほどの大きさしかなく、ハワイ海嶺の下方にある広大な海山の南側斜面沿いを漂っている。ハワイ海嶺はミッドウェー諸島となって海上に突きだしている。

断片は1匹のカイアシ類――顔の真ん中に1つ目があり、左右に分かれた長い触覚をもつ小さな甲殻類――の行く手に流れでる。遊泳する脚を急速回転させながら、カイアシはわずかな摂食水流を生みだし、微小の渦鞭毛藻類やプラスチックの超極細繊維を口まで引き寄せる。水流はボトルの断片を捕らえ、それが攪拌する動きのなかで数十個のプラスチック・ペレットやポリスチレンビーズとともにカイアシの脚の1本に吸いつく。

カイアシが死んだとき（腸管が睫毛よりも細い、絡まり合う青いナイロンで塞がったため）、その死骸は海山の麓の大きな割れ目に落ち、泥と合成廃棄物が分厚く堆積したなかにプラスチックボトルの最後の断片が葬られる。プラスチックごみはこの割れ目に過去400年間、集められつづけており、有毒な堆積層のなかにそれぞれの断片を覆い包み、事実上、恒久的に保存している。

穿孔生物がその層を幾らか攪乱し、独自の生痕化石の通り道を残すが、地層のなかにプラスチックが深く貫入するのを防ぐには充分ではない。あとは、お馴染みの熱と圧力と歳月による長い物語となる。その後の数千年間に、プラスチック化石から滲みだした炭化水素は小さな堆積物となって溜まり、ネオ・テチス海の下方にある地中の空洞で黒っぽい濃厚な物質が少しずつ蓄積したボトルの起源に、化学的にゆっくりと戻ってゆく動きが始まるのである。

この物語には終章がある。私たちが追ってきたボトルが北太平洋旋回に向かう弧を描き始めたとき、それとそっくりなボトルが公共のごみ箱に捨てられ、市外の埋め立て現場にすぐさま運ばれた。さらに多くの廃棄物が投げ入れられるにつれて、地中の穴であった場所は小さな廃棄物の丘になる。海洋は隆起し、陸地は沈降し、市内が浸水し始めるが、迫りくる海岸線から遠く離れた小さな丘と、そのなかに埋葬されたその他のボトルは、圧力によって平らに潰され、鈍い白色に変わっていたがまだ残っている。紫外線や風化、摩擦から守られたボトルは一種の長い眠りについたのであり、地面の上では都市だった景観は沼地と、奇妙な低い丘のある地形からなる氾濫原に変わっている。丘のふもとを流れる川がその側面をえぐっており、遠い未来のある日、はるか過去の宝物のように隠されていたその中身が、地滑りで露出する。

歳月と風と雨の辛抱強い働きかけによってボトルは解放され、いまからほぼ１００万年後に太陽に照らされて弱々しく光りながら川に落ち、ついに海へと運ばれてゆくだろう。

第4章 氷床コアの記録

グリーンランドのアフリカ人

男の子が木から落ちる場面から物語は始まる。

父親からココナッツを集めてくるように言われたテテ＝ミシェル・ポマシーは、高いところの揺れる枝にしばらく登っていた。午前中の仕事にうんざりしていた彼は、ココナッツの1つの上部を切り落として、雪のように白い果肉を露出させ、なかの汁をゴクゴクと飲んだ。空になった殻を下に落としたとき初めて、聴覚によって興奮し、体を震わせているヘビに気づいた。その体は鈍い色の一連の卵を囲むように、何重にもとぐろを巻いていた。いくつかは孵化しており、赤ん坊のヘビが母親の体の上を這い回っていた。

ポマシーは木を滑り降り始めたが、ヘビは赤ん坊ヘビを振り払って追いかけてきて、その舌がまばゆく光る白い喉の上で耳障りな音を立てている。少年が手を勢いよく払うと、ヘビは彼の髪の上を滑り、背骨の上を寒気のように伝って地面に落ちた。ところが恐ろしいことに、ポマシーにはヘビがすぐさま登り始めるのが見える。彼はいまやヘビとその巣のあいだで立ち往生している。唯一の選択肢は跳び下りることだ。

ポマシーは落ちても骨一本たりとも折らなかったが、2日間、寝込んだあともまだ立ち上がれない。絶望した父親は彼を聖なる森へ連れてゆき、ニシキヘビの巫女に癒やしてもらう。その代償として、父親は少年を聖職につけることを約束する。だが、ヘビへの恐怖はいまや確実なものになり、ヘビの信仰に加わらずに済むよう、彼はあらゆることをするようになった。

ある朝、ポマシーはトーゴ最大の都市であるロメの福音派書店を訪れる。彼の目はすぐさま、とりわけ1冊の本に釘付けになった。ロベール・ゲッサン博士の『グリーンランドからアラスカにかけて暮らすエスキモー』〔*The Eskimos from Greenland to Alaska*、未邦訳〕という書だ。彼はその本を買い、海岸にもって行って読んだ。正午には読み終えており、彼の脳裡には氷と永遠の寒さと、肝心なことにヘビのいない地の光景が、ありありと浮かんでいた。

氷の国の夢は無数の旅行者の心を捉えてきたが、ポマシーほど突如としてすっかり夢中になった事例はおそらくないだろう。午前中のただ1度の読書にもとづいて、彼はグリーンランドまで、北の最果てまでかける決意を固め、イヌイットのあいだで氷上の暮らしを経験することにした。その旅は8年の歳月を要した。彼は1958年の独立記念日の夜にトーゴを離れ、ガーナ、セネガル、モーリタニア、モロッコ、アルジェリアで6年間、懸命に働いた。さらに2年間、フランス、ドイツ、デンマークでも苦労を重ね、1965年にようやくグリーンランド南部のユリアーネホープに、現在はカコトックと呼ばれるこの町にたどり着いた。

ポマシーが何年ものちに著書『グリーンランドのアフリカ人』のなかで回想するように、彼は下船した瞬間から有名人になっていた。波止場のあらゆる話し声が止み、ユリアアーネホープの大半の人びとはこれまで見たことのない初めてのアフリカ人のほうを振り向いたのだ。どこへ行っても、ポマシーは歓迎された。ヨーロッパでは、フランスの後援者たちが彼の北方への旅の資金を援助してくれた。

グリーンランドでは、歓待されなかったことはたった1度しかなかった。住むところも仕事も簡単に見つかり、ある土地を離れるときはかならず、いつ戻ってくるのかと聞かれた。地元のラジオ局は、彼の行き先や活動について定期的に報道していた。だが、彼の心は落ち着かないままだった。カコトックという地名は「白いもの」を意味するにもかかわらず、南部にはほとんど氷がないことに気づいて失望していたのだ。彼の心の内のコンパスは、北を指しつづけた。

彼の目的地はグリーンランド最北にある町、カーナークで、ここはトゥーレの名称でも知られている。ポマシーは苦労しながら海岸沿いに北上し、北極圏の冬に耐え、漁船や犬ぞりチームに乗り込んで生活費を稼いだ。だが、彼の野心は最終的に、もともと自分をこの地に引きつけたものによって挫かれた。カーナーク行きの船をカシギアングイト（クリスチャンスホープ）で待ったが、海氷がいつまでも消えず、それほど北まではどんな船でも航行できなかったのだ。しまいに、何カ月も待ちつづけた挙句に、彼は自分の夢を諦めてウペルナビクで手を打つことにした。カーナークの南550キロの地点にある場所で、その名称は「常春の地」を意味した。

彼の失望は、伝統的な芝土の小屋《ターフト・コテージ》を発見したことで和らいでいた。いまではおおむね木造家屋に建て替えられてしまったような類《たぐい》の家だ。家主はふさふさとした黒い髪を背中に垂らした老人で、南部にポマシーがやってきたことをラジオ報道で聞き、それ以来、この地に彼がやってくるのを待っていたのだと声を上げた。この老人、ローベルト・マッタークは芝土の小屋にポマシーを客人として滞在させてくれた。

ローベルトは国際問題に関心をもち熱心に雑誌を読んでいた人で、それらの雑誌を手放すことなどは考えられなかった。雑誌の山はどんどん大きくなり、しまいに妻のレベッカから処分するようにと言い渡された。だが、ローベルトにはもっといい考えがあった。芝土の家はたいがい壁の内側と天井に木のパネルを張って断熱していたが、ローベルトは定期購読していた雑誌で裏打ちしようと決心したのだ。まもなく、建物の内側すべてが雑誌の層で覆われ、その上にさらに二重、三重と積み重ねられていった。毎年、新しい層が加えられてきたので、ポマシーは5年前までさかのぼって世界の出来事の資料を提示されていたのである。ローベルトはどんなテーマでも、この断熱材のなかから情報を探しだすことができた。

10メートルの落下から始まった旅は、8000キロ以上離れた地球の裏側の地でようやく終わりを迎えた。自分に探せる限り最も遠く離れた地を探し求めて、10年近く前にトーゴをあとにしたポマシーは、世界の中心にたどり着いたのだ。すなわち、グリーンランド氷床の縁にある一間の小屋に過去5年間が圧縮された図書館である。

バベルの図書館

どんな質素な図書館も、有名なアレクサンドリアの図書館のイメージを彷彿とさせる。それまでに集められた最も完璧な学問の宝庫だと言われた場所だ。かつて知識は物語と歌で受け継がれてきたが、筆記が発明されて以来、大半の社会は口頭伝承よりも文字に書かれたものに信頼を置いてきた。図書館は、過去と未来の双方に私たちが負う義務感について語る。残っているものを、この先に訪れる事態に配慮する最も確実な手段として保存すべきだということだ。私たちが残された記録を集めるのは、記憶というのは不確かなものだからだ。だが、保存された知識もまた失われやすく、だからこそ余計に重んじられている。アレクサンドリアの図書館は、2000年前に灰燼《かいじん》に帰したと言われ、それゆえに、私たちの想像のなかで確実に定着している。

1901年に、ドイツの数学者でSF小説の創始者であったクルト・ラスビッツが無限に広がる図書館というものを想像した。書かれているすべての言語をローマ字の最も基本的な要素（22文字、ピリオド、カンマ、スペース）にまで単純化すれば、「万能図書館」を構築することが可能になるだろうと、彼は推測した。

そこにはこれまで書かれたすべての作品だけでなく、書かれる予定のものや、書けたはずのものすら含まれ、間違いや逸脱のあらゆる形態が盛り込まれる。ある本には、わずか1行しか書かれていないかもしれず、それどころか何百ページもの空白のページのどこかに1文字が埋もれている可能性もあるが、それでもラスビッツの図書館には考えうるあらゆる版が収蔵されている。たとえば、1ページの別々な箇所に、ただ1つ「ａ」だけが印字される状態が繰り返されるものもある。同じことは「ａａ」や「ａａａ」などでも考えうる。あるいは、実際の作品――『バガバッド・ギーター』や〔メアリー・ウルストンクラフトの〕『女性の権利の擁護』――に似ているが、違う点が1つだけ、考えうるあらゆる間違いや、間違いが組み合わさっている本なども含まれるかもしれない。

そのような記録保管所《アーカイブ》ではどんな作品も信頼できるものとは考えられず、そのため万能図書館は利用することができないどころか、構築すらできないことが明らかになる。蔵書数は把握しきれないものとなり、あまりの多さに宇宙で使えるすべての空間を超えるものになる。「どれだけそれを思い浮かべようとしても、失敗に終わるものとなる」と、ラスビッツは書く。

それでも、試してみた人がいる。「バベルの図書館」のなかで、ホルヘ・ルイス・ボルヘスはラスビッツが想像したようなコレクションを収蔵する図書館が、どんな種類のものになるかを描こうと試みる。それは通風孔によって隔てられた無限につづく六角形の閲覧室で構成された果てしない記録保管所になるだろう、と彼は書く。

図書館内のそれぞれの閲覧室には20段の書棚と鏡、〔立ったまま〕眠るための小部屋と洗面所があり、別の閲覧室とは螺旋階段でつながっている。階段は上にも下にも、目の届く限りつづいている。それぞれの閲覧室には、まったく同数の本が並び、どの本もページ数と行数が同じだが、このように均一であるにもかかわらず、広大な図書館のなかに同じ本が2冊見つかることはないだろうと読者は教えられる。むしろ、無数の書棚には「将来について事細かく書いた歴史」を含め、「あらゆる言語によって、表現すべきとされるすべてのもの」が並んでいるのだった。

ボルヘスの図書館は頭のなかで光り輝く。その表面——派手な色の本に、輝く鏡、磨かれた階段——ですらキラキラ、ピカピカと輝く（ラスビッツの物語が発表された全集のタイトルは『トラウムクリスタール』、つまり『水晶の夢』である）。それでも、これは悪夢の場所でもあり、そこでは知識を永久に探し求めることが、全人生を呑み込む残虐さとなる。

ローベルト・マッタークのささやかな雑誌の宝庫は、ボルヘスの恐ろしい構想と比べると色褪せる。だが、マッタークの小屋でポマシーが見つけた小さな図書室は、当時はどちらも気づいていた可能性はなさそうだが、それよりはるかに大きな記録保管所の端に位置していたのだ。これまで集められたなかで最大かつ最も包括的な記録の1つである。グリーンランドの氷に埋もれていた、80万年にわたる地球の歴史の連続した記録だ。

氷床の記憶

氷床はかなり単純な材料——水、気温、圧力、時間——からの産物だが、それらが一緒になると、驚くほど精密な細部までを記憶する能力をもつ。ボルヘスの図書館の閲覧室のように、氷は六角形の切片から始まる。空から降ってくる雪片は、ほかの六角形と融合し、その後、降雪があるたびにその重みで圧縮され、樹木年輪のように、毎年の層をなすようになる。最上部の層は六角形のあいだに残された空気の堆積物を含んでいるが、深くなるにつれて、雪がまずはフィルン（文字どおり「古い雪」を意味するドイツ語）に変わり、最終的には硬い氷になる。六角形の雪片は圧力によって再結晶し、少量の空気を気泡のなかに封じ込める。気泡は氷のなかに走るミルクの帯のように見え、それぞれの層が形成された当時がどんな世界であったかという想像図を構築するのに利用できる。

ボルヘスの図書館と同様に、驚くべき物語が基本的要素〔元素〕の比較的単純な組み合わせから織りなされてもいる。気泡に封じ込められた空気は、その雪が降った時代に地球の大気がどんな組成で、どんな濃度であったかについて情報を与えてくれ、氷の化学的痕跡やその他の物理的特性は、気温、風、降雪に関して何千年も前の特定の季節変動と関連づけられる情報を明らかにする。

氷は遠い昔の、世界の片隅で起きた森林火災の頻度も、湿地帯や砂漠の広がりに関する状況も語ることができる。氷床柱状試料《コア》は特定の火山の噴火の年代を突き止めるためにも使えるし、太陽系のなかで地球が過去にどんな動きをしたかを追う一助にすらなる。その情報はきわめて濃縮されている。1メートルの雪は100年を経るとわずか30センチにまで圧縮されるのだ。

グリーンランドの氷床は約300万年前からあると考えられている。南極大陸にあるもっと広大な氷床はその10倍以上古くから存在するが、その記録もさかのぼれる限界がある。この図書館ですらボルヘスとラスビッツの無限の宝庫には匹敵できない。氷床のいちばん底にある氷は数キロは地下に沈んでおり、圧力で歪み、基盤岩からの熱で解け、誰かがハサミで古文書を切り裂いたかのように、情報の大半を消し、残りは前後の見分けをつかなくしている。

科学者は1950年代に凍りついた図書館を読むことを学び始めた。1959年に、ポマシーがトーゴからグリーンランドへゆっくり移動を重ねていたころ、アメリカ軍がカーナークにある軍事基地から140キロ離れた氷の下に都市の建設を始めた。キャンプ・センチュリーは、200人以上の兵士が寝起きする場所に加え、大通り、病院、礼拝堂、郵便局、実験所、ラジオ局、暗室、映画館、スケートリンクが完備され、電力は出力1・5キロワットの原子炉から供給されており、そのすべてが氷床の表面下にあった。1964年に撮影された国防省の動画には、兵士たちが電気カミソリを使い、居心地のよい居間でくつろぎながら、部屋着姿で『タイム』誌を読んでいる光景が見られる。キャンプ・センチュリーの図書館には4000冊の蔵書があった。

キャンプ・センチュリーは、冷戦という妄想をつくりあげた不安と希望が奇妙に入り混じったものから出現した。1つには北からのソ連の侵略に対抗するための防壁としてであり、またどんな環境でも居住できる人間の潜在能力を示すためでもあった。これはまた極秘扱いのミサイル・プログラムのための実験場でもあった。プロジェクト・アイスワーム（「アイスワーム」はキャンプ・センチュリーを建設し、そこで暮らした兵士たちによって採用された愛称でもあった）と暗号名で呼ばれた計画で、600基の中距離弾道ミサイルを格納できるトンネル網が建設可能かどうかを確かめるものだった。氷床を掘削してみると、氷には年ごとの層が明確に刻まれていることが明らかになったが、そのことに当惑したアメリカ人は、1964年にコア試料の一部をウィリ・ダンスガードというデンマーク人科学者に手渡した。

1950年代初めに、ダンスガードはそれぞれの層に含まれる〔酸素〕同位体の濃度によって、過去の気温の変化を知る技法を編みだしていた。気温の低い時期の降水の水分子には、夏のあいだに降ったものよりも質量の重い、酸素同位体18がより多く含まれるだろうと彼は示唆した。キャンプ・センチュリーの氷床コアは、氷が地球の歴史の記録でもあるという証拠を提供したのだ。この記録は過去何十万年にもさかのぼるもので、太古の昔がどんな世界であったかの想像図を描くうえで利用しうるものだった。

1966年にキャンプ・センチュリーの科学者と工学者は、世界で初めて基盤岩まで掘削し、10万年にわたる降雪が層をなす全長1387メートルのコアを採取することに成功した。『ニューヨーク・タイムズ』紙はそれを「いままでに掘削されたなかで最も深く、最も掘り甲斐のあった穴」と呼んだ。それ以来、氷床コアを研究する科学者たちは、過去の気候の記録をさらに深く掘り進めてきた。1987年に南極のボストークで掘削されたコアからは、4回の氷期の痕跡が明らかになり、大気中の二酸化炭素と気温に関連があることを裏づけていた。1990年代に、科学者はグリーンランドから全長3000メートル以上の氷床コアを掘りだしたほか、2004年に南極氷床から掘削されたドームCコアは、74万年にわたる大気の歴史を記録していた。

氷が語る人間の歴史

だが、極地の研究におけるこうした進展からは同様に、氷がいかに人間の歴史と密接にかかわっていたかも明らかになる。大気の痕跡を捉えた層は、私たちに関する暗い、驚くほど詳細にわたる物語を語る。アルプスの氷河の氷には、14世紀の記録に鉛を含まない隙間がある。これは黒死病でヨーロッパの人口の3分の1から3分の2が死亡したために、鉛の製錬作業がつかの間途絶えたことを記録するものだ。南極大陸からの氷床コアはスペインから新世界に入植した人びとが引き起こした荒廃を記録している。新たにもち込まれた疫病は、わずか100年余りで土着の人びとの9割を死滅させ、アメリカ大陸で耕作に使われていた土地の量が、6200万ヘクタールから600万ヘクタールにまで減少し、広大な領域が新たな二酸化炭素吸収源《シンク》に変わったのだ。氷の記録は、1492年から産業革命の始まりのあいだに大気中の二酸化炭素濃度が7ppmから10ppmほど急激に減少したことを明らかにする。

いくつかの痕跡は人間の歴史と地質史を一緒に編み上げる。極地の不毛の土地はサミュエル・テイラー・コールリッジやメアリー・シェリーのようなロマン派作家の想像を大いに掻き立てたため、氷はしばしば無の景観として、歳月の外にある地域で、人跡未踏の、生命のいない、非情な場所としてよく描かれてきた。ロマン主義時代の名作の一部の起源も、グリーンランドの氷に記録されている。1815年にインドネシアのタンボラ山が噴火したことを記す火山灰——火成岩の粒子と灰——の層にである。この大惨事は地球全体の気象パターンに混乱をきたし、翌年にはヨーロッパ一帯に暗い影を落とすことになった。それに着想を得たのがバイロンの詩「暗闇」であり、シェリーの『フランケンシュタイン』だった。この小説は北極の氷で始まり、そこで終わる。文芸評論家のジョナサン・ベイトは、キーツの詩「秋に寄せて」が1819年9月に、自然の季節の巡りが戻ったことへの安堵のほとばしりとして書かれたと推測するが、キーツが感じた何かしらのことも、火山灰の黒っぽい帯の上の色が薄くなりつつある層から推測することができる。

毎年の層はじつに明確であるため、氷床コアの専門家は産業化された社会がいかに変わったかを知る全体像を構築することができる。大気中で増加する二酸化炭素の弧を描くだけでなく、変化が10年単位どころか、年単位で観測されているのである。人為起源の窒素には明確な同位体特性があり、大気中で見つかる窒素よりも軽い。氷床コアにおける同位体濃度の上昇は、20世紀前半に内燃機関が発明され、広く普及して以来、窒素酸化物が大幅に増えたことを記録するもので、ひょっとすると1914年のような正確な年代すら記すかもしれない。フリッツ・ハーバーとカール・ボッシュの技法で、大気中の不活性の窒素をアンモニウム肥料に転換させる生産が始まった年だ。1950年代、60年代に堆積した層には放射性降下物と、有鉛ガソリン使用の残存物が残されている。クロロフルオロカーボン〔特定フロン、CFC、炭素を含む〕からハイドロフルオロカーボン〔代替フロン、HFC〕への移行は、1980年代末を記している。オゾン層に与えた被害に私たちが気づくようになったころだ。

種としての人類の歴史の大半において、私たちの発展は氷の広がりによって制限されており、地球上の特定の地域にのみ居住するよう仕向けられてきた。人間の脳は20万年前ごろに現在のような大きさと複雑さに進化し、それとともに文明を築くのに必要な考える力も備わってきた。だが、こうした潜在能力は、最終氷期の終わりの1万2000年前ごろ、地球上の巨大な氷床が極地だけに縮小するまで、すべて停止状態に追いやられていた（この動きそのものも、250万年前までさかのぼる壮大な氷河作用の一環だった）。まもなく、作物が栽培されるようになり、都市が築かれ、筆記も始まった。

氷は地球の記憶の座である。歴史学者のトム・グリフィスが述べるように、「人間がまだ南極大陸を目にする以前から、この大陸は私たちの影響を記録していたのだ」。広大な空白地帯に見えたものは、実際には記憶するための動的なマシンだったのであり、何十万年もさかのぼる地球の記録保管所だったのである。私たちの痕跡は氷のなかに沈み、そこでまるで保管されるように封じ込められている。氷床全体の横断面は地球の気候の記憶図を明らかにし、そこからは年ごとだけでなく、季節ごとの違いまで正確にわかるだろう。そして新たに降雪があるたびに将来の化石の層が製造される。凍りついた図書館の新たな堆積物だ。

氷床コアを手に取る

4月の暖かい秋の朝だった。風は凪いでいて、空は真っ青で、私は頭上にそびえる、レンガ色のオーロラ・オーストラリス号の下に立っていた。船のすぐ下方の埠頭にはロングドレスを着た4人の十代の少女が立ったり腰を下ろしたりして、携帯電話を操作してはメイクを確認していた。少女たちはそれぞれ「ミニ・ミス・タスマニア」と鮮やかに書かれたたすきをかけている。少女らの母親たちも近くに待機していた。誰一人頭上に見える船には無関心なようで、代わりに記念すべき日らしきものへの期待に夢中になっていた。

オーロラ号は砕氷船だ。1989年にニューサウスウェールズの船台から進水して以来、南極の光輝く夏のあいだは厚さ1メートル以上の氷盤《ひょうばん》を砕いて進み、オーストラリアの南極基地に備品と科学者たちを送り届け、冬のあいだはここタスマニアのホバート波止場に停泊してきた。だが、この船も引退間近となっている。2倍は大型で、建造費が10億オーストラリア・ドル以上という新たな砕氷船が2020年にはオーロラ号と交代し、この先30年間は氷を割って進むことになっている。

埠頭から見るオーロラ号は、現役を退くことになる船には思えなかった。近くにある優雅な喫茶店やシーフード・レストランの淡いクリーム色の正面とは対照的に、オーロラ号は巨大で勇猛な存在感を漂わせている。ほかの突堤はレジャー用小型船で賑わっていたが、砕氷船には誰もやってこないし、そこから立ち去る人もいないようだった。船はコーナーに座るプロボクサーのように、みずからの沈黙のなかに重々しく身をもたせかけていた。

オーロラ号は海洋・南極研究所（ＩＭＡＳ）の外に停泊していた。シドニーにあるニューサウスウェールズ大学で長期有給休暇を取っていた3カ月間、私は家族とともにオーストラリアに滞在しており、ホバートまでやってきたのは、ＩＭＡＳで私の未来の化石研究について講演をするためだった。だが実際には、私は別の目的でこの旅にでた。氷床コアに触れてみたかったのだ。

氷床コアの掘削には、リンゴの芯抜き器とさして変わらない、かなり単純な技術が用いられる。基本的にはこれは歯のついた金属パイプで、高速で回転させて氷に切り込む〔とくに深層部ではサーマルドリルも利用される〕。コアは通常は短いセクションに分割され、地表で再び集められる。だが、それらが世界について伝える物語の細部と複雑さには驚くべきものがある。地球の気候史における最大の記録が、この先にやってくる世界について何を語れるのか、私はもっと知りたかったのだ。

ＩＭＡＳには世界的な氷床コア実験所があり、講演会の主催者たちは親切にもツアーの手配をしてくれた。私は家族と離れて、オーストラリアの探検家ダグラス・モーソンが使った小屋を再現したものを見にでかけた。風雪にさらされて変色した外壁にいたるまで、正確に再現した小屋は、通りを数本行った先の目立たない場所の細長い一角に、人目につかない形で設置されていた。小屋を訪問する人は、小道の横に儀仗兵のごとく立つ、ファイバーグラス製の2羽のコウテイペンギンに出迎えられる。一方、研究所の入口のほうは、ノルウェーの探検家、ロアール・アムンセンの巨大な胸像に見守られている。

ロバート・ファルコン・スコット率いるイギリスの遠征隊よりも先に南極到達をなし遂げた人だ。

研究所内に入ると、私は受付デスクで入館許可証を受け取った。その向かいに1本の鋼鉄製のポールがあり、吹き抜けのなかに伸びている。つや消しされたポールの表面は、建物の飾り気のない周囲の様子にそれとなく溶け込んでおり、一瞬、自分がこれほど遠くまで見にやってきて、初めて目にするものだという気がしなかった。その細長い棒は氷を掘削するドリルで、（設置されていた説明板によると）東南極の海岸に近いロードームから全長１２００メートルのコアを採取するために使われていた。

ロードームのコアは、基盤岩まで到達した数少ないコアの1つで、９万年前までさかのぼるものだ。だが、地表に掘りだされた氷という点からすれば、ロードームで達成された成果は比較的ささやかなものだ。これまで氷床コアから採取された最古の氷は80万年前のものだが、２０１０年に東南極のアランヒルズで、青い氷を探し求めたチームが５００万年前の試料を発見した。青い氷（深いところで圧縮され、ほぼ気泡が押しだされた氷は夏空の色に変わっているためにそう呼ばれる）は、きわめて古いものだ。そのような氷は、氷床が山脈を流れる際に上へ押されて、底辺にあった最古の氷が山の上に押し上げられ、そこで上部の軽い層が風で吹き飛ばされた場合には地表に現われる。

このチームは掘削作業を中断して現場を離れたが、５年後に同じ場所に戻ったときは、さらにわずか20メートル掘るだけで、２７０万年前の青い氷を採取することができた。まだ現生人類が進化していない時代に凍ったものだ。各層は圧力によって薄くなり、氷の流れは最深部の氷を歪めて形を崩してしまうので、コアの情報の大半は失われており、科学者たちはアルゴンとカリウムの痕跡を測定することで、この試料の年代を突き止めなければならなかった。

ロードームのコアはアランヒルズの青い氷の年代のごく一部でしかないが、これは地表により近い場所で採取されていたため、記録のうち最も詳細に解読できる部分だった。過去２０００年間の物語は、産業革命以降の途方もない飛躍を含め、私の前にある巨大な針によって掘削されたコアのあちこちに刻まれていた。

コアを崩さずに掘りだす作業にはとてつもない困難が伴い、いくらか不遜さをいだかせるほどの苦難を味わわせる。南極氷床として固定された水は世界で最も純粋な水であり、氷床コアの掘削にまつわる逸話には、これらの氷がいかに蒸留酒に合うかを語るものが数多くある。『タイム』誌は、キャンプ・センチュリーの科学者たちが基盤岩まで到達したことを発表する記者会見のあいだ、国防省の役人たちはキリストが誕生したころに雪として降った氷で自分たちのコカ・コーラを冷やしたと書いた。

だが、コアはそれ以上に、物理的に入手困難なうえに、解けて崩れやすいことも相まって、畏敬の念を掻き立てる。紀行作家のギャビン・フランシスは、南極大陸のハリー研究基地でベースキャンプ付き医師として1年間を過ごした。ある夏の日、彼は１０００キロ以上離れたバークナー島にある深層部の掘削基地で何人かの科学者に発疹がでているという電話を受けた。結局、診察そのものは5分で済んだが、そのあと彼は掘削テントに案内され、その下で氷を削ってこしらえた階段を降りて、大聖堂のようなアーチ型天井の青い洞窟内にでた。コア自体は、それが「至聖所」であるかのごとく静寂に包まれていた、と彼は書く。

ＩＭＡＳで私を迎えてくれたエル・リーンは南極文学の専門家で、研究所に勤務する大勢の古気候学者と海洋生物学者のなかで唯一の文学者だった。今回の訪問には、やはり氷床コアの見学に興味をもっていて、ホバートの大学で英文学を教えるハンナ・スタークも加わっていた。エルは建物内を抜けて私たちを実験所に案内した。科学者に囲まれた唯一の人文学者というのは、いささか孤独なものだと彼女は言う。作業場はほとんど間仕切りのない間取りで、いずれも表面はまっさらに片づき、自然光が射し込み、修道院のような静けさに包まれていた。研究者の大半は、白い耳栓をして同僚が立てる物音を遮断していた。その場の雰囲気は、綿に包まれたように柔らかかった。

氷床コア実験所そのものは最上階にあり、階段を上った先で私たちはアンドルー・モイに温かく迎えられた。私たちの案内役を引き受けてくれた氷床コア研究者だ。重たいガラス扉のなかに入ると、彼は実験所で一緒に仕事をする技術者のメレディス・ネイションを紹介した。彼らが2人ともショートパンツを穿いていることに、私は気づかずにはいられなかった。

主要な作業場に通ずる狭い廊下で、アンドルーは自分たちが何を調査しているのかを説明した。「氷は図書館のようなものです」と、彼は始めた。「それぞれの層が何かを語っています」

夏の層は色が薄く空気を多く含み、冬の層は黒っぽく密度が濃いのだと、アンドルーは私たちに話した。夏に降る雪は太陽からの熱につねにさらされ、いちばん上の層をスフレのように焼き、凍った水のなかに保存された酸素同位体の比率も気温に応じて変動する。研究者らの最大の懸念は汚染だと、彼は語った。切断したり、手で扱ったり、運んだりすることは、いずれもコアに望ましくない影響を与える。氷はきわめて純粋なため、そこにかかる吐息でも試料の汚染につながりうる。解決策はコア試料からそのコアをくり抜くことだ。すなわち、氷の芯材を取りだすのである。内部に埋もれた正確な化学的特徴を突き止めることで、研究者は層ごとの年代を測定できるだけでなく、氷の内部に封じ込められた汚染物質となかで凍りついた気泡から、過去の気候事象に関する地球規模の想像図も描けるようになる。たとえば、鉛には採掘された場所に特有の同位体特性があるのだと、彼は語った。研究者らは、氷に含まれたわずかな鉛がどこで採掘され製錬されたかを割りだせるのだ。

「試料を調べれば、その同位体成分の特徴から、鉱床がニューサウスウェールズのブロークンヒルからのものだといったことがわかります」と、彼は説明した。「われわれは氷のなかで空を読んでいるわけです」

探し求めているのは何なのかと、私は尋ねてみた。「地球の心拍に変化が生じた理由を理解したいのです」と、彼は答えた。1920年代に、ミルティン・ミランコビッチというセルビアの数学者が、太陽の周囲をめぐる軌道上で地球の動きに生じる変動が、地球に降り注ぐ日射の分布を変え、そのため気候を生みだす熱エネルギーの量に影響がおよぶのだろうと問題提起をした。

ミランコビッチの理論によると、太陽をめぐる地球の軌道の楕円の形――その離心率――が10万年周期で変化していた。このリズムに織り込まれているのが〔音楽の複数旋律のなかの〕対位旋律、すなわち地軸の傾く方向がコマのようによろめいて変わり〔1・8万から2・3万年ごとの歳差運動〕、地軸の傾く角度が4万1000年ごとにわずかに変化することである。

過去80万年以上にわたって、主要な氷期は地球の離心率によって定められており、おおむね10万年ごとに訪れては去って行ったのだと、アンドルーは説明した。「しかし、海洋堆積物から、100万年前以前の気候変動パターンがこの4万年間やそこらとは異なっていたことがわかっています」。何かがリズムに変化をもたらしたために、地軸の傾きよりも離心率が支配的になったのだ。「現在、われわれが地球の気候システムにどんな影響をおよぼしているのか理解しようとするならば、また今後きたる事態にいかに適応すべきか探ろうとするならば、80万年前に何が起こったのか理解する必要があります」

アンドルーの説明を聞いて、私は彼が研究している図書館の種類について考えさせられた。それぞれの試料は驚くほど正確な詳細と、土地ごとの物語を提供するかもしれないが、彼にとってそれが重要であるのは、もっと大きな物語を理解するための一助となるからなのだ。まるでボルヘスの図書館に1作品しかないようなものである。ありえないほど壮大な叙事詩が何巻にもわたって展開していたのだ。あるいはおそらくコアは、途方もなく複雑な何百万年分もの長さのある複数のリズムからなる《ポリリズムの》楽曲のわずかな断片——数小節分、それどころかただの音符の集まり——なのかもしれない。

廊下の片側には分厚く膨らんだ上着が積み重ねられた棚があった。私たちは温度変化に耐えながら、氷室の巨大な鋼鉄の扉の前に立った。室内に入ると、すぐさま頭が割れるように痛くなり始めた。強烈な寒さが、まるで脳のなかに指を掘り進めてくるように、私の後頭部をつかんだ。肺に空気を吸い込むのが難しかった。寒さは見知らぬ人の視線のようだ。肌が露出しているあらゆる箇所が、新たに意識されるようになる。気温はマイナス20℃に保たれていると、メレディスは言った。彼女はショートパンツ姿であるばかりか、上着も着ていなかった。しばらくすると寒さを感じなくなるに違いないと、ハンナが述べた。「少しは」と、メレディスは肩をすくめて応えた。「どれだけ長く入っていて、どれだけ素早く作業をするかしだいです」。のちに私は、マイナス20℃は鼻の粘膜が凍り始める温度だと知った。

鋼鉄製のテーブルが部屋の壁際に並んでおり、冷却装置は満足げに唸り音を立てていた。アンドルーが隅にあるテーブルに私たちを連れてゆき、青いクーラーボックスのなかから小さなパンの塊ほどのものをもち上げた。

氷床コアは、光を反射すると同時に吸収しているように見えた。手のなかにもってみると、氷は冷たい光の筋のなかで輝いたが、触れてみると乾いていて、その輝きの下には限りなく無色に見えるものがある。氷は内に向けた輝きで光っており、1200メートルの深さの記録への入口となっていた。私はさながら自分がそのなかに沈み、寒さと圧力と太古の空気からなる淡い青緑色の世界に入り込んだような気がした。

この試料はどのくらい古いものなのか、私は尋ねてみた。「わずか33年前ほどのものです」と、アンドルーが言ったので、驚いた。私よりも若いのだ。自分の人生の物語の要素が、このパンの塊ほどの氷に焼かれて取り込まれているのかもしれない。これは、もっと壮大な地球の物語の断片をつなぎ合わせている氷の科学者たちが関心を寄せる物語ではないが、それでも氷がもたらすことのできる一種の不朽性について私は驚きの念をいだかされた。自分自身の歴史が、時間のなかで凍りついて保存されている可能性すらあることには親近感があり、その他の未来の化石との出合いでは感じたことのない感覚だった。

ボルヘスの図書館には、1冊の本のコピーが無数にあり、なかには原作とは似ても似つかぬほど違っているものもあって、ときおり判読可能な行があったとしても無意味な文字の羅列となっている。その他の版では、違いは気づかないほどわずか――カンマの位置がずれていたり、綴りの違う文字が1つあったりする程度――なので、コピーでも原作と瓜二つだと誤解されかねない。おそらく、氷は私のことをそのように記憶するのだろう。私自身の正確な物語を語る巻――私自身がつくりだした化学的痕跡

——は氷床の無限につづく六角形の閲覧室の奥深くの別のどこかに埋もれていて、この特定の断片に含まれているのは、私自身の物語とじつによく似た、ほとんど見分けがつかないものなのかもしれない。

失われつつある記録

アレクサンドリアの図書館が消滅して以来、何千年もの歳月が経っているが、ここはまだ理想的な記録保管所の象徴として、知識の追求が完璧なものとなった場所として、残りつづける。だが、古代世界の人びとは図書館についてそのように考えていたわけではない。書籍のコレクションは移動可能であったし、新たな環境に移されれば、そこから新たなコレクションが発展する核となるものだった。そのため、古代の学者にとっては、知られた世界全体にただ1つの図書館が広がっているように思えたに違いない。

哲学者のミシェル・フーコーによれば、完全な図書館、すなわち知識が定着した場所という考えは近代性が生みだしたものなのだった。「時が決して積み上がるのを止めず、その頂上が高くなる一方の」場所としての図書館では、歴史は「世界を脅かす氷河作用」だと想像されており、これは19世紀に端を発する幻想なのであると、フーコーは言う。つまり、「ますます積み重なる過去」の見世物に心を奪われてきた時代なのである。

フーコーが氷河を容赦ない進歩のイメージとして見ていたのは偶然ではないが、彼が想像する進歩はおそらく逆説的に、定着へ向かうものなのだ。完全な図書館というものはあらゆる時代と形態を吸収するが、それ自体は不動で揺るぎない。氷床のなかに捕らえられたものは、そこに永久にあるのだと私たちは想像するかもしれない。つまりフーコーの記録保管所のように、そこは「あらゆる時代を網羅する場所で、それ自体は時間の外にあって、破壊の手は届かない」のだと。

だが、氷床は鍵をかけた部屋ではない。それどころか、ベルトコンベヤーなのだ。氷河は河川に注ぎ、氷床は海に注ぐ。南極大陸の中心にある氷ですら、それ自体の巨大な重みの下でゆっくりと海岸へ動いている。古代世界の大図書館のように、氷床は移動しては方向を変え、その間もずっと1つであり全体でありつづける。しかし、地球が温暖化するにつれて、さらに多くの氷が驚くべき割合で失われている。氷床コアを見学した1カ月後に、西南極にいるイギリスの研究者たちがラーセンC棚氷に大きなひびが入ったことを発表した。この大陸の鞭状の尾部分沿いにある氷の縁飾りに入った亀裂がかなり長くなっており、海まであと13キロ未満になっていた。氷山となって分離する事態がいまや避けがたくなったと、報じられた。数カ月後に切り離された氷山は、ロンドンの4倍近い面積があった。

氷の消滅に関するニュースは、あまりにも矢継ぎ早に報道されて追いきれないほどだ。ラーセンC棚氷の分離からまもなく、グリーンランド北部で気温が季節平均よりも20℃以上急激に上がったのち、この地域で最も古く、最も分厚い北極圏の氷の一部が崩れ始めたというニュースがもたらされた。

世界各地の氷河の大半は後退している。アメリカのグレイシャー国立公園の氷の総量は、1966年にキャンプ・センチュリーのドリルが最初にグリーンランドの基盤岩に達したときの半分強しか残っていない。この国立公園は過去100年間に120カ所以上の氷河を失っており、今世紀なかばには残りを失う可能性が高い。氷の消滅は一連のフィードバックループによって引き起こされ、そのなかで融解がさらに融解を増幅させる。

そのようなループの1つは、〔入射光にたいする反射光の比である〕アルベド効果と呼ばれるものが薄れることだ。新雪は地球に注がれた日射を反射するが、かたや水（水面のほうが暗い色となり、それゆえにアルベドがはるかに低いため）は太陽光を吸収する。北極では、日射が最大になる時期が夏の始まりと重なり、氷床の表面では雪がなかば解けて薄汚れた白に変色したり、もっと濃い色の水たまりができて、氷が独自のコアを掘削しているかのように、深い穴が形成されたりする。ムーランと呼ばれる大きな排水孔は基盤岩までも貫通することがあり、融解水は氷床のなかに浸透し、その下から滲みでて、氷が海へと流れだすのを容易にする。

遠方の森林火災や産業活動から運ばれてくる煤の堆積物は、極小の粒子であっても熱の塊をつくり、そこに細菌や植生が棲みつき、さらに氷を黒ずませる。実際には、氷河が完全に消滅しなくてもそのデータは失われうる。表面の融解水はどんどん下の層へと浸透し、精密に並んでいた層の化学的組成を変え、取り返しのつかない形で記録をあやふやにしてしまう。

氷を専門とする歴史学者のマーク・ケアリーによれば、氷河は絶滅危惧種に似てきており、絶滅の瀬戸際にある生物と同様に、かつては数多く存在したものの残存物だけでも保存するべく措置が取られている。2016年には、UNESCOが氷の記憶プロジェクトを始めた。世界各地で後退しつつある氷河がなくならないうちに氷の試料を採取して保存するための新たな取り組みだ。いまのところ2本のコア——フランス・アルプスのコル・デュ・ドームと、ボリビアのイリマニ山から——が掘削され、南極にあるフランス・イタリア共同のコンコルディア基地の氷床表面から10メートル下の雪洞に保管された。

しかしながら、これらのコア試料は失われつつある記録を再現するほどには、とうていなっていない。ＩＰＣＣの推計では、気候がこれ以上に変化しなくとも、世界各地の氷河の28％から44％は失われ、情報の損失よりもずっと憂慮すべき結果を伴うという。ヒマラヤとヒンドゥークシュの両山脈の氷原は16億人に水を供給しているが、２１００年までにその水量の3分の1ないし3分の2が失われる可能性がある。

地球の雪解けが解き放つもの

氷の世界図書館はひびの入った棺となり、中身が漏れでる壊れた倉庫となったのである。蒸発しているのは過去の記録の化学的痕跡だけではない。北極海の氷には3兆個のプラスチック片が凍りついていると考えられている。ベーリング海とチュクチ大陸棚一帯に流れる海流を追って、北極海にたどり着いた太平洋からのマイクロプラスチックは細かい水の結晶によって集められ、それが一緒に固まって「氷晶」（水面を形成する軟らかい氷全体）となり、やがて海氷に結合する。だが、夏の氷がさらに解けると、このプラスチックがさらに多く海へと戻るようになる。長年、人間由来の残骸の吸収源となってきた北極海が、いまではその発生源にもなっているのだ。

カシミール地方の全長74キロのシアチェン氷河は、極地を除けば世界で2番目に大きな氷河である。ここはまた、アルンダティ・ロイ〔インドの作家〕が書くように、世界で最も標高の高い戦場でもある。

インド軍とパキスタン軍は1984年以来、氷河の上で戦いをつづけており、ここを広大なごみ置き場と化し、ロイが言うように「戦争の残骸で散らかしてきた」。だが、氷河はすでにその質量の3分の1を失っており、戦場は雪解け状態で、砲弾の空の薬莢や燃料ドラム缶などの軍需品が、20世紀の暴力沙汰を思いださせながら怒濤のように流れだしている。

冷戦の凍りついた遺産ですら、雪解けを免れない。キャンプ・センチュリーに最後に足を踏み入れたのは軍の調査チームで、1969年のことだった。それ以来、ここは放置されたまま、氷床の容赦ない抱擁に耐えている。そのトンネルは不健康な静脈のように細くなり、やがては移動する氷の重みで歪んで崩れ、徐々にディーゼル燃料やポリ塩化ビフェニルなどの有毒な化学物質、あるいは灰色の水に放射性廃棄物が徐々に漏れだしてくるだろう。近年の研究では、この有毒な混合物は2090年までに北極海に到達する可能性が示唆された。

氷から滲みでてくるこうした人間の歴史は、紛争と驕慢《ヒュブリス》によってもたらされたものであり、極悪非道な出来事を語るが、それらが予言する未来にはさらに気の滅入るものがある。北半球にある永久凍土には、地球の大気中に存在する炭素のほぼ2倍もが封じ込められている。凍りついた地面が解け、緩んでくるにつれて、おそらくこの炭素の10％――1400億トン――が次の世紀には〔二酸化炭素とメタンとして〕放出される。

これに加えて、1万ギガトンにも上るメタンが北極海の海底で500メートルもの深さまで埋まるクラスレートと呼ばれる氷の結晶のなかに封じ込められている。メタンは二酸化炭素より何倍も強力な温室効果ガスで、大気中にはわずか12年間しか留まらないものの、はるかに長く残る損害を引き起こしうる。クラスレートが解ける転換点にまで達すれば、このメタンの貯蔵分のわずか0・5％が10年間で放出されることになり、さらに0・6℃の温暖化が進むことになる。これは産業革命以来の温暖化の半分に相当し、融解を一層進め、氷のない世界の出現を早めることになる。

すでに、永久凍土は緩んでおり、放出されているのは長年、埋蔵されていた温室効果ガスだけでない。2016年のシベリアの猛暑で炭疽菌に感染したトナカイの死骸が出土し、75年前の細菌の芽胞が空気や水に放出されて食物連鎖に入り込み、10歳の男児が死亡した。その2年前、研究者らは同じシベリアの永久凍土の試料から、3万2000年前の「巨大なウイルス」（光学顕微鏡でも見えるためそう呼ばれている）を検出した。このウイルスはまだ感染力をもっていたので（ただし、単細胞のアカントアメーバ類にたいしてだが）、ピソウイルス・シベリクム（*Pithovirus sibericum*）と名づけられた。神々がパンドラ〔ギリシャ神話に登場する人類最初の女性〕に与えたような大型のアンフォラ〔甕〕の一種を指すギリシャ語ピトスにちなむものだ。パンドラの箱とも呼ばれるものだ。

パンドラの箱の伝説は、ゼウスにもらった呪いの収納箱をパンドラが開けたとき、地球に数多くの災いが解き放たれたことを語る。だが、地球の雪解けは、パンドラの箱からでてきた大厄災よりも恐ろしいものが解き放たれることを予期させる。最悪の事態になれば、洪水が旱魃を伴い、融解水は海面を上昇させ、氷河の水に頼る何十億もの人びとが、永久にあると思っていた水源が枯れて跡形もなくなるのを見ることになる。

氷の歌が伝える危機

２０１８年に、南極の科学者たちが驚くべき発見を報告した。氷が歌っていたのだ。南極大陸のロス棚氷の変化を遠隔地から効果的に監視するために、地震学者のグループが深さ2メートルのフィルン層に34個の振動センサーを設置した。つまり、部分的に圧縮された雪が空気を封じ込め、その痕跡を氷の図書館に留める過程が始まる深さにである。人間の耳に聞こえない周波ではあるが、地表を吹き抜ける極地の猛風がフィルンをつねに振動させていることがセンサーから判明した。ところが、この記録を１２００倍に速めてみると、キーンという不気味な音が聞こえてきた。氷床の歌の変化に耳をすませば、どれだけ速く氷が解けるかを追い、ラーセンCのような、棚氷が分離する次の事象を予測することさえできるだろうと科学者らは考えた。

歌う氷のニュースが発表されてからしばらく、私は自分でもその音に耳を傾けるのを止められなくなっていた。それは潜水艦と機械音が奇妙に入り混じったような音で、冠水したニューオーリンズを描くビデオ・インスタレーション——エディンバラの大学のアートギャラリーで私が観たもの——で流れていた、あの耳に残るサウンドトラックと非常によく似た、低い遠吠えのような振動音だった。その音は、昔のダイアルアップ式のモデムを思いださせなくもなかった。

それからまもなく、火星探査機インサイトが録音した火星の風の録音をＮＡＳＡが公表した。これは火星の表面の音が人間の耳に届いた最初の機会だったが、その音は氷床の奥深くから聞こえる唸り音ほど、この世のものと思えない響きではまるでなかった。

パンドラの箱から災いが逃げだしたあと、底に残されていたのはわずかな希望のかけらだけだった。おそらくそれだ、と私は思った。不気味な歌は、どんな演説よりも報告書よりも雄弁に、氷がどれだけ危機にさらされているかを語っていたのだ。人間の歴史の年代記のどこを見ても、ロス棚氷や火星の録音に似たものは何もないが、それでもこれらは公表されて以来、何度もクリックされて再生され、「いいね」され、「シェア」されてきた。氷がみずからの解体を歌うこのような警告を、誰が無視できようか？　だが、再生されるたびに、少しだけ雪解けを加速させることにもなる。わずか数カ月のあいだに歌う氷のユーチューブのビデオは3万2０００回も視聴されており、そのたびに電子の痕跡がつくられ、どこかのデータセンターに記録されているのだ。

インターネットのエネルギー消費

私たちの暮らしの細部を記録するインターネットの驚くべき能力を考えれば、氷の歌が視聴される回数は無視できるほどのものだ。ユーチューブには毎時、４００万時間分のコンテンツがアップロードされている。グーグルは毎分、３８００万回の検索を行ない、携帯電話の利用者は１３００万本のメッセージを送り、ネットフリックスの会員は10万時間分近い映像作品を観ている。毎分47万３０００回のツイートが発信され、３００万本の投稿がフェイスブックでなされ、そこには13万６０００枚の画像が含まれている。全体では、このわずか2種類のソーシャルメディアのプラットフォーム利用者が、1日に6億４５００万回投稿し、毎月60億枚の画像をアップしている。クラウドの概念は、私たちのデータがどこか漠然とした天空のスペースを占め、地球の中空を漂っているのだと思わせるかもしれないが、実際にはそのすべてがどこかに格納されているに違いない。

インターネットが約束する素晴らしいつながりは、それが大量のエネルギーを必要とする地球に縛られたものだという現実を偽っている。インターネット経由でやりとりされたどの情報も、政府の報告書から、遅刻している誰かが大慌てで間違った綴りで送ったお詫び文まで、世界各地にある８４０万カ所のデータセンターの１つに保管されている。私たちのデジタルの痕跡は、凍った気泡のなかではなく、エネルギーに飢えた熱いサーバーが林立するなかに含まれている。これまでに生産されてきたすべてのプラスチックがまだ存在するように（日本では大半が焼却処分されている）、その形態や利用がどれだけ些細なものでも、好奇心から日々何気なくウェブ検索した記録も、衝動買いも、おどけたツイートも、日没のスナップショットも（フィルターもなしに！）、どこかのコンピューターのハードドライブにまだ残っている。

氷のなかに川のように注ぎつづける大気や化学物質の痕跡のごとく、インターネットは私たちの人間関係や情熱、関心事、あるいは気まぐれの無選別の保管所となっている。実際、氷の図書館は驚くほど精密とはいえ、人間の暮らしを記録する細部に関しては、インターネットとは比べものにならない。アンドルーの実験所で私が手にした氷の塊は、私が残した痕跡に似たものしか与えることはできないが、インターネットは私の人生におけるまったく重要でない瞬間の事細かな記録までも、バイナリーコードのビットや光のパルスとして捉えている。もしくは、少なくともその一部を。

インターネットには情報があふれているが、その範囲はきわめて狭いものでもある。オンライン・データの90%は2016年以降につくられた。氷床が何十万年ものあいだ世界の気候のわずかな移り変わりを辛抱強く記録してきた、その長い記憶と比べれば、インターネットの情報は一瞬の急上昇にすぎない。

これだけの情報を格納するには、途方もない量のエネルギーが消費されることになり、その多くは熱として無駄になるほか、データセンターの過熱を防ぐために強力な空調システムも必要になる。総合すると、データセンターは毎年の地球のエネルギー消費の3%前後を占める。グーグルなどの会社はほとんどが再生可能なエネルギー源に移行したが、この産業の大半はまだはるかに出遅れており、全体として世界の炭素排出の2%に責任を負っている。

たとえコンピューターがついに過熱してしまい、私たちが積み重ねてきた驚異的かつ困惑するような規模の図書館が失われたとしても、私たちのデータは大気中で循環する二酸化炭素の分子のように残りつづけ、地球を暖かい空気の分厚い毛布で包み、さらに多くの氷の消滅に寄与することになる。

だが、皮肉な事態はそこで終わりにはならない。最も活動的なインターネットのハブの多くは、ニューヨーク、ロンドン、アムステルダム、東京などの沿岸都市にある。ウェブのつながりは、危険なほど海面すれすれに位置するか、海からの干拓地である都市の安全に頼っている。さらに多くのデータを求める私たちの衝動が地球の温暖化を加速すると、私たちの記録保管所の1つの終焉を表わす洪水は、別の保管所の廃止も迫ることになる。

次の氷期はいつ訪れるのか

図書館には素晴らしい物語が保存されているものの、図書館は喪失についても語る。何かが保管されるたびに、その他多くが忘れられているのだ。したがって、ボルヘスの架空の図書館で最も心をそそられる点はおそらく、そこにはまだ存在しないあらゆる時代とあらゆる場所の記録が保存されることなのだろう。とはいえ、「バベルの図書館」の皮肉な点は、その完全さにある。それほど完璧であるために、新たな蔵書を受け入れない図書館は、失敗なのだ。図書館は古い作品の霊廟であるだけでなく、新しい作品を育てる温室でもある。氷河や氷床が消滅したとき、私たちはそれまでの世界の痕跡を失うだけでなく、今後に存在するはずだった世界も失うのである。

ジョン・ミューアほど氷河を愛した人はいないだろう。氷河には、大自然の美しさと神秘さにたいする彼の抑えがたい愛が包み込まれている。だが、彼は自分をこれほど魅了する大自然をつくった原動力でもあるために、何よりも氷河を愛していた。

発表された著作としては彼の第1号の作品で、1871年に『ニューヨーク・トリビューン』紙に掲載された記事に、ミューアはヨセミテ渓谷で花を摘んだ折に、捨てられていた1冊の本を見つけたことについて書いた。彼のこうした著作がヨセミテをアメリカ最初の国立公園として保全するきっかけとなる。「染みだらけで、嵐に打たれた」と、描写された本の外側のページは、雪の下に埋もれていたかのように溶けていたが、その下にはまだ読むことのできるページがあった。同じ状況がヨセミテ渓谷そのものにも当てはまる、とミューアは述べた。「花崗岩のページ」は同様に劣化したが、「消え去った氷の壮大な作用をまだ見事な特徴のなかでたたえている」。

ミューアにとって氷河は図書館でも記録保管所でもなかった。氷河は世界を現在の形状にまで書きあげたペンなのだった。彼は氷を倉庫ではなく尖筆だと見なし、彼が愛する景観を「ぼんやりした氷河の筆記」で覆う道具なのだった。氷はミューアにさらに重大な教訓を教えた。何年ものちにアラスカを訪れた際に書いたように、「世界はつくられたが、まだ無限のリズムと美のなかでつくられている途上でもある」のだと。

ミューアには、今日、私たちが見ているほどの規模で氷が失われる事態は想像できなかっただろう。氷河が後退している証拠を目の当たりにしていても、彼が目撃した氷河は、新たに前進した真っ白い氷河の景色が見られる未来を、たとえ想像でしか出合えない時間の尺度とはいえ、保証するものに思えたに違いない。だが、私たちには同じ保証は得られない。最終氷期はおよそ2万年前にピークを迎えた。地球はそれ以来、日射量の周期のなかで、北半球に到達する日射が〔夏季に〕少なくなる時期に向かっている。通常ならばこれから新たな氷期が始まり、氷が蓄積し始め、徐々にだが容赦なく数キロの厚さの氷が形成される時代となる。ヨーロッパ北部や北アメリカの現代の丘や谷を削りだしたような氷床である。ところが、過去80万年間には、大気中の二酸化炭素濃度が260ppm以上ある時期に新たな氷期が始まったためしはなく、産業革命以来、その濃度は280ppmであり、さらに上昇しつづけている。

一部の科学者は、この二酸化炭素濃度が氷期の周期そのもののリズムを乱したのだろうと推測する。2010年に、氷の専門家からなるチームが3通りの異なる排出シナリオでコンピューターによる模擬実験を行なった。人間の活動によって大気中に放出される炭素の総量が500ギガトンに達したら、北半球に新たな氷床が発達するのは何万年も先のことになるだろう。その2倍の量の炭素ならば、次の氷期はさらに先になるが、私たちが3倍も多く――1500ギガトンを――排出すれば、次の氷期は10万年先になると模擬実験は予測した。

人間が氷期のリズムを乱してきたとするラディマンの仮説

古気候学者のウィリアム・ラディマンはかつて、人間社会はこれまでの氷期のリズムに根本的な影響をおよぼしたのではないかと述べていた。「ラディマン仮説」によれば、二酸化炭素の濃度は8000年前に増加し始め、メタンの濃度も人間が農業を始め、それとともに森林が破壊されたために、その約3000年後に増加傾向になった。

当初、変化はささやかなもので、ヨーロッパ南東部の森林地帯に点在する小さな農耕集団の焼畑による進歩に限られていたが、青銅器時代に犂が発明され、牛、馬、水牛が家畜化されると、この新しい生存形態はユーラシア大陸一帯に広がった。一方、中国では森林破壊はそれより1000年前から始まり、米作のための灌漑技法は東南アジア一帯に広まり、3000年前にはガンジス川流域ほど離れた場所にも伝播していた。そのわずか1000年後には、現代の主要な作物はほぼいずれもすでに栽培されていたと、ラディマンは述べる。

余剰のエネルギーは人口を一気に増加させた。そして犂が先導したあとには、都市がすぐにつづいた。森林破壊は二酸化炭素の吸収源の数を減らし、植物の腐食質に満ちた水田は新たなメタンの発生源となった。その結果、温室効果ガスは異常に増え、過去3度の間氷期の歴史に照らしても特異な事態となった。

氷床コアの記録は、過去40万年間にこれらの気体は日射の強度の変動と並行して増加しては減少し、氷はそれとともに増大しては縮小してきたことを裏づける。だが、農業の始まりと産業革命のあいだに、人間の活動は大気中のメタンをさらに２５０ppm増やすとともに、二酸化炭素も40ppm増加させた。新たな氷期の始まりを阻止するのに充分な値である。

ラディマンの論文は論議を呼び、彼の仮説は結局のところ受け入れられないと感じる科学者たちによる懐疑論を引き起こした。だが、彼が正しかったとすれば、最後の氷床の後退によって形成された世界、すなわち私たちの世界、芸術《アート》〔創意工夫のある技術〕と筆記、都市の暮らし、船旅からなる世界が、少なくとも80万年間の氷河作用によって運命づけられた世界に取って代わったことになる。

この仮説はまた、人間社会がその誕生から何千年ものあいだ、大陸を形成し、地球の気候を支配してきたリズムを混乱させてきた可能性を高める。大気中に余剰の炭素がなければ、地球はすでに次の氷河作用へ向かっていただろう。このリズムの乱れがなければ、まるで異なった世界が、新たに氷で削られた土地やまだ見ない谷からなる世界が、すでに出現し始めていただろう。

世界をつくる長いプロセスは、もちろんまだ静止したわけではない。氷の復活はただ遅くなっただけで、中止されたのではない。だが、氷が後退するあいだも、私たちは別の世界の出現を見ることができる。アラスカの一部の氷河の末端があった場所では、何千年間も外気に触れていなかった土壌に、温帯雨林が茂りつつあり、南極でも大陸の狭い周辺部が緑化している。これらの新しい緑地はいずれ、未来の化石の供給源になるかもしれない。

スコット隊は、南極点に向かう途上、ビアードモア氷河を横断した際にバックリー山の下の砂岩の断崖で石炭層と植物化石を発見した。「葉の痕跡が何層にも美しく残る石炭のかけら」が含まれていたと、スコットが日誌に記録したものもある。スコットと隊員たちの凍死体とともに発見されたこれらの化石試料は2億5000万年前のもので、南極大陸がかつては、南極から赤道まで広がっていたゴンドワナ超大陸の一部であったことを証明していた。

いまでは何キロもの深さの太古の氷の下に埋まった土地も、かつては生命が満ち、群れ、あふれていたのであり、南極大陸周辺の空気や海が暖まってくるにつれて、生物はいま徐々に戻りつつある。1950年代には年間1ミリ伸びていた南極のコケの生長率がすでに3倍になり、今世紀の終わりには氷のない面積が新たに1万7000平方キロも広がるだろうという予測もある。

だが、その他の場所では、最後の氷河作用で形成された地形が新たにつくり替えられることはなく、氷によって削られるはずの谷は、出現しないままとなるだろう。氷河の本では、失われた氷ですら何かを語る。書かれなかった土地や、訪れなかった世界の物語である。

図書館の終焉

IMASの氷床コア実験所をあとにしてから、私はマリーナ沿いに歩いてMONAフェリー乗り場に向かった。ダーウェント川沿いにあるミュージアム・オブ・オールド・アンド・ニュー・アート〔略称ＭＯＮＡ」で家族と待ち合わせていたのだ。ホバートは世界的な美術館の立地としては意外な場所かもしれない、とエルは言っていたが、ＭＯＮＡには高尚な芸術の真面目さと、体裁をつくろう気取りにたいするオーストラリア人の断固とした反発傾向が入り混じっている（特定の作品について音声ガイドで学びたい来館者は、「芸術自慰《アート・ワンク》」とラベル付けされたアイコンを押さなければならない）。

美術館専用のフェリーは流線形で、灰色のカモフラージュ模様に塗られたその風変わりな外観は、オーロラ号とは好対照をなす。乗客は望めば、ファイバーグラス製の羊の群れの1匹の上に腰掛けて、船旅を楽しむことができる。デイビッド・ボウイの「ライフ・オン・マーズ」が拡声装置で流れていた。

フェリーで川をさかのぼり、亜鉛の製錬工場と工業団地を通り過ぎるあいだ、私は船首のハイスツールに座って、氷床コアとの出合いについてメモを書いた。ジェームズ・クック船長は1774年に南極大陸の不気味な白い壁を最初に目撃したとき、目の前にある未知の土地は天地創世の始まりから氷に閉ざされているのかもしれないと述べた。

だが、早期にここを訪ねたほかの人びとのなかには、この大陸はただ氷に閉ざされていたのではなく、何か隠された歴史があると感じた人もいた。「こうしてわれわれは南極の謎に背を向けた」と、1892年から93年にダンディー南極探検隊に加わったＷ・Ｇ・バーン＝マードックは嘆いた。「どこまでも白く包まれた秘密はまだ読まれておらず、われわれはさながら過去や物事の始まりについて書かれているのに、まだ開いて読まれていない太古の書を前にして立っているかのようだった」

前世紀のなかば以降、氷床コアの科学が可能にしてきた理解は、時間を超越した無の存在として氷を見なすその感覚を打ち砕き、見えない書を開いて、そこに刻まれた気候と人間の歴史の驚くべき記録を明らかにしてきた。だが、私たちの無頓着さによって、これらの無限のページは1枚1枚、破られている。

ボルヘスの司書は図書館の閲覧室で大暴れして、価値のない本を壊してゆく狂信者の一団について語る。それでも、図書館はじつに広大なので、人間の力ではそれを少しも貶めることはできないのだと、司書は落ち着き払って述べる。物語の最後で、司書は自分の希望はその不可侵の記録保管所にあるのだと明言する。「図書館はもちこたえるだろう」と、彼は確信に満ちて述べる。「光に照らされ、孤高で、無限に、微動だにせず、貴重な本を備えて、使い道はなく、不朽で、ひそかに」

同様の自己満足的な態度を身につけることは可能だろう。つまるところ、すべての氷が解けるわけではない。南極大陸の凍りついた中心部に固定された氷は保護されているし、気候が変化して東南極の降雪が増えて、その地の氷の量の増加につながる可能性すらある。

だが、自己満足はかつて大きな代償を伴ったことが示されている。伝説では、アレクサンドリアの図書館は焼け落ちたのだと言われるが、学者たちはその終焉はもっと不名誉なものだったと示唆する。ローマ帝国の影響力が衰えるにつれて、脆いパピルスの巻物の手入れをし、新たな写本をつくる人材がとにかく不足したのだ。アレクサンドリアの図書館は、放置されたために失われたのである。

MONAに到着すると、私は家族にその日をどう過ごし、子供たちは美術館やモーソンの小屋についてどう思ったのかなどを聞いた。おそらく私はまだ氷のプリズムを通して物事を見ていたのだろうが、展示されていた美術品の多くは非永続性について考えさせるものだった。落下する水が瞬間的に1つの単語を形づくってから崩れる滝や、トーロンマンの頭部の写真を含むインスタレーションがあった。トーロンマンは鉄器時代に生きた人で、よく保存された遺体が１９５０年にユトランド半島の泥炭湿原で見つかった。その説明から、体の残りの部分は湿原から引き揚げたのちに溶けて失われたことを知った。

私たちは閉館間際まで展示物を見て回ってから、帰路に就いた。エッシャーの作品のような内装の最後の角を回ったところで偶然、それまで気づかなかった横の部屋にでた。ほかの展示室に比べて狭い長方形の部屋で、９メートルほどの奥行きがあった。中央には淡い色の木の机が並べてあり、壁際には床から天井まで白く輝く本が並んでいた。その部屋は生石灰のように輝いていた。

どの表紙も背表紙も空白だった。なかのページは1枚として印字されていなかった。

第5章　失われつつあるサンゴ礁

グレートバリアリーフの大量白化

私たち何百人もが隘路《ボトルネック》で身動きが取れなくなっていた。頭上ではヘリコプターが旋回し、骨のように真っ白な半潜水船が2隻、揺らめく水面を隈なく探索していた。息子と娘を連れてこの騒ぎのなかを通り抜けながら、私の脳裡に1つの考えが石のように落ちてきた。これだ、まさにこれだ、と。

オーストラリアに滞在中、私は子供たちにグレートバリアリーフを見せてやりたいと思っていた。だがしばらく、その望みは潰えたかのようだった。楽園から暴風が吹いていたのだ。私たちの旅行の前の週、サイクロンが低気圧と高い海面温度の波に乗ってサンゴ海《コーラル・シー》から吹き寄せ、クイーンズランドの海岸に迫っていた。この地域に出入りするフライトは運航中止となり、何万人もの人びとが風速75メートル／秒の風を予期して避難していた。

ありがたいことに、大嵐《テンペスト》の勢力は衰え、最後の瞬間に南に進路を変えて人の住まない海岸に向かったため、上陸しても予想されたほどの被害はもたらされなかった。だが、通過後は深刻な浸水に見舞われ、クイーンズランド南部の相当な面積が、ニューサウスウェールズ北部の一部とともに冠水した。

私たちは数日後に、その驚くべき大雨の一部を経験した。ブリスベンを発ってケアンズに向かう途中のことで、そこからサンゴ礁まで旅をするつもりだったのだ。何十ミリもの雨がものの数分で降ったようだった。このような雨は経験したことがなかった。一瞬でも外に立っているのが苦痛なほどで、硬貨の嵐に巻き込まれたかのようだった。

私たちはみなサイクロンの進路を見守り、死者がでなかったことに胸をなでおろした。その後の数日間に、14人が洪水で溺れることになったが、その時点では、嵐は奇跡的に逸れて通過してくれたように思われ、私たちは感謝しながら、まだサンゴ礁を訪れる計画を続行できるか考え始めていた。殴りつけるような風が海を攪拌して濁ったスープ状態に変えていたため、ツアーはすべて中止になっていた。

だが、予約していた日は、これ以上望めないほど申し分のない天気だった。雲のない真っ青な空が、池のように静かな海の上に広がっていた。私たちの目的地はアジンコートだ。エンデバーリーフからさほど離れていない外礁に細長く延びたリボン礁で、１７７０年6月11日にクックの探検隊が座礁したところだ（クックに同行した植物学者のジョゼフ・バンクスは、船体に亀裂が入るのを避けるために、乗組員が6門のカノン砲を含め、あらゆるバラストをサンゴ礁に投棄したことを記録する）。嵐のせいで数日ぶりに催行されたツアーとあって、中止になった回に予約していた大勢の人びとが私たちのツアーに詰めかけていた。船には総勢４００人以上がぎゅう詰めになって乗り込んだ。

船上のラウンジは、興奮したしゃべり声や紅茶茶碗の音で満ちていた。サンゴ模様の制服を着た乗組員が、人混みのあいだを歩き回り、レンタルの水中カメラや半潜水船のツアーの案内をしていた。拡声装置から船長が安全情報を淀みなく伝え、クラゲ対策のスティンガースーツの着用を勧めることから、外礁ではイリエワニに遭遇する可能性がある（高確率ではないが、思っている以上に多い）ことなどを忠告する。現場に到着すると、私たちは水中展望台まで完備した専用のポンツーン〔大型の浮き桟橋〕から海に潜り、ビュッフェ・ランチを振る舞われた。すべてが効率よくそつない手配で、地球上でも格段に管理の行き届いていない生態系との、じつによく計算された出合いとなった。

グレートバリアリーフは2年連続で2回目の大量白化事象のさなかだった。最初に白化が起きた年には造礁サンゴの90％以上が影響を受け、そのうちの29％ほどが失われた。回復する間もなく、サンゴはすでに、一部の海洋生態学者がこれまで見たなかで最悪の事態と呼ぶ次の波に襲われている。この海域の生態系全体を崩壊の瀬戸際に立たせる可能性すらある事態だ。

こうしたことすべてが、サンゴ礁に近づくなかで私の脳裡を駆けめぐっていた。サイクロンの上陸を待つ緊張感も寄与したに違いないし、旅行がすべてキャンセルになる事態をかろうじて避けたという事実も影響していた。だが、時間は短く感じられた。これは地球上で屈指の、豊かで驚異的な生態系を見られる機会であり、しかも、もう二度と見られないかもしれない光景なのだ。

浮き桟橋に到着するとすぐに、４００人もの人びとが自分に合ったサイズのウェットスーツやフィン、シュノーケルを探すなかで大混乱になった。私の子供たちは水の深さを心配していた。番が回ってきて鋼鉄製のダイビング台から水に入るのを待つあいだ、私たちは黒いネオプレン地のウェットスーツを着て日光浴をした。

白色雑音《ホワイトノイズ》の衝撃につづいて、静かな青い世界が不意に、驚くべき形で現われた。コクテンアオハタがゆっくりと泳ぎ回り、餌やりの時間がくるのをのんびり待っていた。黒い縞のあるオヤビッチャや、青く輝く小さなルリスズメダイは私の指先から数センチのところまでやってきて、ひらりと身を翻す。蛍光色のブダイ類は私たちのネオン色のフィンがぎこちなく揺れる周囲で浮き沈みしては、進路を変えた。息子がネズミイルカのように水中で滑らかに宙返りをすると、下方にあるサンゴが斑模様になっているのが見えた。温かみのある茶色や、鮮やかな青やピンクのあいだに骨のように白く光る広い一角があったのだ。

突然、娘がプラスチック製のシュノーケルを落とした。私はそれをつかもうとしたが、捕らえ損ね、手の届かないところまでゆっくりと落ちてゆくのを眺めることしかできなかった。目を凝らすと、近くの砂地にはほかにもシュノーケルの落とし物が見えた。それぞれ生きたサンゴの折れた枝のように、不気味に光っていた。

危機に瀕する世界最大の生体構造

40℃の猛暑のさなかのシドニーに到着して以来、私たちはサンゴ礁の運命について厳しい予測を受け入れつつあった。だが、誰もが気にかけているわけではないようだった。ほかにも大きなニュース記事となっていたのは、クイーンズランド南部のギャラリー盆地で新たに巨大な炭鉱を掘る計画で、今後60年間に6000万トンの石炭が輸出できるというものだった。科学者や活動家が声高に警告を発しているにもかかわらず、政策決定者たちはせん妄に冒されているようだった。私たちの到着から1週間後には、オーストラリアの国会議員で、のちに首相に選出されるスコット・モリソンが、国会の議場で大きな石炭の塊を得意げに見せていた。「これは石炭だ」と、彼は間抜けたことを言った。「恐れることはない」

グレートバリアリーフは実際には、1つのサンゴ礁ではなく、3万6000以上の個々のサンゴ礁がその北端から南の末端まで、2300キロにわたって長い弧を描きながらつづいているのである。北部では幅の狭い、半連続的な堡礁となっているが、南部ではもっと幅広くサンゴ礁が点在する形で広がっている。1つの構造物のように見えたものは、実際には数多くの小さなサンゴ礁なのであり、時代を通してサンゴ礁を見る場合にも同様に、ばらばらの要素への分解が生じる。

ここは地球上で最も古くから生態系が連続していた場所の1つだが、現在のグレートバリアリーフは一連の生まれ変わりにおける最も新しい世代にすぎず、古代の文明のように、古いものの上に別のものが積み重なった、連続する世代なのである。最初の層はおそらく50万年前に形成されただろうが、最上部——現代のサンゴ礁——が発達しだしたのは9000年前ごろからだ。サンゴポリプは地球の建設者であり、古いサンゴの化石の上に新しい構造物をつねに建てている。サンゴ礁は宇宙から見ることのできる唯一の生物であり、地球最大の生体構造なのである。

サンゴ礁はまた、驚異的なほどの数の生命を宿す場所でもある。1500種の魚と4000種の軟体動物、および数百種の鳥と30種以上のクジラが住処や餌、繁殖場所などを求めてサンゴ礁に依存している。世界各地では、すべての海洋生物の25%がサンゴ礁海域に依存しているが、そうした海域は合計しても、海底のわずか０・１％を占めるだけなのだ。

ところが、これらのオアシスは深刻な脅威にさらされている。世界各地で造礁サンゴは死につつある。上昇する水温によって白化し、海面の上昇で水没するほか、海洋にさらに多くの二酸化炭素が溶け込めば、ポリプが海底の都市を築くのに必要な炭酸カルシウムが不足するようになる。

サンゴポリプは軟らかい体の小さな生物――基本的には、胃袋の上に指のような繊細な触手が冠状についた生き物――で、〔造礁サンゴやウミトサカ目のソフトコーラルの多くのポリプ内では〕褐虫藻《かっちゅうそう》と呼ばれる光合成をする藻類と共生関係を築くことで栄養を得ている。この共生藻はサンゴに鮮やかな色素も提供し、蜂蜜色や桃色から、派手な黄色、青、ピンクなど多様な色を与える。

だが、海水温があまりにも高くなると、サンゴは共生藻を吐きだして追いだし、それとともに見事な色もなくなり、あとには色が失われ、飢えた骨格だけが残される（文字どおり、造礁サンゴは共生生物がいなければ餓死する〔水温上昇で共生藻が弱り、サンゴがそれを排出しきれなくなると白化するとも考えられている〕）。死にゆくサンゴは不気味な白さで輝き、その後、生命のない灰色に色褪せる。

海水温の上昇による白化効果と同じくらい、サンゴは海の化学成分の変化にも影響を受けやすい。19世紀なかば以降、化石燃料を燃やすことで生じた二酸化炭素の3分の1は海洋によって吸収されてきた。１２００億トンほどの量だ。世界の海洋のpH値はすでに０・１下がっている。これはわずかな数字に見えるが、はるかに深刻な現実を覆い隠している。pH値は対数目盛りで測定され得るので、０・１は酸性度が30％も上昇したことを意味する。

サンゴは骨格をつくるのに炭酸カルシウムを必要とする。海の食物連鎖の最下層にいるオキアミなどの甲殻類が殻をつくるにも炭酸カルシウムが必要となる。海洋にさらに多くの二酸化炭素が溶け込むと、海水内の水素イオン濃度が上がり、骨格生成に必要な炭酸イオン濃度が下がり、サンゴ礁や骨格を築く生物にとって、充分な建設材料がとにかく不足してしまうのだ。この変化は少なくとも人間の時間の尺度では、事実上、取り返しのつかないものである。海が産業革命以前の化学状態に戻るには、何万年も要することになるだろう。

サンゴはそれ以外の脅威にも直面している。ポリプは陽光が射し込む海面近くにいつづけるには、サンゴ骨格をどんどん築かなければならない。海面の上昇によってサンゴ礁が太陽光発電できる水域より下に沈めば、共生藻は光合成ができなくなり、ポリプは飢えることになる。要するに、サンゴ礁は水没して死ぬことがあるのだ〔共生藻に頼らない深い海域に生息するサンゴもある。宝石サンゴと呼ばれるウミトサカ目石軸亜目サンゴ科の8種はいずれも温帯の深い海に分布〕。

温かい海域では水系感染症も広まりやすく、サンゴはそれにもさらされるだろう。そのうえ、熱帯の嵐はより頻繁に発生し、勢力も強まっており、それもまた脆弱なサンゴ礁に被害を与えうる。私たちのツアーに乗船していた海洋科学者の1人は、〔2017年にオーストラリアを襲った〕デビーのようなサイクロンは水面に顔をだすサンゴの上をブルドーザーほどの力で吹き抜けるのだと語った。

サンゴ礁へのこの旅には何か病的なものがあると私は痛感した。失われる前に見ようという考えが、ただでさえ危機に瀕している生態系を訪れることを正当化する、あまりにも一般的な理由となってきたのである。だが、見ることは、信じるために必要な一歩にもなりうる。私は子供たちに世界の驚異の1つを見せたかったが、それがいかに傷つきやすいかもじかに感じてもらいたかった。そして、私自身としては、おそらく何よりもおぞましいことだが、未来の化石がつくられる過程を見たかったのだ。

これまでの調査で出合った未来の化石の大半は、人間の生涯の何百倍もの時間をかけて形成されるものだ。海面の上昇率はゆっくりなので、多くの沿岸都市はそれに適応するのに数世紀の猶予があるだろう。私たちが埋め立てごみとする数え切れないほどのものは、何十年も変わらずに存在するはずだ。だが、世界の海洋が被っている損害に抜本的な対策が取られない限り、大半のサンゴは30年後には死滅しているだろう。私たちの生涯のあいだに、サンゴ礁が世界最大の生きた生態系から、死んだ石の山に変貌するのを見ることになるかもしれないのである。

サンゴに魅せられた人々

サンゴ礁のツアーでは、人間が触れることでサンゴが有害な細菌に感染したり、大切な藻が取り除かれたりするなど、危害を与えるかもしれないため、サンゴには触らないようにと注意を受けた。サンゴはまたカミソリのように鋭く、傷口から感染することもあるし、敗血症になることもある。実際、歴史を通じて、生きている生物と動かない石が合体したこの魅力的な存在は、私たちの想像のなかに熱を帯びた幻想や途方もない夢とともに入り込んできた。

古代ギリシャ人は、サンゴというのは空気と接触したために化石化した植物なのだと考えていた。オウィディウスの『変身物語』で英雄ペルセウスは、自分の花嫁のアンドロメダを食うと脅してきた海の怪物を退治したあと、海岸で休息する。傍らにはその前の戦いからの戦利品が置かれている。ゴルゴン

〔3姉妹の末娘〕のメドゥーサの首である。それを見ると生きているものは石に変わってしまう。ペルセウスが両手についた海へビの血を洗っているあいだに、髪が何十匹ものへビからなるゴルゴンの首の下に敷かれた海藻が硬くなって石になり始めていた。「今日でもサンゴにはこの同じ性質が残っている」と、オウィディウスは書く。「空気に触れた途端、硬くなるのである」

サンゴは後世の作家にも、幻覚を起こし、形を変える性質をもつものと考えられていたようだ。シェイクスピアの『テンペスト』では、「その骨はサンゴとなり」と、海で溺れたとされるナポリの王についてアリエルが歌う。「その身は何ら消えることなく、／ただ海の変化を受けて／豊かで不思議なものに変わる」。1646年にはイギリスの古物研究家のトマス・ブラウンが「サンゴは水中では軟らかいが、空気中では硬くなる」という思い込みに疑問を投げ、水深1尋〔約1・8メートル〕でサンゴを扱ったボエティウス〔古代ローマ末期の哲学者〕の実験から、サンゴが「生みだされるのは、塩の凝固させる性質と、石をつくる海の液体」ゆえではないかと述べた。ブラウンは100尋（180メートルという疑わしい深さ）まで人を潜らせ、サンゴが硬いか軟らかいか確かめさせたところ、「海底でも、運んだ先の空気中でも同じくらい硬い」サンゴを、両手にそれぞれ1枝もって戻ったと報告する。

それでも、サンゴは水中では植物で、水の外では石になるという認識は、チャールズ・ダーウィンが「ピラミッドの壮大な規模」をも凌駕するサンゴ礁の巨大な構造物——「石の山」——が実際には小さなポリプのなせる業だと推論するまでつづいた。ダーウィンはサンゴに魅せられた。彼にとってサンゴ礁を訪れられる見込みだけが、ビーグル号の航海の惨めさと、太平洋の嵐の猛威と、慢性的な船酔いに耐える唯一の慰めだった。「私は海のあらゆる波が嫌いだ」と、ダーウィンは言い放ったが、サンゴのことは考えるだけでも「人を喜びで夢中にさせるのに充分」なのだった。

サンゴは、パウル・クレーの夢のような絵、「沈んだ風景」のなかでは、喜びの源泉にもなっている。この絵ではあふれるほどの色が爆発している。枝分かれする血のような赤と葉緑素の緑の構造物が手を振って踊っており、分岐し、渦を巻く様子は、私が子供たちとアジンコートで見たサンゴの庭に似ている。これは逆さまの暮らしの幻想だ。上下反対の特大のヒナゲシすら、花の太陽のごとく上端から吊り下がっている。楽しい光景で、生命に満ちているが、1つだけ例外がある。ヒナゲシの太陽の暗い双子の片割れのように、画面の中景の中心からやや外れたところに黒い太陽が浮かんでいるのだ。

デレク・ジャーマンはエイズに関連した病気で失明しつつあるなかで書いた色の回想録『クロマ』で、それぞれの色がいかに独自の時間感覚をもつかを書いた。「過ぎゆく1世紀は常緑の色だ」と、ジャーマンは述べた。「赤は爆発してみずからを食いつくす。青は無限だ」。だが、「青空の背後に」潜んでいるのは、「限りない黒」なのだ。けばけばしい色合いや伸び伸びとした形状にもかかわらず、クレーの絵を見たとき、私の目をいつも捉えるのはこの濃密な円なのである。この円は周囲のすべての光と色をそれ自体のなかに引き込み、私の注意を引きつける的となる。

20代前半で修士課程にいたころ、私は初めて「沈んだ風景」を見た。授業ではデレク・ウォルコットが書いた『イリアス・オデュッセイア』のカリブ版、『オメロス』〔*Omeros*、未邦訳〕を読んでいた。この作品はあらゆる観点からして記念碑的な詩であり、古典的な詩の壮大な潮流と、大西洋の奴隷貿易の忌むべき歴史に洗われたものだ。

ウォルコットが描く現代のホメロスの英雄アシール〔アキレウス〕は、違法に潜ってコンク貝を採り、観光客に売る。彼は足首にコンクリート・ブロックを結わえつけ、不要になったじつに多くのバラストのごとく、ミドル・パッセージ〔中間航路、奴隷貿易における大西洋横断の最も過酷な行程〕で船外に捨てられ、殺された先人たちのサンゴになった骨の住処である音のない世界に落ちてゆく。彼は皮膚が石灰化し始めるのを感じる。のちに32キロ沖合の深い海域で漁をしているとき、アシールは日射病にやられて、ミドル・パッセージを繰り返す幻覚を見る。カリブ海からアフリカまで、大西洋の海底を歩いて渡り、「骨だらけの巨大な墓地」のような「サンゴの広大な原野を抜けてゆく」のである。

今日、そのたとえは現実となった。原野そのものが墓地になったのだ。ウォルコットが想像したサンゴの茂みは、過去50年間に途方もない損失を被り、毎年、平均して半減しつづけている。カリブ海の一部のサンゴ礁のように、極端な事例では、かつての生息範囲のわずか10％にまで減っている。乱獲、沿岸地方の過度の開発、公害、病気、ハリケーン、それに一連の白化現象もすべて一役買った。水深30メートル以上の深い海に生息するサンゴですら、海底の堆積作用は受けるし、底引き網漁による被害も受ける。カリブ海のミドリイシ属のサンゴは大半が失われ、石の廃墟のような残骸はすでに泥の層に覆われている。

授業でこの一節を議論した際に、チューターが壁に掛けられたクレーの絵の複製に私たちの注意を向けた。「彼の詩のこの部分を読むときは、いつも自分がこの絵のなかにいるのだと想像します」と、彼は言った。アジンコートでシュノーケリングをしながら、私はチューターの言葉とこの絵を思いだし、クレーが想像した色の世界で動き回っている同じ感覚を味わった。だが、サンゴ礁の旅から戻って、この絵を再び見たときに初めて、私は前景のサンゴに白い部分が、漆黒の水中の太陽の下にある影から浮かびあがっていることに気づいたのだ。私たちの化石燃料への執着がサンゴの崩壊を引き起こすとクレーが予言していたなどと考えるのは突飛であることはわかっていたが、それでも私は目が離せなかった。彼の絵はいまでは鋭い先見の明のように思われ、私の心を捉えて放さない。

見る者を石に変えるメドゥーサの一瞥

古典学者のジェーン・エレン・ハリソンはゴルゴンを「邪視」の一種と考えていた。「それは目で人を殺し、魅了した」と、彼女は書く。その目を見つめた人は、その眼差しの虜となり、石に変わった。オウィディウスによると、ペルセウスは金色の雨のなかで母の胎内に宿った。セリーポス島に翼のあるサンダルを履いて、メドゥーサ〔ゴルゴン〕の首とともに戻ったペルセウスは、「広大な空を吹き荒れる風に運ばれ、雨雲のごとく、こちらへあちらへと飛ばされた」。ペルセウスは大地の表面に身を隠す場所を探し、ようやく黄昏の光のなかで巨人アトラスの王国へやってきた。アトラスは「死を免れぬ人間の誰にも増して体が大きかった」と、オウィディウスが語る人物だが、訪問者によっていつか大切な果樹園を奪われるという予言にこだわり、被害妄想にもなっていた。

ペルセウスは風雨を避けられる場所を求めたが、攻撃的なアトラスは拒絶した。格闘して打ち負かせる相手ではないため、ペルセウスはメドゥーサの首を振りかざした。たちまちのうちに、「アトラスは、この巨人の体軀そのままに巨大な山に変わった」。彼の骨は石になり、頭と肩は広大な尾根になって、その上に全天の星を担ぐようになった。

サンゴは、スケプシスのメトロドロスが、109歳まで生きたテッサリアの雄弁家ゴルギアスにちなんで、ギリシャ語で「ゴルギア」と名づけたのだと考えられている。サンゴもゴルギアスも加齢によって石化したようだったからだ（「ゴルゴンの石」という意味で「ゴルゴニア」と呼ばれると大プリニウスが書いた、とも言われる）。この連想は長くつづいた。リンネはウチワヤギ科の何種かのサンゴをゴルゴニアと呼んだ。

だが、ゴルゴンはギリシャ神話の古い登場人物であり、オウィディウスのローマ時代の優雅な物語よりも何百年も前の原始的な儀式に登場する怪物だ。ギリシャ芸術では、ゴルゴネイオン（ギリシャの盾に飾られたゴルゴンの紋章）は横顔ではなく正面顔で描かれる点が独特で、ニヤリとした口、揺れ動く舌、射抜くような眼差しをもったグロテスクな面になっている。

ゴルゴネイオンで最も有名なのは、クレーが1920年に描いた水彩画、「新しい天使」かもしれない。この絵は薄い背景に正面顔の抽象的な天使を描いたもので、出目に、大きく開いた口から覗く尖った歯、その髪は巻物状のものが波打つ塊となっており、両手を挙げて空を指している。見つめる目の瞳は深く黒々としている。

1921年に、バルター・ベンヤミンがクレーのこの絵を1000マルクで購入した。彼はその後、1933年にナチス政権下のドイツから亡命するまで、12年間これを自宅に置いていた。1940年の春（クレーが亡くなった年）に、ベンヤミンがスペインの国境でみずから命を絶つわずか数カ月前に、この天使は戻ってきて、彼の現存する最後の著作でたびたび言及されるようになる（亡命から2年後に友人が絵を届けていた）。

遠回しな表現で見事に書かれた彼の「歴史哲学テーゼ」はクレーの天使を、彼の足元に残骸を積み上げる歴史の破壊的な見世物に魅了された「歴史の天使」として描く。ベンヤミンはテオドール・アドルノ〔ドイツの哲学者〕が「メドゥーサの一瞥」と呼んだものをもっていたのだ。それによって、彼が調査したすべてのものが、錬金術的に神話のなかの出来事に変わってしまうのだった。〔アドルノが〕元のドイツ語で使用した「スターレン」は、見つめること、一心に観察することを意味するが、それはまたこわばらせ、石化することも意味する。天使は、彼の目の前で展開する大惨事によって石化しているが、その眼差しは彼を見る者もまた石に変える。大きく口を開けたその表情にベンヤミンが見ていたものの痕跡を、私たちは探らずにはいられない。進歩の記念碑がすでに崩れた石の山となって積み上がりつつあるなかで、私たちが背を向けている未来の痕跡である。

死んだサンゴ礁の痕跡

ペルセウスの目がたわわに実ったアトラスの果樹園に引きつけられたように、グレートバリアリーフはその規模と豊かさで私たちを魅了する。アトラス同様に、サンゴ礁は死ぬと、あとには巨大な死骸が残され、何十万年も朽ちはてることなく残るに違いない。その途方もない大きさゆえに、死んだサンゴ礁は失われた生物多様性の石の記念碑として存続するだろう。

将来ここを訪れる人びとは、私たちがやったように、生命のないサンゴ礁の上をまだ泳げるだろうが、彼らは間違いなくもっと深く潜ることになる。宇宙飛行士はそれを軌道上から眺めるだろう。いずれは、海洋の底質の大半はさらに酸性化する水のなかで腐食するが、多くのものは保存されるはずだ。上海やニューヨークのような都市を沈める海面の上昇が、カリブ海ですでに生じているように、分厚い堆積物のなかの死んだサンゴもまた覆い隠すことになる。もはや上へと伸びつづける都市をポリプが築かなくなると、その廃墟は泥の下に沈むのである。

おそらくいまからわずか100年後に、サンゴ礁がもはや海面には見えなくなったころ、科学者がこの現場を訪れて堆積物のコアを採取するかもしれない。泥の層を掘り進めて、死んだサンゴのクリーム色の槍を採取し、そこから彼らはサンゴの都市がかつて海洋の生命の大半を養っていたことや、何がそれらを殺したかについて学ぶことになるだろう。

いつの日にか、海洋の状況が回復すれば、ちょうどグレートバリアリーフが大昔のサンゴ礁群の跡地に発達したように、サンゴ礁は再びこの地に築かれるかもしれない。そうなれば、いまから何百万年ものちに、死んだサンゴを覆って保存した堆積物の泥の層そのものがサンゴ礁空白《ギャップ》となって見えるだろう。つまり、炭酸カルシウムの層と層のあいだの地質学的な境界線である。

海洋コアには、5500万年前に地球の平均気温が8℃上昇した暁新世－始新世温暖化極大事象（PETM）を記す、同様のギャップを読み取ることができる。海洋は追加された大量の二酸化炭素を吸収して、急速に酸性化した。化石記録からは石灰化生物が消え、その不在は赤茶色の粘土の堆積物となって表わされた。

いまから何百万年後に未来の地質学者がいれば、恥じて顔を赤らめたような、同様の赤い筋を読み取れるだろう。サンゴとそれに依存していた何千種もの生物が消滅したことを記すものだ。

それでも一部のサンゴは存続し、おそらく北半球に生息するような冷たい海域の種が残るだろう。熱帯域でも地球の未来のいつかの時点で再びサンゴが生息するのを見られるようになるに違いないが、乾ききった大地が広がる始新世前期のように、今日私たちが知る世界とは異なる世界のなかとなる。それまでは、海洋の管理の仕方を私たちが根底から変えない限り、グレートバリアリーフは全長2300キロにわたる巨大な未来の化石となるだろう。

このサンゴ礁が死ぬとき、まだ観光業が廃れていない可能性はあるだろうか？　失われたものを記憶するための巡礼の旅のようなものが。子孫たちはかつて海のオアシスだった砂漠を訪れ、私たちが行動に移さなかったことを嘆くだろうか？　彼らは私たちがやってきたように、ただ目を逸らすだけかもしれない。

サンゴ礁の未来についてさらに知るにつれて、クレーの絵の黒い太陽が脳を打ちつけてくるように私は感じた。

サンゴのコア試料からわかる太古の生態系

サンゴ礁を訪れる前に、私はサンゴ礁の歴史を書いた歴史家のイアン・マカルマンが主催するシドニー大学の研究会に参加した。私の関心事について知った彼が、出席しないかと声をかけてくれたのだ。

「ジョディを紹介しましょう。彼ならサンゴのコア試料を見せてくれます」

ジョディ・ウェブスターはサンゴ礁の古気候を研究する堆積学者だ。研究会後に私はバーで、彼が余暇にシドニーの雨水排水路を探検して、「排水鍾乳石」と彼が呼ぶものを探していることを知った。自然の洞窟群で見るようなカルシウムの堆積物である。

彼はグレートバリアリーフの別々の箇所から採取した3本のコアをもってきていた。それぞれのコアは、サンゴ礁の歴史の異なる時代を表わしていた。最古のものは12万5000年以上前のもので、海面の上昇でサンゴ礁全体がほぼ水没し、最終氷期が始まる前に死滅したかつての群落の残骸だ。そのコアを掘削するには、1200万オーストラリア・ドルほどの費用がかかったと、ジョディは私たちに語った。次の試料は1万5000年前のもので、「完新世前」のサンゴ礁の断片だ。最も新しいものは私たちが生きている時代に成長し、死んでいったものだった。

会場内でコアを順繰りに回すあいだ、ジョディは南部の孤立したサンゴ礁からどうやって採取したかや、それぞれのコア試料がこの太古の生態系の歴史について、どのように独自の物語を伝えるのかを話してくれた。掌サイズの円盤状に裁断されたそれぞれの試料には、バターのような温もりがあった。クリームで彫刻されたと思えるほどだったが、表面は触ってみると軽石のようにザラザラしていた。化石化した小さい貝の跡が古いコアには見えた。私はそれぞれを手に取ってみた。試料には文鎮のような、心地よいずっしり感があった。

研究会の休憩時間に、未来の化石に興味をもっているのだとジョディに話すと、もっと大きなコア試料を見に実験所を訪ねるようにと招待してくれた。太古のサンゴ礁の痕跡は、過去の気候やサンゴ礁の環境のスナップショットを提供していた。それらは化石となったサンゴが熱い海の世界でつくりだす未来を想像する一助になるのではないかと、私は期待した。

アジンコートで海に潜ってから数週間後に、シドニー大学のジョディの研究室のドアをノックした。彼自身も、大学の研究基地がある南部のサンゴ礁群の小さなサンゴの岩礁、ワンツリーから戻ってきたばかりだった。私が腰を下ろすと、彼はデスクトップ・モニターで写真のファイルを開いて今回発見したものを見せてから、何十枚もの高解像度のサンゴの接写写真をスクロールし始めた。画像には奇妙な鎮静効果があって、色とりどりのサンゴの庭の上を漂った静かな体験に私を連れ戻していたが、写真のなかの広い部分が白く光り、脂肪の塊のように、画像を斑らにしていた。

イアンに初めて会ったとき、サンゴが比較的本来の姿を保っているワンツリーに行ってみることを私は勧められていた。だが、ジョディの写真は、白化がそこでも生じていることを示していた。「これほどのレベルの白化を見たのは、この海域のサンゴ礁に私が行くようになった8年間で初めてです」と、彼は言った。ワンツリー研究基地の年配の科学者たちは、ここ25年間にこんな状態を目にしたことはなかったと主張していた。

私は彼にアジンコートについて話し、サンゴのなかを泳ぐことは至高の体験だったものの、ヘリコプターがあまりの頻度で、執拗に騒音を立てて飛ぶことに、サンゴ礁そのものと同じくらい衝撃を受けたのだと話した。その緊迫感は、静寂な海の庭を連想させるよりも、現実の事態にどこか近いように思われると、私は思い切って口にしてみた。だが、意外なことに、ジョディは何らそんなことは感じていなかった。

「諦めるわけにはいきません」と彼は主張した。「場所によっては、どれだけひどい状況になっていても、まだ健康なサンゴはたくさんあります。いずれにせよ、われわれにほかの選択肢はありません」

ジョディは翌日、別の調査旅行にでかけることになっていた。クイーンズランド南部の沖合にあるフレーザー島から北のトレス海峡まで、サンゴ礁の全長に沿って一連の水没した化石サンゴの海域を訪ねて回るのだ。調査の目的は、過去10万年間の東オーストラリア海流の水温と動きの変化の証拠を探すことだと、彼は語った。「過去にサンゴ礁を死に追いやったものを知ることは、今日、サンゴを死なせつつあるものを理解するのに役立ちます」と、彼は言った。「われわれは探偵なんです。すべてが――堆積物の流入から水の化学組成、水温などが――容疑者となります」

私たちが研究室の隅にある2脚の肘掛椅子に移動すると、彼は現代のクイーンズランド沿岸の土着の人びとが、気候が変化した何千年もの時代を通じて、いかにサンゴ礁と共存してきたかを説明し始めた。彼はホワイトボードに図を描いた。「海水準は7000年前ごろから安定しています」と、彼は言った。だが、2万1000年ほど前の最終氷期最盛期には、海面は今日よりも120メートルは下方にあった。海岸線は場所によっては、大陸棚の端にある今日のサンゴ礁の位置まで拡大していた。現在は外礁によって守られた遠浅の海になっているところは、当時は人の住める平原だった。氷床が解けるにつれてその平原を冠水させた海進は、今日パラマッタ川が流れる複雑な流域も水面下に沈め、シドニー港の入り組んだ入江をつくりだした。

「この時代のことは、一部の土着の文化ではまだ記憶されています」と、ジョディは言った。

私は彼の言葉を書き留めたが、消えた景観がそれほど長期にわたって言語のなかに保存されて残りうるというのは信じ難いことに思われた。のちに、私はこの驚くべき可能性を調べてみた。一般に言語学者は、文化の記憶は500年以上存続せず、最長でも800年経てば、「核心」となる情報がのちの装飾の層の下に失われると考える。『オデュッセイア』の歴史上の著者が、私たちには伝わっていないようなものだ。

だが、クイーンズランドの海岸一帯の土着の集団のあいだには、海岸線が「いまは堡礁がある」場所にあった時代を語るたくさんの物語が残っている。グンガンジ氏族のある物語は、現在のグラフトン岬に当たるヤラバに住んでいたグンヤという男が、禁じられた魚を食べたことを語る。怒った神々が海を盛り上がらせ、大地を水没させた。グンヤと家族は高台に逃げたが、海はかつての汀線にまで後退することはなかった。

この時代の記憶は言語にも残されているようだ。フィッツロイ島のイディンジ語の名称は、「低い腕」を意味してガバールという。かつてここが岬だったことを示唆する言葉だ。島を表わす言葉ジャラウェイは、「小さな丘」を意味する。フィッツロイ島とキングビーチのあいだの水域はムダガと呼ばれ、かつてそこに自生していたに違いないタイワンモミジ属の木の名前なのである。これらの物語と地名は、地理を記憶する驚くような離れ業であり、少なくとも７０００年間は存在しなかった景観を想起させるものなのだ。

ゴルゴンにちなんでサンゴに名前を付けたメトロドロスは、素晴らしい記憶力の持ち主として知られていた。だが、古代ギリシャ・ローマの文学も、それどころか世界のほかのどんな文学も、グンガンジ氏族やイディンジ氏族が示した記憶の離れ業とは比較にならない。彼らの物語と地名は、言語は筆記を伴わなければ、遠い未来まで記憶を伝えるにはお粗末で漏れやすい器だという社会通念を切り崩す。

それらはむしろ私たちの子孫が、海面水位の劇的な変化や、かつては海岸線だったところが浅い海となり、朽ちてゆく奇妙な都市の島の存在を語る叙事詩的寓話を夢見る可能性を示す。グレートバリアリーフは遠い未来の言語と伝説に、化石の存在として残りつづけるかもしれない。時間の圧力によって新たな神話的形態に変えられているだろうが、それでもかつての生きた壮大な構造物の本質的な痕跡は止めるに違いない。

ジョディはその日、ニュージーランドで調査船に乗り込む前にいくつもの会議が入っていた。そこで、ジョディの博士課程の学生の1人であるマーダビー・パターソンが実験所を案内してくれることになった。

3人で静かな廊下を通り抜けながら、マーダビーは以前のサンゴ礁を形成した太古の環境を知る手がかりを探すことに関する、彼女自身の研究について語った。過去の生化学的な変化を証明するには化学的手法がいくつかあるが、もっと目に見えてわかる方法もある。試料を手に取って、手触りだけでなく、パターンや色の変化を感じとるのである。「サンゴを読む」と、彼女はその方法を呼んだ。

コアには環境ストレスが生じた視覚的な証拠が現れることがある。数週間前の研究会で、ジョディはサンゴの試料をレイヤーケーキにたとえていた。作業の大半は、サンゴがいつ死んで堆積物に覆われたかを記録する陸源性の層――土壌横断層や植物――を探すことにかかわるものだった。コアのなかには微細な根が見えるものすらある。

実験所の入口で私たちは立ち止まった。「われわれが探しているのはサンゴに埋められた〈別の環境〉です」と、ジョディは別れ際に言った。

サンゴのコアは、横長の長方形の部屋に保管されており、奥の壁際に端から端まで並べられた台の上に置かれていた。部屋の中央は何百枚ものコア試料用トレーで埋もれた巨大なテーブルが占めていた。これは探偵物語の前書きで、手がかりを探す場面なのかもしれないが、まるで検視のための遺体が横たわる鑑識課のようだと私は最初に思った。一部のコアは完璧な円柱で、教会の蠟燭のように光っている。その他の試料は崩れて破片になっており、剝がれた漆喰や、焼く前の練り粉のようだった。それでも、どのトレーにも几帳面にラベルが貼られ、口紅のような赤い矢印でどちらが上かを示しながら試料の向きが記されていた。

マーダビーは円柱の1本を私に手渡した。それはイシサンゴ目〔オオトゲサンゴ科またはサザナミサンゴ科〕の試料で、12万年前に死んだときにはおそらく50歳くらいだろうと彼女は言った。試料は私の腕よりも長かったので、落とすのではないかと心配になった。粗い手触りだったが心地よいもので、その円柱には細かい格子の網目模様が刻まれていた。間違いなくずっしりと感じられたが、思っていたよりは軽く、太めの筒状に巻かれたレース生地を手にしているような感触だ。試料用トレーから取りだしては戻すときに立てる音ですら、心をそそるものがあった。ほとんど音楽的な余韻のある摩擦音で、まるでコアが巨大な音叉のU字の縦棒の1本であるかのようだ。

ほかの試料では、枝分かれするパターンも見えたし、貝の痕跡すらあった。サンゴを築き、そこで生きていた生命について語る点字だ。それだけの重さにもかかわらず、試料は崩れやすいものに思われた。できる限り丁寧にコアを扱ったものの、私の手から小さなかけらがこぼれたのだ。のちに実験所をあとにしたとき、私はシャツにうっすらとサンゴの白い粉がついていることに気づいた。

マーダビーは、最近のワンツリーの調査で彼女が発見したものについて話してくれた。ガラス製のコーラの瓶がサンゴのアパート群のなかに固められていたのだ。5年間ほどそこにあったのではないかと、彼女は言った。ラベルはとうに剝がれていたが、側面に書かれたブランド名と特徴的な形から、それが何であったかは疑いようがなかった。ある日、船外に何気なく落とされた瓶は、ゆっくりとサンゴ礁のなかに葬られたのだ。石に封じ込められて。

別の研究生のベリンダ・デクニックは、実験室の隅で忙しく顕微鏡で試料を調べていた。「これらは西オーストラリアからのものです」と、彼女は言った。「グレートバリアリーフのものではなく。あちらではサンゴを保護するものは何もありません。サンゴをじかにドリルで掘って、石油を探していきます」。彼女は検査していたものを覗いてみないかと誘い、作業台にスペースをつくってくれた。

私は顕微鏡を覗くのには慣れておらず、ピントを合わせるのに少々手間取った。ピントが合うと、そこはまるで小さな隕石の衝撃であばたのできた月世界に降り立ったようだった。スライドに載せた試料ごとに、劣化したフィルムにできた斑点のごとく、目の前に新しいパターンと色からなる夢の光景が広がる。あるスライドの上には、アステカ族の太陽の石のような、オレンジ色の絵文字が全面にあった。

私はうっとりして眺めつづけた。

「これらのアイコン〔象徴的なサンプル〕は、驚くべきものですね」と私は、ようやく顕微鏡から目を離して言った。「何なんですか？」

「フォラムです」と、ベリンダが説明した。「つまり有孔虫です。サンゴ礁の堆積物に層をなしている化石化した極小の生物です」

彼女はまた試料を交換し、今度は死んだサンゴを見せてくれた。「海面から80メートル下の海底から掘削ロボットを使って集められたものです」と、彼女は私に告げた。ほかの試料は心を捉えるものだったが、今度の試料は不規則に茶色く斑らになっており、妙に不快感を与えるものだった。それらはカビの生えたパンのように見えた。彼女は最近、南アメリカまで行ってサンゴ礁の試料をもらってきたのだと教えてくれた。アマゾン川の河口には、グレートバリアリーフのサンゴならば一掃されるような環境でも成長するサンゴがある。

「あまりにも濁っていて泳ぐと何も見えないわけです。それでも、そこにこれらのサンゴがあるんです！」と、彼女は言った。だが、そこですら彼女は白化の証拠を見つけていた。

私はサンゴのコアに戻って、何枚か写真を撮った。近くに寄ってよく見ると、新たな細部がおのずと現われた。ある魅力に乏しい偏菱形の塊には、その真ん中に葉脈が白い帯状についていた。一方の側にはイモガイの横断面がその溝のある殻軸を、つまり貝の中心の柱に、ツタのように溝が螺旋状に刻まれた構造を見せていた。

サンゴの研究者に破壊的な変化を語る陸源性の層のことを私は考えた。生命の痕跡だが、それはサンゴの死を記すものである。指紋の渦巻きはほかにもあった。ある試料にはサイン波に見えるパターンが残されていたし、別の試料には鳥の足跡に似た帯状の痕跡があった。私が手にしたイシサンゴ類の円柱は、何百もの極小の口が化石化された怒りに口を開けているかのごとく、滝のように流れる針穴の列に包まれていた。

サンゴ礁のデジタル地図

クレーの天使に関するベンヤミンの短い記述の前に、彼の友人のゲルショム・ショーレムが書いた詩の一節がある。「Ich kehrte gern zurück」、「戻ることになってよかった」という意味だ。

世界各地で、多種多様なプロジェクトがサンゴ礁の直面する厳しい見通しを元に戻らせようと試みている。サンゴの養殖のような活動では、サンゴ礁の一部分を採取して、特別な養殖場で育てる。「リグス・トゥー・リーフス（掘削リグから岩礁へ）」プログラムは、廃止された石油掘削プラットフォームを、居場所のなくなった海洋生物の住処として再利用するもので、驚くほど多様なサンゴの生態系の少なくとも一部は保存できることを期待させる。

最初にジョディと会い、サンゴのコア試料に触れたシドニー大学の研究会で、私はレナータ・フェラーリとウィル・フィゲイラにも会った。人工的な岩礁群を3Dプリンターでつくる方法を考案した人びとだ。複製の岩礁がおおむね失敗に終わるのは、一部にはそれらがあまりにも整然とし対称的だからだ。不要になった石油掘削装置の斜め格子状の脚部や軽量コンクリート・ブロックの山は、サンゴの複雑さにはとうてい敵わない。だが、レナータとウィルは本物の岩礁構造の3次元データからプリントしたのである。要するに、彼らは消えた岩礁とそっくりの形と感触をプラスチックで再生することができたのである。充分な財源があれば、彼らはグレートバリアリーフの全長の地図をつくってファイル保存することができ、そうなれば本物が失われてもサンゴ礁のデジタルの痕跡は残せることになる。

レナータとウィルは、3Dプリント出力を提案するサンゴ礁を、コンピューターで視覚化したものを見せてくれた。それは1平方メートルほどのサンゴの一部で、本物のように特徴的な畝とトゲ状のものがあった。彼らは、ピザの練り粉のように画像をひっくり返しては回し、操作することで、デジタルサンゴ礁の形状を360度回転させて見せることができる。3Dプリントしたサンゴの実物サンプルももってきており、ジョディがやったように、会場内で私たち全員が手に取れるように回してくれた。そのそっくり具合は、きめの粗い表面から死んだような白い色まで、不気味なほどだった。だが、本物のサンゴとは異なり、プラスチックの複製品はほとんど羽根のように軽く、そのまま漂いだすかと思われた。

プラスチックは模倣する力はあるものの、名折れの素材であると、ロラン・バルトは明言した。最終的にどんな形状になろうと、「自然の勝ち誇るような艶やかさ」を獲得することはないのだと、彼は語った。レナータとウィルのプリントされたサンゴ礁はこれに反駁するように、既存の岩礁構造のあらゆる捻れやコブを、サンゴとは異なり、未来の海の酸性度や水温に影響を受けない素材で複製している。だが、2万3000キロにわたる死んだサンゴ礁をプラスチックでつくり直さなければならないとすれば、名折れになるのは間違いなく私たち人間のほうだ。

人工の岩礁〔人工漁礁〕を推奨する人びとは、それが温暖化する海洋の問題にたいする恒久的な解決策でないことは知っているが、人類が温暖化と酸性化の原因に対処するあいだ、関連の技術によって岩礁に依存する海洋生物がもち堪えるだけの時間を稼げるのではないかと期待する。

だが、海洋の化学組成が変化するにつれて、サンゴが生き残れる場所はどこにもなくなりそうだ。結局のところ、レナータとウィルの発明の本当の恩恵は、ただ記憶の離れ業としてのものかもしれない。

失われた豊かさのデジタル・アーカイブであり、「バベルの図書館」でボルヘスが想像したものに匹敵するほどの精密さで細部まで記録したものだ。

あるいは、ボルヘスの別の寓話に書かれた地図制作者のほうがもっと似ているかもしれない。「科学の厳密さについて」は1段落だけの短編で、地図制作者が1分の1の縮尺で対象物の地図を作成することのできる帝国について書かれている。地図に表わした都市は、実際の都市と石の1つ1つにいたるまで一致している。帝国の地図はそれ自体が対象物とまったく同等の面積を覆うものなのである。だが最終的に、その技法は廃れ、帝国の地図は「西部の砂漠」で「ぼろぼろの残骸」になりはてたと、ボルヘスは語る。

だが、希望をもてる理由はほかにもある。アジンコートで私が見た白化は、前年ほど深刻ではないことがわかったのだ。水温は高くなっていたし、ジョディはワンツリーでも被害があったことを確認していたのだが。

連続した白化現象の影響を研究する海洋生物学者は、最初の白化の波が一種の地理的な足跡を残しており、それが2回目の事象の影響を和らげていたことを発見した。最初の年に4℃から5℃の持続的な水温の上昇にさらされたサンゴは、白化する確率が50%になったが、翌年は、水温が8℃から9℃上昇しても、サンゴの半数は生き残ったのだ。以前に高温ストレスにさらされた海域のほうが回復力をもつことがわかったのだ。2度目の白化の広がりは、1度目の深刻さに左右されると、彼らは推測した。サンゴ礁は一種の環境的記録を示し、将来の温暖化によりうまく対処できるように、過去の高温の時代を「思いだして」いたのである。

この歓迎すべき発見があったとはいえ、科学者たちは慎重だ。回復力の改善メカニズムとして考えうることの1つは、熱の影響を受けやすいサンゴが大量死していたことだ。水温が上がる海域で生き残るすべを覚えるよりは、サンゴ礁は熱に耐えられない種を切り捨てているようだった。一部の種は新しい環境に慣れる能力を示したとしても、サンゴが海洋の変わりゆく度合いや、今後の白化の規模と頻度についてゆける可能性は薄そうだ。

デジタル地図の作成は、失われたサンゴ礁を記憶させてくれるかもしれない。サンゴそのものが名づけ親のメトロドロスの真似をして、今日のストレスに適応するために過去を「記憶する」ことすらあるかもしれない。だが、そのいずれも、それだけではサンゴ礁に生存できる可能性のある未来を与えることはないだろう。ペルセウスは磨かれた盾に映る自分の姿と、そこに映り込んだ怪物メドゥーサの双方を見て、戦いに勝った。サンゴを救うのは記憶の離れ業ではなく、私たちがしでかした被害を振り返り、それに向き合う意欲なのである。

第6章　残りつづける核廃棄物

オーストラリアのウラン採鉱場

ハイウェイから降りたとき、道路脇の標識がアスファルトの上だけを走行し、車内からでるなと厳格に警告を発していた。そして、カンガルーに注意するようにとも。

これはよいアドバイスに思われた。有袋類はうろつき回っていたが、雨季はまだ明けていなかった。小川や川はまだ氾濫状態で、周囲の草原のほとんどは水面下に沈み、一時的にイリエワニが巡回する大通りになっていた。西へ数キロ先のところにあるジャビルーは、小さな空港がある人口わずか1000人余りの町で、そこ以外にはどの方角に何百キロ行っても、ちらほらと低木が点在するばかりだった。日は傾き始めていたが、まだ蒸し暑く、カカドゥの上空は目に痛いほどぎらぎらと輝いていた。

オーストラリアのノーザンテリトリー準州にあるカカドゥ国立公園は、じつに広大だ。2万平方キロに近い面積にマングローブと干潟、熱帯雨林、そして輝く砂岩の崖などがあった。地球上で最も古い岩がここにはある。25億年前の花崗岩の貫入は、地球が現在の半分の若さであったときから、地表に残りつづけている。その他の岩石には、17億年前に砂岩を堆積させた大河による漣痕《リプルマーク》が刻まれていた。この土地の伝統的所有者である土着の人びとによると、この土地の景観は祖先の霊のなかでも最古の霊である虹蛇が通ることでつくられたという。虹蛇は歌を繰りだし体をうねらせて、断崖と周囲の氾濫原を次々に出現させた。

ワーニ氏族の作家アレクシス・ライトの叙事詩的小説『カーペンタリア』〔*Carpentaria*、未邦訳〕は、「嵐雲よりも大きな生き物が、それ自体の途方もない創造力を漲《みなぎ》らせ」という記述から始まる。この生き物は、大きな鉢を包む手のごとくカーペンタリア湾を囲む領地にその巨体を滑らせ、大地を川で縫うように進み、渓谷を深くえぐった。仕事をやり終えると、蛇はヨーク岬の下の石灰岩のなかへ沈み込んでゆき、そこで帯水層の迷路のなかに引きこもる。その吐息は今日でも潮の干満や季節のリズムを支配している。

ジャオアン氏族はカカドゥの南部が、稲妻の霊であるブーラによっていかにつくられたかを語る。「ドリーミング」、すなわち世界が流動的であった創造の時代に、ブーラはティモール海の海水の国から2人の妻を伴って狩りの獲物を求めてやってきた。その狩猟の勢いは凄まじく、この一帯全域をつくり替えることになった。最終的に、ブーラも虹蛇と同様に地中に降りてゆき、彼の体はそこで鉱物に変容した。丘陵のなかの金鉱脈は彼の霊的実体であり、その生き血の残りなのだが、ブーラに関連する場所には砒素や水銀、鉛などの有毒な重金属も高濃度で埋蔵されていると言われる。これらはジャン・アンジャムンの——神聖な、または危険な——場所であり、みだりに手を加えてはいけないところだった。ブーラは自分の眠りを妨げられないよう嫉妬深く身構えている。ブーラの邪魔をすれば、この一帯は恐怖に陥れられるとジャオアンの人びとは警告する。聖地に近づく者は、奇妙な苦痛に襲われることもあった。それを認めて、彼らはここをブーラジャン、つまり「病の国」と呼んだ。

病の国はカカドゥ一帯に広がる。周囲を何千キロにもわたって低木に囲まれていたものの、私が車で走っていた場所は実際には公園の一部ではなかった。道路の終点にレンジャーがあった。世界のウランの10%近くを産出する露天掘りの採鉱場だ。カカドゥは1978年に国立公園となったが、採鉱場と近くのジャビルーの町は除外され、熱帯の湿地帯と岩の国が広がる海のなかで産業活動が繰り広げられる島が生みだされることになった。

道にできた陥没穴を避けながら、私は12年前にここへきたときのことを思いだした。そのときも雨季で、妻と私は水没した道路をボートで移動しながら、オーストラリア北部で最も興味深い岩絵の見られる場所、ユビルへ向かっていた。私たちのガイドのフレッドは、この地の伝統的所有者であるミラル・グンジェイッミ氏族の祖先によって4万年前に最初に描かれたギャラリーを案内してくれた。

そこにはX線写真のような魚と動物の絵と、がっしりした体格のヨーロッパ人がだぶだぶのズボンのポケットに両手を突っ込んだ——より近年に描かれた——絵があった。地上から6メートルほどの高さで張りだす岩の高いところに、亡霊のような白いフクロオオカミの絵がはっきりと見えた。フクロオオカミ、別名タスマニア・タイガーは、オーストラリア本土では少なくとも2000年前に絶滅している。

絵を描いた人はどうやってあの高さまで到達したのかと、私はフレッドに聞いた。「まあ、人によっては近くに木があったに違いないと言います」と、彼は答えた。「でもわれわれは絵を描いたのはシャーマンで、魔術を使って飛びあがったのだと考えています。あるいは岩を自分の近くまで引き寄せたんでしょう！」

ある人物は赤く線刻されており、痛みに悶えているように見えた。その開かれた指は周囲の岩をつかんでいた。腕と脚の関節は大きく膨れあがっている。「あれがミヤミヤです」と、フレッドは言った。「聖地に手をつけると、病の国で罹るものです」

ウラン採鉱場は、道路の右側の金網フェンスの背後に見えてきた。手前には、淡い色の残土が並んでいた。背後には、地平線上にアーネムランドの断崖の日焼けした崖が見えるほか、南にはもう1つのジャン・アンジャムンであるジッビジッビがそびえていた。ジッビジッビ、つまりブロックマン山は、虹蛇の一族である茶色蛇の王、ダッドビーの住処と言われている。ダッドビーの邪魔をすれば、世界の終わりのような規模の洪水が引き起こされるだろうと、ミラル氏族は言う。

この警告があるにもかかわらず、オーストラリア人は1980年代初めから聖なる山の陰で地中からウランを掘ってきた。1969年にこの地で、地質学者が南半球で最も豊かなウラン鉱脈を発見したのだ。これは1915年にコンゴで有名なシンコロブエ鉱山が発見されて以来、最も有望視された発見だった。シンコロブエは、広島と長崎を壊滅させるために使われたウランを産出した鉱山である。

私はそれまで露天掘りの採鉱場を見たことがなかった。ガイド付きの見学について問い合わせてみたが、よい返事はもらえなかった。採鉱場のツアーはもう実施されていなかったのだ。それでも、ゲートまでつづく道路は通行できたので、できれば病の国のこの現代における出現を見てみたいと思った。

レンジャーが１９８１年に開鉱してから、環境に有害な物質が漏れた流出や事故が２００回以上生じている。２００４年には、人体の線量限度の４００倍もある放射性汚染水で労働者たちがシャワーを浴び、それを飲料水にしていたことを採鉱場の運営者が発見した。２０１０年には、何百万リットルものウラン汚染水がカカドゥの湿地帯に流出した。２０１３年には浸出タンクが爆発して１００万リットルもの酸性の泥水状態のウランが漏れだした。このときは国立公園の境界を越えることはなかったが、粉砕した鉱石と硫酸からなる有害な混合物は、採鉱場の一部を3センチの厚さの赤茶色の地殻で覆った。

もっとも、現在はそのような恐ろしい場面はなかった。そこで目にするだろうと私が想像した状況が何であれ。車を止めると、そこは静まり返っていた。そして一歩車から降りると、熱気がたちまち肺を満たした。淡青色の残土の山の上を猛禽が3羽のんびりと旋回している。見るべきものはさしてなかったが、私はフェンス越しに何枚か写真を撮った。遠くのほうに静かな採鉱現場や、林立して光る鉄塔、通路や配管などが垣間見えたが、私のすぐ前にある区画はむさ苦しく放置され、産業ごみの投棄場になっている。オレンジと青の制服を着た労働者が数人、シフトが終わって前を通り過ぎてゆき、近くにあるトレーラーに白いヘルメットをしまい込んだが、誰も私を見咎めることはなかった。この周囲をうろつき回る訪問者に慣れているようだった。１羽のトビが駐車場まで急降下してきて、私には通れないフェンスの上を行ったりきたりして遊び始めた。

この場所全体がゆっくりと息を吐きだしているようだった。1日の終わりでもあったが、採鉱場としての余命もほぼ終わりに近づいていた。リオティント社のリースは２０２０年で終了となる。この採鉱場はあと数年操業したのち、永久に閉鎖されることになる。計画では、その後この病の国は治療にかかることになっている。オーストラリア政府の報告書によると、同社は採鉱場の内部と周囲で「乱された場所」を回復させ、数多くの野生生物と植生を復活させ、３０００万トンほどの高レベルの放射性採鉱廃棄物を除去するか、どうにか安全にすることになっている。

ウラン原子の崩壊

ウランはとてつもなく古く、地球そのものよりも古い物質だ。地球上のすべてのウランは６００億年以上前の超新星の溶鉱炉に端を発すると考えられている。これはまた最も重い天然元素でもあり、そのあまりの大きさにみずからが課す制限によってひずみを起こす。紙袋に入れて揺すぶられるボールベアリングのように、その92個の陽子は恒久的に原子を粉々に引き裂きかねない状態にある。〔自然界に0・72%ほどしか存在しないウラン同位体２３５であれば〕外から1個の中性子がキスをするだけで、驚くほどの威力の連鎖反応を充分に引き起こすことができ、この同位体は破壊的な威力をもって四方八方にその粒子をまき散らす。

核エネルギーの歴史を書いたトム・ツェルナーはウラン原子の自己破壊的な狂乱状態を、妄想に駆られた男が服を引きちぎることにたとえる。その原子の重さはウラン２３５を分裂しやすくするが、動揺を引き起こすのはただ安定しようとする衝動なのだ。ウラン原子の崩壊が実際には、それらが強迫的な再編成の形態に従っていて、徐々に安定化する連鎖反応のなかで新たな同位体をつくりつづけ、押し黙ったような安定ぶりの鉛206となって終わる。だが、その途上で、崩壊生成物として知られる多様な電離粒子を放出する。これらの粒子は秒速15万マイル〔約24万キロ〕で核から放たれ、接触した生体組織が何であれそこで跳ね返り、その原子から電子を奪うことで変異や異常を引き起こす。

崩壊生成物はいずれも、特定の生体組織にたいし特別な欲望に取り憑かれているかのごとく体を攻撃する。ラジウム226は歯と骨のほか、母乳を侵略する。ラドン222は肺を攻撃する。セシウム137は筋肉に打撃を与える。ストロンチウム90は実際に骨の構造と結びつき、植物では維管束組織に集まる。

私は写真をさらに数枚撮ってから車に戻り、駐車場からでた。警告の標識はあったが、数百メートル離れた道端で車を止め、フェンス越しにもう1度、階段状に掘られた人けのない巨大な立坑の1つの周辺部を眺めた。その側面は、巨大な肋骨のような連絡道路に囲まれてやせ衰えて見える。底には濁ったライムグリーンの水が溜まっていた。立坑の向こう側の縁には、濃いオレンジ色の掘削機が、腕を丸めて穏やかに休息した姿勢で辛抱強く立ち尽くしていた。その先の、遠方には、ジッビジッビの四角い、無表情な顔が見えた。

だがおそらく、採鉱場は結局のところ訪問者をあまり快く迎えてはいなかったようだ。私が数分間、停車していただけで、1台の車が近づいてきてすぐ横に止まり、丁重ながらきっぱりと移動するよう求められた。

放射性降下物の恐怖

新しい病の国々は、私たち自身がつくりだしたものだ。それらの名前は頭のなかにひらめいては、こだまする。福島第一、ウィンズケール、エネウェタク。ハンフォード、マイルースー、カラチャイ湖。マヤーク、プリピャチ、ユッカ平原〔それぞれ、原子炉火災事故、核実験、マンハッタン計画のプルトニウム精製所、放射線量の高いウラン鉱山と処理施設、放射性廃棄物処理場、度重なる事故を起こした核技術施設、チェルノブイリ原発事故後に無人となった市、アメリカ本土で最も汚染された核実験場〕。アレクシス・ライトが想像した嵐雲の体をした蛇のごとく、原子力時代のきのこ雲は地球をつくり替える時代の先駆けとなった。

1945年7月16日の朝、最初の原子力爆弾がニューメキシコ州アラモゴードで炸裂したとき、爆発は周囲の砂漠をガラス化した。過熱され、空気中に巻きあげられた砂は瞬時に液状化し、薄緑色のガラスの雹《ひょう》の嵐となって降るなかで冷却され、爆弾によるクレーターをヒスイの湖のように見えるもので埋めた。大規模な熱核反応武器の実験は1952年に始まり、1960年代初めにピークを迎えた。アラモゴードでのトリニティ実験以来、世界各地で1600発以上の核爆発装置が爆発している。平均すると、42年にわたって10日に1回ずつ炸裂していることになる。

おそらく最も悪名高い実験と思われるものは、1954年3月1日の夜明けに行なわれた。アメリカ軍が太平洋のビキニ環礁で15メガトンの水爆「ブラボー」を投下したときのことだ。この爆発で3つの小さな島が蒸発し、直径1・6キロのクレーターが残された。放射性降下物は、日本に降った雨や、オーストラリアに吹いた風からも検出された。海洋生物は大量の放射線にさらされたため、ビキニ近海で水揚げされた魚は、写真乾板に押しつけると、あとにスペクトル画像が残されるほどで、なかでも多く被爆した体の部位は内部爆発によって照らされているかのように明々としていた。

そこから140キロ離れたロンゲラップ環礁では、ブラボーの実験が行なわれた朝、島民が海岸に集まってその光景を眺めていた。目撃者は水平線上に、2度目の太陽が現われたかのようにまばゆい光が見えたと表現した。それからまもなくして、浜辺に雪が降ったようになった。人びとは宣教師から雪については聞いていたのだ。そして、それがマーシャル諸島に降るのは奇跡のように思われた。子供たちは砂を覆った白い粒子が舞い上がるなかではしゃぎ、舌の上で捕らえた。島民はのちになってようやく、雪だと思ったものが実際には蒸発したサンゴと放射性の灰の化合物であることを発見した。

放射性降下物にさらされたロンゲラップの島民は、水ぶくれができ、髪が抜け、放射線関連の病気を発症し、1954年中にクェゼリン環礁へ避難させられた。言語道断なことに、島民らは1957年にロンゲラップへ戻されたが、ブラボーの2度目の太陽はその有害な光を注ぎつづけた。長期にわたって、世代をまたがる健康問題が生じ始めた。島民たちは何十種類ものがんに冒されたが、とりわけ甲状腺がんを発病した。女性は生殖に関する痛手を被り、多くの人が流産し、ときには出産時に悪夢の体験をすることもあった。

1995年に国際司法裁判所で行なわれた証言では、ブラボー実験を目撃したリジョン・エクニラングがこう語っている。ロンゲラップの女性たちはときには「私たちが子供だと考えたいような子を」産む代わりに、「〈タコ〉や〈りんご〉、〈カメ〉、あるいは私たちが経験したことのないもの、としか表現できないようなもの」を出産することになったという。これらの「クラゲの赤ん坊」――骨がない状態で生まれ、皮膚があまりにも透明で脳や鼓動する心臓が見えた新生児――は、数時間しか生きず、非現実の入口で震えていた。島民は1985年に最終的に退去させられ、ロンゲラップはこの先2万4000年間、人間が居住するには安全でないと宣言された。

この瞬間の下にある瞬間

マーシャル諸島では、新しい病の国をつくることは、まったく新規の土地を生みだすことも意味していた。エネウェタク環礁〔太平洋戦争中のエニウェトクの戦いで知られる〕は、40のサンゴ島が細い楕円形の環状になっていたが、そのうちの1つは完全に蒸発し、あとには直径2キロのクレーターが残された。1948年から1958年のあいだにエネウェタクでは、合計43回の核実験が実施された。

1970年代末には、アメリカ政府が大量のプルトニウムを含む、8万5000立方キロ分の放射性表土を剝ぎとり、それを「カクタス」が残したルニット島の直径100メートルのクレーターに埋めた。「カクタス」は最後の核実験の1つの暗号名だ。彼らはクレーターを厚さ50センチのコンクリート製ドームの外郭構造で覆った。エネウェタク環礁にまだ暮らす人びとは、これを墓《トゥーム》と呼ぶ。

「墓」の航空写真を見ると、隣にほぼ同じサイズの別のクレーターが見え、そこには海水が入り込んで新たなラグーンになっている。8の字をなす2つの部分、つまり凸状のドームと凹状のラグーンは互いを鏡のように映しだす。技術者は「墓」の底部を裏打ちし補強するのを怠ったため、いまでは海水が入り込み、日向に放置された革のように表面には亀裂が入っている。「墓」は海抜ゼロ地点にあるので、海水はその周囲にどんどん入り込んでいる。

１９６３年に部分的核実験禁止条約が締結されるまでに、合計で５００回の大気圏実験が行なわれた。実験の最盛期には、大気中の放射性炭素同位体の量が2倍になった。この状況は収まりつつあるが、20世紀の「炭素14爆弾パルス」は、今後1万５０００年にわたって検出されつづけるだろう。核反応によって発生するプルトニウム２３９同位体の半減期は、2万４１００年である。Ｐ２３９は、自然界には事実上存在しないが、残留物はいまでは世界中で見つかる。こうした原子力エネルギーの祭典からの放射性降下物は、南北両極でも、すべての大陸でも、湖底堆積物や氷床コア、樹木年輪、生体組織にも痕跡を残している。その範囲は膨大で、かつ均等に分布しているため、多くの科学者はそれが人新世の最も恒久的な特徴になるだろうと考えている。

核実験の放射性降下物と並んで、原子力発電からの廃棄物の問題もある。ほぼすべてのウラン鉱石――99％以上――はウラン２３８という非核分裂性の同位体で、きわめてゆっくりとした割合でしか放射線をださない。Ｕ２３８の半減期は45億年で、地球の年齢とおおむね同じだ。燃料として実用可能にするには、自然のウラン鉱石のなかの核分裂性の、つまり半減期が7億３８００万年のウラン２３５を分離して、濃度を高めなければならない。細かく粉砕して濃縮すれば、自然の鉱石に無視できるほどの割合で含まれるＵ２３５の濃度（約０・７％）は３・５％から5％にまで上がる（兵器級ウランにするには、Ｕ２３５の構成比が95％でなければならない）。

だが、これは非常に無駄の多いプロセスだ。天然のウラン〔鉱石〕1トン分からは１３０キロの燃料と８７０キロの鉱滓《スラグ》が生みだされる。細かく粉砕された廃棄物にも、放射性物質の大半はまだ含まれている。使用した燃料にはおおむね1％のU235と1％のプルトニウムが含まれる。使用済み燃料の95％以上はU238である。この物質の一部はリサイクルすることができる。U238は核分裂性ではないが、さらに中性子を「捕獲」してプルトニウム239に転換させられるため、「親《ファータイル》」物質と呼ばれている。この方法で廃棄物を再処理すれば、減損した使用済み燃料の量を80％削減できるが、それでも残る廃棄物は何千年間も生命にとって危険でありつづける。

放射性廃棄物は把握しきれない先の未来を私たちに示し、まだ生まれていない体にも、これから生みだされる景観にも確実に有害なものとなる。これらは〔アメリカの児童文学・SF〕作家のラッセル・ホーバンが「この瞬間の下にある瞬間」と呼ぶものだ。日々の暮らしという表面の下方につづく深淵のことである。私たちが働き、互いに暮らすことを可能にする現実の共有された感覚の陰には、別の現実があるのだと、ホーバンは述べる。「目に見える現実と見えない現実のちらつき」のなかでのみ近づくことのできるものだ。

今後2万年間人の住めない土地

1986年4月26日に、瞬間の下にあるちらつきが爆発して現実の暮らしに入り込んだ。ウクライナのチェルノブイリ原子力発電所の4号炉が故障し、一度の爆発で5000万キュリーの放射能〔現在はベクレルが使われ、1キュリーは370億ベクレル〕が放出された。非現実感が支配するようになった。爆発現場の近くにあったマツの木の葉は赤く変わり、落ちても朽ちることがなかった。放射性降下物はサクラの木の葉に焦げ穴を開けた。

スベトラーナ・アレクシエービッチは、当事者たちの声を書き残した珠玉の作品『チェルノブイリの祈り』のなかで、自分の畑でセシウムの光る青い塊を見つけた女性の証言を載せている。だが、何よりも危険であったのは、新たに死をもたらす環境となったものが、日常の現実をほぼそのまま真似ていたことだった。事故の直後には、普段どおりに暮らしがつづくように思われ――子供たちは外で遊び、パン屋は戸外でパンを売り――この地域に目に見えない放射性核種が降り注いでいるという事実は無視されていた。「パンを食べるな」は、この惨事の深刻さを理解していた人びとのあいだで交わされた警告となった。5月5日には、放射性降下物はインドと北アメリカにまで達していた。

当初の爆発で死亡したのは2人だったが、その後の数日間に消防隊員などの第一対応者29人が相次いで亡くなった。この大惨事と明確に関連づけられた死亡者はこれだけだが、2065年までに4万人程度ががんを発症することになると考えられている。

だが、ゆっくり展開するこの惨劇の彼方で、別のもっと情け容赦ない瞬間が目下、進行中なのである。マーシャル諸島の環礁と同様に、チェルノブイリの現場も今後2万年間は、つまりあらゆる有史の2倍の歳月にわたって人が住むことはできない。私たちが過去へ同じだけの年数をさかのぼれば、筆記が始まる以前に、それどころか今日、話され、識別できるどの言語よりも古い時代に戻ることになる。〔人類学者であり社会学者の〕ジョゼフ・マスコは、これを「核の不気味さ」と呼ぶ。「ミリ秒と数千年間」という互いに補完する危険によって、私たちの時間の感覚にねじりを与えるものだ。チェルノブイリはこの先2万年間はその爆発した瞬間に凍りついたままなのである。人間の視点で言えば、ここはつねに破壊された4号炉の周囲につくられた巨大な石棺のなかで、1986年4月26日の午前1時23分（UTC＋3）となるのである。

核という新興の神々

原子を分裂させ、生命の根幹そのものに封じ込められたエネルギーを取りだす私たちの能力は、人間性の極致であるかのようだ。ロバート・オッペンハイマーは、アラモゴードで最初の核爆発を目撃した際に『バガバッド・ギーター』の言葉を借りて、「われは死となり、世界の破壊者となった」と言ったことでよく知られる。だが、これは作り話であり、人間はウラン原子の力を獲得したことで神になってはおらず、むしろ自分たちがつくりだした新たな不死の存在にすがるようになったという事実を偽るものだ。そして、昔の神々のように、これらの新興の神々――強大で不変であり、目には見えず、音もなく破壊を与えうるもの――はそれ自体の神話体系を要求するだろう。目下も忍び寄る核の瞬間を利用しようとするものだ。

2018年にマーシャル諸島民の詩人、キャシー・ジェットニル＝キジナーはルニット島まで4日間のカヌーの旅にでて、「墓」を訪ねた。「あなたに会いに行くところだ」と、彼女はこの旅の詩の動画「聖別された者《アノインテッド》」のなかで言う。「どんな物語を私は見いだすのか？」コンクリート・ドームのてっぺんに立つ彼女は、亀の女神である母親から贈り物をもらった詐欺師レタオの話を語る。自分のなりたいものに――木でも、家でも、別人にでも――変身できる力を与えてくれる甲羅《シェル》のかけらだ。だが、レタオはその贈り物を使って世界で最初の火を熾す焚きつけに変身し、みずからを小さな少年に与える。すると、その子は自分の村をほとんど焼きつくしてしまう。「少年が泣くと」、ジェットニル＝キジナーはルニット島のコンクリート製の外郭構造《シェル》のてっぺんでこう言う。「レタオは笑い、笑った」

「私たちの神話や民話の基層は、生まれる前から私たちのなかにある」と、ホーバンは述べる。彼にとって、「青緑色の藻のパターンや、オリオン大星雲の神秘的な翼や、ルーン文字のようなヒトの染色体は、物語なのである」。ウラン原子に含まれる92個の緊張した陽子もまた然りだ。そして、これらが穏当な創造の物語にならないことは確かだ。ロシア東部のカラチャイ湖はあまりにも汚染されているため、そこに1時間も立っていれば命が危ないと言われている。いまから1000年以上のち、周囲のソ連時代の核技術施設の記憶が消失したとき、湖の危険な水の下で燃えつづける嫌悪すべきものを説明するために、人類は工夫を迫られるだろう〔カラチャイ湖は現在、埋め立てられている〕。

不死の放射性物資は、それらが支配する汚染された土地を嫉妬深く守るだろう。それらを押し止めるには、神話や物語だけでなく、地鎮祭のような儀式も必要になる。さもないと、この不死の存在は周囲の地域一帯にいつまでも病と死をもたらすことになる。

古代ギリシャの物語における「隠された墓」

もちろん、最も汚染された場所は自分のいるところだと誰かが主張して、威力を示そうとするかもしれない。

ソポクレスの『オイディプス王』では、オイディプスがクレオン——面目を失ったオイディプスに代わってテーバイ王となった人物——に、自身の堕落した身を受け入れることを決してテーバイに強いないよう懇願する。盲目となり衰弱し、文明の暮らしを離れたオイディプスは、心のうちに恐ろしい確信をいだいている。「どんな病も私を打ちのめすことはできない」と、彼は明言する。「何事も［……］。私は壮大で恐ろしいもののために、奇妙なもののために、救われてきたのだ」。だが、彼の警告は聞き入れられなかった。

オイディプスは、父親殺しと近親相姦という二重の穢れによって手の施しようのない立場に置かれた、究極の汚染された存在なのである。ソポクレスは彼を、「その存在の芯まで穢れた男」と呼ぶ。それでも、この汚染には威力があるのだ。

『オイディプス王』の続編でソポクレスの現存する最後の戯曲作品である『コロノスのオイディプス』では、死期の迫ったオイディプスが庇護を求めてアテナイ郊外にある聖なる林にたどり着く。テーバイ王クレオンは、彼を探しだして国境に埋葬すれば、彼の墓は何にも勝る保護をテーバイに与えるだろうと考えた。だが、オイディプスはそれを拒み、テーバイとその王に「未来永劫、その土壌深くまで根づいた復讐を！」と、怒りに満ちた呪いをかけた。代わりに、オイディプスは死後の身の処理をアテナイ王テセウスに委ね、ひそかに埋葬することで、アテナイを恒久的に守り、テーバイにとっては厄災となるようにした。「歳月によっても破壊できない力」を受け入れる報酬として、オイディプスはテセウスに、自分の隠された骸は「永遠に、新しいままの、アテナイのあらゆる偉大さの根源」となりつづけるだろうと約束する。

古代の物語では、オイディプスの死だけが、圧倒的な力の源泉である秘密の墓について語るわけではない。ヘロドトスは、スパルタ人がデルポイの神託を求めるまで、いかに敵のテゲアに打ち負かされつづけたかを語る。巫女たちはオレステスの永眠場所を探しだして、その遺骨をスパルタにもち帰れば勝利するだろうと約束する。ホメロスの叙事詩に登場する「アガメムノンのよく知られた息子」オレステスは、母親のクリュタイムネーストラーとその情夫アイギストスを殺し、彼らに殺された自分の父親の復讐を遂げた人物だ。スパルタ人の探索努力は無に帰するが、神託からのさらなるヒントで、スパルタ人のリカースが鍛冶屋の庭に向かう。神託からの手がかりによれば、オレステスは打撃と反撃の場所に埋葬されていた。リカースが鍛冶場の〔連打する〕作業を眺めていると、鍛冶屋は庭に井戸を掘った折に、長さが3メートルはある巨大な棺を発見して驚いたことを語る。なかに同じだけの身長の遺体が納められていたのだ、と。

リカースはスパルタの同郷人に自分が聞いた話を伝えたあと鍛冶場に戻り、自分は故郷を追われた身ゆえ、庭先を貸してもらえないかと鍛冶屋を説得した。ようやく庭を自由に使えるようになると、彼はオレステスの遺骨を掘りだしてスパルタに意気揚々と帰国した。「その日以来、ラケダイモン人〔古代スパルタ人〕はどんな力試しの場でも、相手よりはるかに勝るようになった」と、ヘロドトスは書く。

オレステスとスパルタ人の物語は、後世にも同じような物語となって繰り返されているのかもしれない。チェルノブイリの爆発事故で原発を緊急停止させた作業員ら最初の犠牲者たちは、モスクワで厚さ1・5メートルのコンクリートの下に、亜鉛張りの棺に納められて埋葬されたのだと、アレクシエービッチは語る。

はるか遠い未来にその墓を見つける人がいたとすれば、個々の人間がそれほど驚異的な手法で密封されていたことに、間違いなく疑問を掻き立てられるだろう。古代の埋葬地に入念な配慮が施されていることは、被葬者が行使する力か、生前に彼らに向けられていた敬意を示す指標なのだと私たちは考える。こうした場所は好奇心を煽り、封印されたなかにみずからの富を増やし地位を高める宝を発見するかもしれないと考える人びとの関心を引き寄せる。「歳月によっても破壊できない力」を恐れて、私たちが地中に隠すものは、隠された状態のままにはならないかもしれない。

使用済み核燃料の行方

核の廃棄物は破壊的な力をもっているにもかかわらず、正確にはどれだけ存在するのか、驚くべきことに誰も把握していないようだ。２００７年には、国際原子力機関（ＩＡＥＡ）が世界中の核保有量の把握を試み、世界各地で２２０万トンの濃縮ウランが生産され、それと並行して2億２０００万トンもの放射性の鉱滓が残されたと推計した。

オーストラリアのレンジャーだけでも、開鉱してから年間３３００ないし５５００トンの燃料を産出してきた。ＩＡＥＡの報告書からわずか10年後に、ここでは3万５０００トン以上の八酸化三ウラン（イエローケーキの主成分）を生産し、そのすべてが福島や、エディンバラ近くのトーネスをはじめ、世界各地の原子力発電所に輸送されていた。トーネスは毎春、私が学生たちと訪れる海岸から見える原発だ。廃棄物は大量にあり、そのことが突きつける問題がなくなりはしないというだけで充分である。

世界には450カ所の稼働中の原発があり、そのほとんどは使用済み燃料を地表で、鋼鉄製キャスク内にガラス固化させて格納している。だが、これらは短期的な解決方法でしかなく、廃棄物が生命にとって危険ではなくなるまでに経過しなければならない歳月の長さを考えれば、途方もなく脆弱だ。使用済み核燃料を長期的に安全に保管することは、深刻な難問である。国際条約は海洋への投棄や、南極の氷床への埋蔵を禁じている。これを宇宙に打ち上げることも、ロケットの事故で使用済み燃料が大気中に拡散する危険もなく安全に暮らせるようにならない限りは、可能ではない。

この問題に対処するために、原発のある国々から技術者と科学者が何十年間も、何十億ドルも費やして、高レベル放射性廃棄物でも安全に保管できるような地中の深い場所を開発してきた。彼らの試みは困難に苛まれている。2002年にアメリカ議会は、ラスベガスから160キロほどの距離にあるネバダ州のユッカ山に、7万トンの使用済み燃料を地中深くに保管する施設を開発する計画を承認したが、推定費用が1000億ドル近くにまで上がったため、9年後に財政支援が撤回された。

1999年には、ニューメキシコ州カールズバッド近くにある核廃棄物隔離試験施設（WIPP）でTRU廃棄物〔超ウラン元素を含む低レベル放射性廃棄物〕の最初の埋蔵分の受け入れが始まった。大半は汚染された防護服や実験器具で、核兵器の生産過程で発生した有害な懸濁液を固化したものも含まれていた。人為的につくられた放射性核種が地下に保管されたのは、これが最初の事例だ。計画では、2030年までWIPPへの搬入をつづけ、それから少なくともこの先1万年間は侵入物を防いで安全に保管することになっている。

カールズバッド周辺の土地が選ばれたのは、ここが太古からの大量の岩塩——ペルム紀サラド層——

の上に位置するからだ。2億5000万年前ごろに浅い海の一部がサンゴ礁によって外洋と切り離されたときに堆積したものだ。淀んだ水はゆっくりと蒸発し、あとには塩の結晶の層が残され、今日ではその厚みが200から400メートルにもなっている。サラド層は塩が広がるために、非常に効力の高い「墓」の役割をはたす。WIPP内部の室内の壁は徐々に内側ににじりでるので、最終的には廃棄物は完全に呑み込まれる。この層はまた地下水の流れも堰き止め、可塑性も非常に高く、内部のものを地殻変動から守る。将来、「墓」に地震でひびが入っても、にじり寄る塩によって亀裂は自然に修復されるだろう。

だが、人間による侵入はそれとはまるで異なる話であり、この現場からわずか1キロ先に5400万バレルの化石燃料が埋蔵されているとなればなおさらだ。WIPPが突きつける危険を、まだ生まれてもいない何千年も先の人びとに伝えることは、前代未聞の問題である。難題は、都市や筆記の存在よりも長期にわたって有効な――判読、解釈が可能で、それゆえ効力のある――メッセージを考案することだった。

後世に危険を伝えるための標識

どんな言葉にも半減期がある。通常、これは750年以上だが、極端な例では1万年以上にもなる。使用されることで、言葉の一部は価値が失われてゆき、その他は変容するが、放射性元素のように、いずれも容赦なく同じ衰退にさらされる。古言語学者はこれを意味的または音声的弱化《イロージョン》と呼ぶ。古英語の詩『ベーオウルフ』の冒頭で注意を呼びかける「hwæt」(「聞け！」を意味する)という奇妙な命令を初めて読んだときに、私の学生たちが遭遇する影響力だ。オーストラリアのイディンジ語の例は、言葉が地名では長く残ることを示すし、代名詞や数詞に「超保存」された語なども確かに長く残る。英語では、「I」、「you」、「not」、「here」、「how」は2万年前の言葉と考えられている。

だが、残っている語はわずかしかなく、意味のある会話をするには不充分だ。遠い未来と対話する問題を検討した報告書の1つは、いまから1万年後の英語には——まだ話されているとしても——現在、使われている基本的な単語のわずか12％しか残らないだろうと予測した。

この問題はつかの間、人間の言語の研究でこれまで考案されたなかで、おそらく最も優れた知識の一分野と思われるものを生みだした。核記号学と呼ばれるもので、その創始者はアメリカの記号学者のトマス・シビオークだ。1984年にシビオークは驚くほど遠い未来にまで想像力を働かせた短い論文を発表した。膨大な歳月による弱化の影響で警告のメッセージが損なわれるのを防ぐ最良の方法は、原子力祭司職と彼が名づけるものを設けることだろうと論文のなかで彼は提案した。

シビオークは神話のもつ連続性と力を信じていた。WIPPのような場所一帯には、迷信を根づかせるべきだと彼は言い、放射線を浴びた土地を病と脅威のオーラで囲み、事情に疎い人びとの好奇心を削ぐべきだとした。シビオークの原子力の祭司——「博学の物理学者、放射線関連の病気の専門医、人類学者、言語学者、心理学者、記号学者、および現在でも未来でも必要となる専門知識がなんであれ、それらをもつ人びとからなる委員会」——は、特別に考案した毎年の儀式によって、埋設されたものの真実を守ることになる。

劣化させないための予防として、シビオークは情報を伝えるためのリレー・システムを考案し、メッセージが3世代周期で更新されるようにした。そうすることで、各時代の現職の祭司職のひ孫でも理解できるようにしたのだ。そのように計算された進化であれば、言語の変化にもついてゆけるだろうと、彼は主張した。

オイディプスはみずからの埋葬に直面したとき、テセウスに似たような命令を下した。「だが、これらは壮大な謎なのだ［……］／その深みから決してそれらの謎を言葉で目覚めさせてはならぬ」と、彼は警告する。

あなた自身が人生の終わりに到達したら、
それらの謎を最愛の長男にのみ明かし、
息子には自身の後継に明かさせ
そのようにして永遠に、世代を超えさせるのだ。

シビオークのリレーは歳月を超えるにつれて変化し、それを維持して500年ごとに更新することを将来の世代に命じ、「命令を無視することは、超自然の報復を招くに等しい」と遠回しに脅す「メタメッセージ〔根底にある言外の意味〕」によって補われることになる。

1990年代初めに、WIPPのための標識計画を立てる作業が2つのチームに委託された。1つのチームは警告を発する景観をつくりあげることに専念し、もう一方は文字と絵文字を合わせたメッセージの作成に携わった。最終的な報告書は、この敷地全体を、いわばボディ・ランゲージによる情報伝達システムにして、頭脳だけでなく五感も恐怖の体験に引き込むことを提案した。障壁は純粋に象徴的なものになるだろう。標識は事実上、文化的規範が古代エジプト社会のそれと同じくらい、私たちの規範とはかけ離れた人びとに特定の感情反応を引き起こすことに頼るものとなる。

　結果的に、それぞれのチームが提案した構想は、じつに幻想的な一連の世界を想像したものになった。手強いトゲ植物がはびこり、稲妻形の土塁〔敷地周囲を何本もの土塁が放射状に囲むもの〕、巨大な杭が一面に打ち込まれた土地など、気が触れた巨人一族の仕業のようなものだ。あるデザインは、黒く染めたコンクリートの大型プールが中心にある。砂漠の熱を吸収し、それを放射し返す虚無だ。別の案では、有害であるだけでなく放射能すらもつ物質を耐久性のあるガラスカプセルに入れて埋め、一帯が攪乱されれば、カプセルが壊れるようにすることが提案された。

　２００４年に発表された最終デザインには、どんどん複雑さを増す5段階の警告メッセージが含まれ、石碑と地中に埋めた手がかり、および文字による記録が入り交じっている。管理区域の境界では高さ7・6メートルほどの花崗岩の石碑〔32基〕が立ち並んで目を光らせ、〔その中心部にある〕処分場《リポジトリー》の専有面積《フットプリント》の輪郭にもさらに石碑が並ぶ。それぞれの石碑には7つの言語〔標準中国語、英語、スペイン語、フランス語、ロシア語、アラビア語、ナバホ語〕でメッセージが刻まれ、向こう1万年間はこの一帯を掘り返したり、ドリルで掘削したりすることを禁じる。

　5メートルほどの深さに埋められる石碑の下部にも、同じ命令が刻まれることになる。そのメッセージには、エドバルド・ムンクの「叫び」をモデルにした嫌悪や反発を表わす顔が添えられる。処分場専有面積の内側に60センチから180センチ強の深さに無作為に埋められた直径23センチほどのセラミック円板にも、省略された警告文と人間の存在意義を問うようなムンクの恐怖のアイコンが添えられている。高さ9メートルの盛り土には異常を知らせるために磁気とレーダーを反射するものが埋め込まれ、内側に並ぶ花崗岩の環状石碑を取り囲む。

地表から6メートル下には2つの保管庫が埋められ、一方は盛り土の内部に、もう一方は外にあって、円錐形の開口部が1カ所ある。地表のメッセージを無視し、これらの保管庫内に押し入ろうとする者は誰でも、それ以上進むことの危険を知らせる詳細な警告が刻まれた花崗岩の壁に突き当たる。あるいは「ホットセル」〔放射性物質を扱うための遮蔽された設備〕に遭遇する。これは輸送されてきたTRU廃棄物が「道路用」キャスクから保管用キャスクに移し替えられたあと、WIPPに密封される場所で、低レベルの放射性物質が残る考古学的遺構となる。

この場所のいちばん中心に置かれる情報センターには、処分場の鳥瞰図と地質学的な断面図がある。さらに元素周期表と、ここが建設された時代を示すためのベガ、アルクトゥルス、シリウス、カノープス〔それぞれこと座、うしかい座、おおいぬ座、りゅうこつ座の1等星で、見える方角から地軸の傾きがわかり、時代が推測できる〕、およびその他の処分場を示す世界地図がある。WIPPの完全な記録とその内容は、別の場所に仕舞われ、シビオークの原子力の祭司職のような人びとによって維持されることになるのだろう。

WIPPの石碑などの標識は、実際に建立されることになれば、神話化されるべくつくられた景観を表わし、それをつくりあげた人びとが塵となったはるかのちに恐ろしいメッセージを広めるものとなるだろう。だが、これらの神話の本質は——それが私たちの礼節を公言するにせよ、野蛮さを明らかにするにせよ——いま生きている人間の誰一人として力のおよばないものなのである。こうした神話には、片意地になって自己権力を拡大化する何かがあるようだ。警告だけでなく、私たちの文明がなしうる破壊の程度の証左にもなるものだ。となるとおそらく、その本当の忠告は私たちのためにあるのだ。ギリシャ悲劇のコーラスのごとく、ＷＩＰＰの現場一帯に配置された「叫び」の顔は、私たちがつくった病の国々を嘆くのだろう。

ソポクレスは、紀元前４０６年に死去する直前にオイディプスの亡骸をめぐる激しい争いについて書いたが、５年後に『コロノスのオイディプス』が上演されたころには、アテナイは戦争で荒廃していた。この都市がかつての栄光を取り戻すことはなかった。ソポクレスの最後の作品を観劇したアテナイ人は、オイディプスが埋葬後の自分の屍を守ってもらう見返りに、テセウスに永遠の加護を約束するのを聞いて、将来も厄災から守られていると思い込む驕慢《ヒュブリス》に気づき、墓の向こうから自分たちの市に届けられた嘆きを見ているのだと感じたに違いない。

忘れられることを意図したフィンランドの処分場

草原や小さな木立には霧雨が降っていた。いまでは少し涼しくなったが、猛暑に見舞われていたので、オルキルオト島を横断してオンカロに向かうあいだ、空気はまだ蒸し暑かった。

オルキルオトはフィンランドのボスニア湾沿いにある面積約10平方キロの島で、トウヒ、ヨーロッパハンノキ、マツに覆われている。木を愛する人びとの国の深い森と同様に、この森は平坦な土地に何キロにもわたって切れ目なくつづいていた。フィンランドの2カ所の原子力発電所のうちの1カ所がこの島にある。ここはまた使用済み核燃料の世界初の地層処分場が設けられることになる場所である。その手法は、表面的には拍子抜けするほど単純だ。大昔の基盤岩まで掘り下げる。特別に設計された銅製キャニスターに入れた廃棄物を埋める。穴を埋め戻す。地表には何の痕跡も残さずに撤収する。

WIPPは病の国の新たな物語を生みだす場所として意図的に考えられたものだが、それとは異なり、フィンランドの処分場のオンカロは忘れられることを意図している。

オンカロはフィンランドの核廃棄物をこの先120年間、地下450メートルの基盤岩のなかに保管する。フィンランドではすでにトラックが通過できるほど広いトンネルを5キロ分完成させている。フィンランドの地質は危険な物質を長期間保存するうえではとくに適している。この国は20億年近く前に貫入した火成岩からなる花崗岩の巨大な餅盤《へいばん》〔地層に侵入したマグマが鏡餅状に広がって固まったもの〕、つまり先カンブリア紀のバルト楯状地の上に位置している。いまは最終氷期後に堆積した漂礫土の層の下に埋もれているが、フィンランドの基盤岩は実際にははるか昔に消滅した山脈の根元部分なのである。この基盤岩は地球上でも屈指の、地質学的に安定した均質の地域をなしており、プレートの境目にあって、氷床の重みによって生じた細かい亀裂が入る断裂系が随所にある場所とは、まるで異なる土地だ。こうした断裂系は自然の可塑性を与え、ストレスにたいする一層の緩衝材となる。

WIPPとは異なり、オンカロは付近に貴重な資源は何もない。地下水の流れはきわめて制限されている。地下300メートルより下を流れる水は、過去20億年の大半は地下にあっただろう。バルト楯状地は、地球上にいた唯一の生命が細菌であった時代から、ほとんど変わっていないのだ。祖国がそれほど神話的な岩の上に立脚するフィンランド人には、おそらく新しい神話など必要がないのだろう。

私がオンカロにやってきたのは、この先何万年ものあいだ使用済み核燃料を安全に保管するはずのトンネルを歩く機会だからというだけでなく、この場所に目印を残さない計画に興味をそそられたからでもあった。これは途方もない不注意であるか、はるかな時を超えて意思を伝えようとすることの驕慢さを抜け目なく見抜いているからと思われた。

私は世界各国の報道関係者用のツアーの一員に加えてもらう手配をし、原子力発電所のビジターセンターに集合するように指示された。オルキルオト島への道は、若干の農場と木造の建物がちらほら立つだけの、ほとんど人の住まない平坦な田舎を通り抜けてゆく。ゲートのある原発への入口にある撮影禁止の標識だけが、ここに通常ではないものが存在することを示していた。

私は早めにでかけ、いちばんに到着した。受付の係員は私の名前を確認し、ほかの報道関係者が到着するまで、展示を見て時間をつぶしてはどうかと提案した。そこでは鉱石の採掘から発電まで、さらに最終処分までが、子供のおとぎ話のようにきわめて明確で単純に語られていた。すべてが汚染物質のでない《クリーン》かつ管理されたものなのである。このセンターはまだ早朝の静けさに包まれていたが、カフェテリアからはラジオで流れている2アンリミテッドの「ノー・リミット」のテクノポップのかすかなビートが聞こえてきた。

展示の最後には、巨大な銅製キャニスターが光っており、その隣には、円柱状の鋳鉄の塊に、四角い穴が格子状に貫通している〔バスケットと呼ばれる〕物体の冷たい輝きがあった。どちらも4・5メートルの長さで、銅製キャニスターは私が楽々となかに入り込めるほどの大きさがあった。その一端には、光る巨大な銅貨のような蓋が下向きに開いた状態になっていた。フィンランドは、この方法で詮索好きの人びとの目から廃棄物を守るつもりなのだ。

使用済み燃料は、指の爪ほどの大きさのセラミック・ペレット状に固められて筒《ロッド》のなかに並べられ、鋳鉄製円柱に開いた四角い穴のいずれかにそのロッドが挿入される。その後、円柱ごと銅製キャニスターに収めて、光り輝く蓋で封印する。キャニスターはオンカロ内部の地下450メートルの深さまで運ばれ、基盤岩を8メートル掘った穴に垂直に格納する。穴は粘土の緩衝材で埋めて、動いたり地下水が浸食したりするのを防ぎ、その上にコンクリート製の蓋をする。

オンカロ内部には、137本の短いトンネルに合計で5400の格納用の穴が掘削されることになる。それぞれのトンネルは満杯になったらベントナイト粘土で塞がれ、コンクリートで密封され、それから処分場全体が地表まで埋め戻されて、入口は覆い隠される。その後は、地表に森が再び広がるのに任せるのである。

フィンランドの技術者は、自分たちの設計と材料の耐久性を証明する類似例を世界各地で探し回った。1676年にエーランドの戦いでスウェーデンの軍艦クローナン号とともに沈没し、水浸しの堆積物のなかに先端から着地した青銅製カノン砲は、400年間に腐食した部分が4%以下しかなく、銅製キャニスターの耐久性を示していた。イギリスのデボン州リトルハムにある泥岩層で見つかった自然に形成された板状の銅は、1億7000万年後にもおおむね変化がなかった。2000年前のローマ支配時代にスコットランドのインチテューシルで穴に落ちてそのまま残った釘は、円柱状の鋳鉄製挿入物の信頼性を証明していた。イタリアのドゥナロッバで200万年前に保存されたヒノキ科スイショウ属の木は太古の昔の鉄砲水で湖成粘土のなかに垂直のまま埋まっていたし、中国では2100年前の女性の遺体が、棺のまわりにあった分厚い粘土層によって自然に保存された状態で見つかり、臓器も残っていて、関節はまだ動く状態だった。これらの事例は、障壁としてのベントナイト粘土の有効性を裏づけていたのである。あらゆることが整然として、きちんと検査されているように思われ、WIPPの計画につきまとって見えた空想的な雰囲気とは対照的だった。

『カレワラ』に書かれた「神秘的な輝く蓋」

だが、おそらくフィンランド人はもっと自国に近い別の類似例にも目を向けることができただろう。オンカロを訪れた前の晩に、私はボスニア湾に面した海岸まで行って、銅色の光のなかでフィンランドの国民的叙事詩、『カレワラ』を読んだ。『カレワラ』を構成する民話や歌は、19世紀に医師エリアス・リョンロートが各地をほとんど歩いて集めたものだった。毎年春になると、彼はフィンランドの地方にでかけ、靴を脱ぎ捨てて足をタールで覆い、この方法で2万1000キロ近く歩いて昔話を探し求めた。彼はそれを『オデュッセイア』に倣って、1つの叙事詩的な物語にまとめあげたのである。『カレワラ』のなかでも格段に奇妙な話は、サンポの鍛造の話だ。

この話は、暗い北の国の女主人ロウヒへの借りを返すために、詐欺師の老人バイナモイネンが鍛冶屋のイルマリネンを騙すところから始まる。バイナモイネンは、はるか北方に若い絶世の美女がいて、言い寄ってくるすべての男を拒んできたのだと信じ込ませる。だが、この美女は見事なサンポを鍛造した人には従うのだという。サンポは、「輝く蓋」とも呼ばれる強い威力のある謎の物体で、イルマリネンのような熟練の職人だけが打ちだせるものだった。そこで、抜け目のないバイナモイネンは風に歌いかけて強風に変え、イルマリネンを運ばせて、陸地も水の上も越えてはるか北方まで向かわせた。

ロウヒは、イルマリネンが舞い降りて、新しいサンポをつくるためにやってきたと宣言すると、すきっ歯を見せてにんまりと笑い、娘にはいちばん上等な服に着替えて、頬紅をつけるよう言い聞かせる。「イルマリネン、とこしえの職人がサンポをつくりにやってきた。輝く蓋を輝かせに！」と、ロウヒは叫ぶ。

ロウヒの娘の美しさにのぼせ上がったイルマリネンは、白鳥の羽根ペンの先、子を産まない牝牛の乳、小さな大麦の粒、雌羊の夏毛からサンポをつくる作業に取りかかる。彼は鍛冶場に適した場所を見つけ、鞴《ふいご》を組み立て、激しく燃える火を熾した。そこで彼は炎のなかに原料を押し込み、三日三晩、鞴を使いつづける。

初日、鍛冶場の下を覗いて、なかがどうなっているのかを確認したイルマリネンは、金の弩《いしゆみ》を見つけるが、彼は満足せずそれを折ってしまう。2日目は、舳先が金色に輝く赤い小舟を引っ張りだすが、これも粉々にした。3日目には、金色の角の若い牝牛が、4日目は金色の犂《すき》の刃がでてくる。鍛冶場で壮大な炎を熾していたイルマリネンは、いずれにも満足しなかった。しまいに彼は鍛冶場の下を覗き、輝く蓋が形をなし始めているのを見る。彼はありとあらゆる技を駆使してサンポを金槌で打って形を整える。仕事をやり終えた際にできあがったものは、一方が粉挽用の臼《ミル》で、もう一方は塩を挽く臼、さらにもう一方は硬貨をつくる機械《ミル》になっていた。

「それから新しいサンポは軋み、輝く蓋は揺れた」と、『カレワラ』は記録し、あふれるほどの食べ物と、売り物を、さらに保管すべき物を生みだした。

イルマリネンができあがったものを届けると、ロウヒは再びにんまりと笑い、サンポを北の国の銅鉱脈がある岩山の地中奥深くに運ぶ。彼女は9重の鍵をかけてサンポを隠し、力強く締めつける根で、9尋〔通常は水深の単位で、1尋は約1・8メートル〕の深さに保管する。

『カレワラ』には、サンポがどんな外観で、厳密には何ができるものなのかを正確に表現する記述はどこにもないが、これは明らかに待望されたもので、無限の富を生みだす源と考えられている。私が読んだ版の翻訳者は、「この言葉はギリシャ語で輝かしい策略を意味するダイダロスと、ウェールズ語で霊魂の宿る輝きを表わすグウィンのなかほどに位置するもので、英語にはそれに相当する言葉が見つからない」と、記していた。フィンランド最大の叙事詩の中心では、神秘的な輝く蓋が光を放っていたのである。

オンカロへの処分

ほかの人びとも到着し始めていた。フランスからはジャーナリストが、イタリアからもやはり記者がきていたほか、イタリアの写真家、ベルギーの建築家、それに私たちのフィンランド人ガイドのパシというメンバーである。銀色の顎鬚をきれいに整え、細身できちんとした身なりのパシは、オンカロの建設を請け負うポシバ社の広報担当部長だった。コーヒーを飲みながら、彼はオンカロにたいするフィンランドの取り組みは、開示性と信頼にもとづくものなのだと説明した。「知っていることが少ないほど、不安は増します」と、彼は肩をすくめながら言った。フィンランドの使用済み燃料は40年間、地上で保管して温度を下げ、放射線量も大幅に減らしてから、オンカロに処分される。５００年経ったら、使用済み燃料からの放射線量は、１人当たりの年間の自然放射線量と同等になるだろう。１万年後には、これはＸ線で検査を受ける程度の害でしかなくなる。

「このことを年中、質問されるわけです」と、パシは言った。「時限爆弾をどうして地中に埋めたりできるのか、と。でも、３００年から４００年も経てば、天然ウランと変わらない危険度になります。それを食べたりしてはいけませんが」。だが、ポシバ社は未来における少なくとも1度の氷期を乗り切れるだけの25万年という参考期間を設けていると、私は読んでいた。

そうであれば、なぜそれほど長期にわたって安全にしているのかと、私は尋ねた。なぜ1万年という期間にそれほどの重点が置かれるのか？「安全だと感じられるようにです」と、彼は答えた。ただ感じるためなのか？ パシは頷いた。

オンカロは２０２０年に開業する予定になっており、次の世紀のなかばごろまで使用済み燃料を受け入れてから、最終的に封印される。処分場の長い寿命を考えれば、そこに目印を付けようと試みるのはばかげているだろうと、パシは述べた。「いずれ、次の氷期がすべてを消し去るでしょう。1万年ほどは存在するかもしれませんが、その後はパリも、ロンドンもなくなります。地表のものは何であれ、氷には打ち勝てません。氷が後退したあとで人間がここへ戻ってきたとしても、われわれが残したどんな標識もなくなっているでしょう」。気候の変化によって到来する時期が遅れたとしても、新たな氷期は北ヨーロッパ全域を数キロの厚みの氷で覆いつくし、それが基盤岩を下方へ押しつけるだろう。オンカロの設計はこのことも勘定に入れているようだが、地表に残されたものを守るすべは何もない。

別の時代には、ここは浅い海の下になって水没するか、大気にさらされるだろう。オルキルオト島周辺の地域は、最後の氷床が後退したのち年間6ミリの割合で押し戻されつづけ、その後数千年にわたって目には見えないが、容赦なく隆起しつづけると考えられている。いまから1万年後には、オンカロは15キロも内陸に位置することになるとポシバ社は予測する。

そのような不確実性を考えれば、廃棄物を隠して、未来の人びとはそれほど好奇心が強くないだろうと信用することが、最も現実的な解決策なのかもしれない。信用は確かにフィンランド人の取り組みの根底にあるようだったが、それは現代のフィンランド人のあいだに信頼を築くことを模索するだけでなく、未来の世代の創意工夫と忠誠心にも信頼を置くものだ。オンカロの建設は、これまで実施されたどんな工学プロジェクトとも異なり、何世代にもまたがる責任なのだ。ここを最終的に閉じる技術者たちの曾祖父母もまだ生まれていない可能性がある。オンカロを封印することは、今日ならば、まだ空の旅もインターネットも抗生物質もない19世紀末の時代に始まった事業の幕引きをするようなものだろう。当時は、フィンランドそのものが——この国は1917年にロシアから独立した——国家としては存在していなかった。

私たち一行には、オンカロの掘削現場で働く水文地質学者のアンネ・コントゥーラが加わった。私は彼女に、未来の世代に警告を伝える可能性についてどう感じるか聞いてみた。「非現実的だと私は思います」と、彼女はきっぱりと言った。「100万年間にどれだけのことが起こりうるか考えてみてください。地質学的にはそう大したことはなくても、人間にとってはとてつもない時間です」。次の氷期が訪れるだろうとするパシの指摘を、私は繰り返してみた。彼女は頷いた。「気候が変化しても、惑星としての氷期のシステムはつづくでしょう。50万年後には、二酸化炭素の濃度は産業革命前のレベルに戻りますから。でも、私たちはこの土地の基盤岩を信用しています」

私はムンクの「叫び」の顔の画像を含め、WIPPの目印を残すための最終デザインをアンネに見せた。彼女がそれを見るのは初めてだった。彼女は礼儀正しく振る舞ってはいたが、怪しんでいる様子はありありと見てとれた。WIPPでは入口の上に1万個の石を螺旋状に積み上げることを含む設計を提出したのだと、設計者からは聞いていた。彫刻家ロバート・スミッソンの「スパイラル・ジェッティ」〔ユタ州グレートソルト湖にある渦巻き形の土塁〕のように、各石には星図が刻印される。毎年、指名された人が石を1つずつ取り除き、〔1万年後に〕入口が露出するまでつづけるのである。

「どうするか決めるまでに、私たちにはあと100年あります」と、アンネは言った。でも、あなたには優先案があるに違いない、と私は言った。彼女の答えは揺るぎなかった。「そうです。目印はつけない、というものです」

私はテーブルを離れて、紅茶のお代わりをもらいに行った。飲み物のサーバーのところにパシがいたので、未来の人びとはオンカロが埋められたのちに、新しい『カレワラ』のように、その物語を語り継ぐと思うか尋ねてみた。「いい質問です！」と、彼は言った。「ここを神話化したい人は確かにいます」。オンカロの名称は、もともと研究する科学者のあいだで非公式に使われていたが、のちにそれが定着したのだと、彼は私に語った。オンカロは、動物が棲む穴を意味するのだと彼は言った。「キツネのような森の生物が、オンカロに棲んでいます」。巣穴のようなものかと、私は聞いた。「まあ、そういうわけでもありません。手を突っ込みたくないような場所です。何かに噛みつかれるようなところです」と、彼は言った〔オンカロは空洞、洞窟を意味する〕。

地中深くの処分場

私たちは小型バスに乗って、処分場に向けて出発した。オンカロには2カ所の処分場があった。一方は低・中レベルの廃棄物で、もう一方は高レベルの廃棄物のための地中の奥深くの場所だ。「ここは原生林です」とパシは、一帯を走りながら言った。「オジロジカやヘラジカが見られるほか、海岸沿いではウミワシ類が見られます」。50キロ先のポリでは、近年、2頭のオオカミが目撃されたようだ。「ここは『カレワラ』の土地なんです！」と、彼は上機嫌で言った。

原子力発電所そのものを通過する際に、パシはこの発電所の最も珍しい副産物について語った。巨大なタービンを動かすために熱せられた水の一部は地下にポンプで送り込まれているため、厳冬期でも土壌が凍結しないのだ。これこそブドウを栽培して、ワインを醸造する機会だと考えた人びともいた。「われわれはここをシャトー・オンカロと呼んでいます」と、パシは言った。「でも」と、彼はまだ失望感を漂わせながら付け足した。「あまりよいことではありません」

私たちが最初に立ち寄ったのは、低・中レベルの廃棄物を埋める、ＷＩＰＰで汚染された衣服や器具が保管されているのと同様の施設だった。そこは何という場所でもなく、原発内の車両の車庫か変電所のような趣だった。土塁内の空洞部に設置された、ただのずんぐりした長方形の施設で、あとでオンカロから掘りだした素材で建設されたことを知った。だが、道は入口の先にもつづいており、岩のなかへずんずん下っていた。

内部はひんやりとし、直管蛍光灯で明るく照らされていた。露出した花崗岩の壁に入る石英の筋は、暗闇のなかでとてつもなく長い歳月を過ごしたあとに、人工照明のもとで光っていた。「これらの岩は19億年前のものです」と、パシが大声で言った。岩肌に沿って深い平行線が刻まれており、それぞれが浅い凹面で終わっていることに私は気づいた。トンネルを掘るために爆薬が使われた場所に打たれた句読点だ。私は再び、エディンバラの国立博物館の倉庫で手にした20万年前の石斧のことを考えた。バルブ・オブ・パーカッション〔打瘤〕がうねり、はるかな時間を超えたつながりの波が、斧を握った途端に私のなかに伝わってきたときのことだ。私たち一行は1歩ごとに数千年の歳月を抜けて下って行った。

その先のゲートで私たちはヘルメットを受け取り、廃棄物が保管されている場所までエレベーターで降りた。エレベーターからでて最初に見たものに私は驚かされた。地表から60メートル下の生命だ。エレベーターのそばの壁は、電灯を浴びて繁茂する湿った緑色の苔で鮮やかに色づいていた。

パシは洞窟状の保管庫に私たちを案内した。そこは航空機の格納庫ほどの広さがあり、両端に高座のようなものがあって、それぞれサッカーができるほどの広さになっていた。しっくい塗りの壁は光り、塗りたてのペンキのにおいが鼻腔に広がった。「この下に廃棄物を保管します」と、彼は言い、双方の「高座」を指さした。「一方には低レベルのものを、もう一方には中間レベルのものを。そのにおいは放射線を浴びた衣服の腐敗臭です」

この保管庫をでる前に、私たちは1人ずつ検査され、どれだけの放射線を吸収したかが確認された。私の数値は2・2ミリシーベルトで、自宅で1年間に環境放射線として浴びるのとほぼ同量だった。「ここは非常に安全なので、小学生の団体も案内しています」と、パシは言った。地表にでると、私は新鮮な空気を再び吸って安堵したふりをした。私たちは小型バスに乗り込んだ。次の目的地はオンカロそのものだ。

処分場につづくゲートのところで、私たちは地下でガイドを務めてくれるヤリに迎えられた。彼の仕事は岩盤を粉砕することだ。「仕事は楽しいですか?」と、誰かが尋ねた。「非常にいいこともあります!」と、彼はにやりとして言った。再び安全装具を受け取ると、ヤリが私たちをもう1台のずっと小型のバンへと誘導した。

小型バンのフレームに手をかけながら後部座席に乗り込んだとき、こちらを見ていなかったヤリが運転席のドアを勢いよく閉めたため、あと数ミリで手を挟まれるところだった。私が慌てて手を引っ込めると、「ああ、しまった!」と彼は言った。そこで私は指を動かして笑い、無事であることを見せた。

私たち一行は小型バンにぎゅう詰めに乗り、私は左側を見下ろした。ここまで何百キロも旅してきながら、私の旅は間一髪でここで終わるところだった。

だが、私たち一行は進みつづけた。オンカロへの道は、巨人の舌のようにぐるりと回りながら、岩のなかに私たちを注ぎ込んでいるようだった。いくらか呑み込まれるような感覚があった。日の光はすぐさま消え去り、私たちは赤銅色の光を浴びながら、そのまま下方へ突き進んだ。

5分ほど進んだ、地下200メートルほどの深さで、私たちは車を止め、写真家たちが写真を撮れるようにした。バンの外の空気はかび臭かった。道は双方向に暗闇のなかへ傾斜してつづいていた。岩壁沿いには、一定の間隔で標識が掲げられ、消火器や非常口の場所や距離を示しているが、こうした人間社会の秩序をほのめかすものも、私たちがどこか非常に原始的な場所に、まだ地球が形成途中の太古の場所に立っているという感覚を少しも鈍らせはしなかった。

非常口を示す標識には、暗い出入口へと走る棒人間が描かれていた。岩肌には、湿った粘土に巨大な指を走らせたかのように、さらに刻み目があった。細い筋になって水が滴り落ちていたが、もう一方の処分場とは異なり、ここには生命の気配はどこにもなかった。水はバルト楯状地のわずかな割れ目のなかにじつにゆっくりと染み込むため、それが雨となって最後に降ってから何十万年も経ているかもしれない。

私はヤリに、これまで建設された5キロのトンネルを掘るのに、どれだけの岩が掘り返されたのか質問してみた。彼は合計の数量は知らなかったが、前年だけでも10万トン前後だろうと推測した。

私たちは地下450メートルまで進み、処分場の最基底部にある洞窟内の分岐点で車を止めた。そこには数方向へ分かれるトンネルと、昆虫型の巨大な掘削機械があった。ときおり、トラックが猛スピードで通り過ぎるため、傍に避けなければならなかった。空気はそれとわかるほど暖かくなっていた。ここに建設と廃棄に携わる作業員たちが使う、シャワーだけでなくカフェテリアまで含む施設を建てる計画なのだと、パシは私たちに語った。超高速エレベーターが処分場と地表を結ぶことになっている。オンカロはしばらく一種の地下の村の役目をはたすことになり、作業の音と、トンネルを掘る人びとの話し声が響きわたることになる。ここでは数世代にわたる作業員の暮らしがつづけられ、最終的にトンネルが密閉されたとき、岩のなかのこの村について語るものとして残るのは、最後の技術者幹部が携えてゆく記憶だけとなるだろう。

分岐点を探索するあいだに、この深さの壁面は、先ほどの処分場の壁面とは異なって見えることに気づいた。落盤を防ぐために、掘削された表面は天井を含めすべてが金網で覆われてからコンクリートが吹きつけられていた。そばに寄ってよく見ると、粥にも似たでこぼこの表面から、細かい金属繊維が髪の毛のように突きだしているのがわかった。私は頭上にある岩の重さを、歳月の重みを、想像しようと試みた。人間のつかの間の侵入を許容し、再び閉じられるのを待つ処分場の、驚くべき忍耐力である。

私たちの最後の目的地は調査用トンネルの訪問で、そこでは技術者たちが最終的な処分方法に磨きをかけていた。トンネルは3本あり、1本では技術者が掘削孔を懸命に掘っていた。もう1本はそれぞれの処分用トンネルの閉鎖方法が試されており、コンクリートで塞がれていた。だが最後の1本は、童話の『ゴルディロックスと3匹のくま』さながらに、開いていたのだ。そこは私たちが通ってきた出入り用トンネルよりもずっと狭く、一方は行き止まりで、アーク灯の冷たい光に照らされていた。壁面にはごちゃごちゃとケーブルが垂れ下がり、奥には発電機とさらにたくさんのケーブルの束が残されていた。地面に均等な間隔ではめ込まれていたのは、3個のコンクリート製の巨大な蓋で、それぞれ直径1・5メートルほどはあり、真ん中に小さい四角いハッチがある。ヤリが1つ目のハッチをもち上げて、深さ8メートルの円柱形の掘削孔の内部を懐中電灯で照らした。

驚いたことに、内部はライムグリーンに光って見えた。そこには、レンジャーの露天掘りの採鉱場の底で私が垣間見たのと同じ色合いの緑色の水が溜まっていたのである。水の流れを追うために、水に色をつけることがあるのだとヤリは言った。

建設資材が雑然と置かれていたにもかかわらず、このトンネルを表現するのに私が考えついた唯一の言葉は、「神聖《ホーリー》」だった。使用済み燃料のロッドの最終処分がここで行なわれるのだ。はるか未来に向けて隔離される聖域なのである。それは思いがけず、深い感動を呼ぶものだった。処分用トンネルと出入り用の道は、地表まで埋め戻されるが、1万年後の誰かがここまで掘り進めるくらい粘り強ければ、(当初の基盤岩を掘削するよりは、粘土や埋め戻された材料を取り除くほうが間違いなくずっと容易と思われるため)、その人びとはこれを見ることになるのだろう。

自分の感情が不意に未来の訪問者たちの興奮のほとばしりと入り混じったために、私は時間のなかで前へと揺すぶられたように感じた。何千年間も暗闇のなかで垂直に埋められたあと、コンクリートの封印が解かれ、銅製キャニスターの輝きが再び光を浴びるとき、人びとが感じるのは恐怖なのか。それとも、高揚感あるいは畏敬の念なのか？　彼らがコンクリートの封印をどけ、光輝く蓋を露出させるとき、狭いトンネル内で息を呑む音がこだまする様子が私には想像できた。そこではまだサンポは記憶されているだろうか？　彼らは自分たちが神話の源泉を発見したのだとすら考えるだろうか？

私はパシに、トンネルが埋め戻される前に、ほかにも何かが残されるのだろうかと質問してみた。「価値あるものはすべて、もち去るだろうと思います」と、彼は答えた。しかし私には、ここに残されるものの大半は、この地下墓所を築いた人びとについて語ることになるように思われた。廃棄物処分槽と何千本ものキャニスターだけでなく、金網とコンクリートで覆った岩壁も、深い刻み目、技術者たちのシャワーにお湯を運ぶパイプも然りである。

フォース湾に架かる新しい橋を歩いて渡って以来、私が旅をしてきた多くの道のなかでも、いま自分が立っているこの道が、地中の何百メートルも奥底にあるこの道が、未来の化石として存続する可能性が最も高いことに気づいて、私は啞然とした。地上の道路網が何1つ残らなくなったときでも、オンカロに張りめぐらされた42キロの道は、埋め戻されてもそのままの状態で残り、滑らかな路面も、走る人の姿を描いた非常口の案内などの難解な標識もまだここにあるに違いない。未来の侵入者はこうした標識を、まだ見ぬ危険から逃げろという警告と見なすのだろうか、それとも励ましと捉えるのだろうかと私は考えた。ドアを抜けて暗闇へと急がせる誘いかけのように。標識はほかにもあるだろう。オンカロの周囲の土地は、基盤岩の調査のためにあちこちに掘削孔が開いている。

最終処分場に関するポシバ社の報告書は、100万年以上先にオンカロに残るものを予測する。プレートテクトニクスの影響はほとんどないだろう。一連の氷河作用は地表レベルを覆うものや、埋め戻したトンネルの一部を侵食するかもしれない。だがこの時間の枠では同様に、堆積によってトンネルは地中のさらに奥深くまで押し下げられるかもしれない。何千万年ものちには、処分場はおそらく地表に隆起してきて、出入り用のトンネルは侵食されてなくなり、廃棄物処分槽を大気に露出させるだろう。こうした事態が起これば、埋められていた物質の一部は環境に消散する可能性があるが、その時分には自然に産出するウランほどの危険性しかなくなっているだろう。非常に長い時を経れば、これらの物質は取りだされる前の天然ウラン体に似てくる可能性すらある。銅製キャニスターは部分的に硫化銅になっているかもしれないが、溶解度が低いので、これほどのちの時代になってもおおむね元の状態を保っているはずであり、地中に封印されてから40万世代後にも、まだ輝きを放つ地層処分の残存物が発掘されるかもしれない。

ヤリは、出入り用トンネルのさらに先まで私たちを手招きした。トンネルはそこで分岐して新たなトンネルが始まっていた。その先は真っ暗闇だったが、彼が岩壁を照らしだすと、壁は急に活気を帯び始めた。私たちが揺れ動かす懐中電灯の明かりが、絡まり合う緑色の線の下生えを浮かび上がらせたのだ。基盤岩に入った割れ目や断層線をたどった地質学者が、スプレーで描いた線だ。それぞれの線に番号が振られており、数字と赤い点は花と蕾のように見えた。最も深い岩のなかに生きる蔓植物が、永遠にオンカロの暗い壁を這い上っているかのように。

「輝く蓋」の奪還

イルマリネンの物語は、サンポを鍛造して終わりにはならない。サンポは山腹の9尋下にある銅の鉱脈のなかにさほど長く埋められたままにはならないのである。

ロウヒにサンポを差しだしたのち、イルマリネンはその娘に自分を売り込むが、娘は彼の手を取ることも、暗い北の国を離れて嫁ぐことを考えるのも拒む。落胆したイルマリネンは故郷に戻るが、輝く蓋を失い、悲嘆に暮れたつぶやきを抜け目のない老人バイナモイネンが聞きつける。驚異的発明のサンポへの欲望に駆られたバイナモイネンは、イルマリネンのほかに、ファルミンド〔別名レミンカイネン〕という美しい若者も伴って北へ向かい、イルマリネンの素晴らしい創造物を盗みだす。

バイナモイネンは魔法の歌でロウヒの戦士らを眠りにつかせ、イルマリネンが9重の鍵にバターを塗りつけて、蝶番が軋まないように細工し、ファルミンドがなかへ入ってサンポを運びだすことになる。だが、彼がいくら強く引っ張っても、サンポは動かず、バイナモイネンは近くの畑から牛を連れだし、サンポをその場に固定している根のあいだを犂で耕す。3人はこれを船に積み込み、海に乗りだして脱出を図る。

勝ち誇った盗人たちの歌声が水の上を伝わると、鶴が驚いて飛び立ち、北の国中を飛んで甲高い声で鳴いたため、ロウヒが深い眠りから覚める。サンポを失った彼女は嘆いて追跡し、壮大な戦いがつづく。ロウヒは波頭を足で走り回りながら、バイナモイネンの船を攻撃する。鷲に姿を変えたロウヒは、その船縁沿いに鉤爪を引きずる。マストのてっぺんに止まった彼女は、船を転覆させかけるが、捨て鉢になったバイナモイネンがサンポを共有するのはどうかと彼女にもちかける。怒ったロウヒはそれを拒み、その後の争いのなかで、サンポは船外に落ちる。3人の盗人は輝く蓋の上に黒々とした水がのしかかり、激しい波でそれがばらばらに崩れるのを見守る。

絶望の叫びをあげて、ロウヒはその鉤爪で輝く蓋の持ち手をつかんだまま、暗い北の国へ飛び去る。バイナモイネンと仲間はのろのろと故郷へ戻るが、自分たちの敗北と思われたことが、実際には勝利であったことが判明する。彼らが上陸した海岸は、砕けたサンポのかけらで光っている。バイナモイネンはそれらを集めて鉄柵と「石の砦」を建てて防護する。物語は、バイナモイネンが未来に託す祈りを捧げて終わる。自分の末裔には太陽も月も害悪をおよぼさず、北の国の山腹の深さ9尋の地中から救いだした輝く蓋のかけらが保証する富が、いかなる敵からも奪われないことを願うものだ。

忘れ去られることの願い

『チェルノブイリの祈り』で、アレクシエービッチは大惨事直後の日々に「片づけ」作業を手伝うために出動させられた兵士の1人の証言を載せている。防護服や専門的な器具を与えられる代わりに、兵士たちはシャベルとバケツを手渡され、通常の軍服だけを着て穴を掘ることを求められた。彼らの仕事は、目にしたすべてのものを埋めることだった。樹木などの植生から、表土にいたるまでだ。「われわれは地中に土を埋めた」と、彼は回想する。「甲虫やクモや蛆虫とともに、あの別の国全体を。われわれは1つの世界を埋めた」

作家のラッセル・ホーバンにとって、物語を伝えたいという執拗な衝動を象徴するものが、永遠に自分の悲惨な運命を嘆き、怒るオルペウスの切断された首であった。私たちはこの切断された頭部に似たものを、恐ろしい永遠の歌を口ずさみながらやはり埋めてきたのだ。

これまで人間によって考案された最も危険な物質の一部を地中に埋めることは、希望を伝える意思表示だ。私たちが放射性廃棄物をそれほど念入りに隠すのは、それが子孫たちに害をおよぼし、人の住めない土地にすることを望まないからだが、隠す行為は自分たちの記憶を未来の世代の批判から守るためでもあるだろうと、私は推察する。

オンカロやＷＩＰＰのような土地は、長寿命の放射性副産物が地中の奥深くに埋められた巨大な穴であり、そこには原子力を弄んだ私たちの冒険の残存物以上のものが保管される。私たちもまたそこに埋められるのだ。少なくとも、忘れてもらいたいみずからの姿が。私たちは未来にとって自分たちが前代末聞の脅威となったという考えを埋めるのだ。

その代わりにオイディプスのように、私たちの遺物は都市から遠く離れたところに安息の地を見いだし、その身は塵に埋もれて、私たちの罪が記憶から消されることを願っているのだ。そして、内部のどこか奥深くには、私たちのつくった世界が――増殖する病の国や、目に見えない形で訪れる死や、この瞬間の下にあるつかの間の瞬間が――安全に埋められて、置き去りにできることへの期待も込められているのである。

第7章 脅かされる生物多様性

バージニア・ウルフが見た日蝕

1927年6月28日、午後10時ごろ、バージニア・ウルフはロンドンのキングスクロス駅からイングランド北部に向かう夜行列車に乗った。火曜日のことだった。同行者は夫のレナード・ウルフ、甥のクウェンティン・ベル、ビタ・サックビル＝ウエスト（翌年刊行されたウルフの『オーランドー』に登場する性自認が流動的なヒーロー／ヒロインのモデル）、サックビル＝ウエストの夫、ハロルド・ニコルソンだった。

ウルフは内側が毛皮のコートを着て、葉巻を吸っていた。列車は窮屈なほど満員だったが、ニコルソンとサックビルはそれでも、夫が彼女を膝枕にして体を丸めることで眠りについていた。踏切を通過すると、暗闇のなかで辛抱強くライトを灯しながら列車の通過を待つ、長蛇の車の列が見える。午前3時に、一行はサンドイッチを食べた。30分後、列車はヨークシャーのリッチモンドに到着した。ウルフの一行は手荷物を集めて、バーデンフェル行きの乗合自動車に乗った。

目的地に着いてみると、この荒地が列車内と同じくらい混み合っているのがわかった。ほかにも多数の車がきており、なかにはその横に防水布《マッキントッシュ》を広げてピクニックをしている人もいた。家族連れの農場経営者らは、黒っぽい一張羅でめかし込んでいた。人びとはみな1つの目的のために集まっていた。夜明けに、イギリスで200年ぶりという皆既日蝕を目撃するためである。

その日は寒い、薄ぼんやりとした朝だった。群衆は沈黙に包まれて押し黙っており、奇跡の到来を待っているかのようだった。ウルフにとって、この情景はドルイド教を思いださせるものに感じられた。イースター島のモアイ像のように日蝕を待ち受ける人びとの姿が、尾根に並んでいたのだ。「私たちの五感はいつもとは違う形で順応していた」と、彼女はのちに回想する。日常や仕事日のことは忘れ去られた。「私たちは世界全体に結びついていた」。地面はぬかるんでおり、空は雲で厚く覆われている。ウルフたちの足は濡れていた。足を踏み鳴らして温めながら、広がる雲が視界を妨げるのではないかとウルフらは案じた。

覆い包むような夜明けに雲の隙間から不意に太陽が現われ、まばゆい光を射し込ませながら、雲間をぐんぐん昇り始めた。

空気がさらに冷たくなった。青は深まって紫色になる。人びとの顔は水中のような緑味を帯びた色になった。世界から色が消え失せ始めた。「これが影だ」と、友人同士が囁き合った。「これが影だ」。ウルフによれば、「船が一方に傾くように」、暗闇が荒地にゆっくりながら容赦なく広がり、しまいに危機は到来して、転覆が避けがたい事態となる。やがて唐突に、あらゆる光と色が消えた。

日蝕は24秒間だけの短い出来事で、光が戻ってきたときは、まるで世界が再び創造されるかのようだった。それでも、ウルフは後日の日記に、「世界が死ぬのを見たのだった」と書いた。

ウルフは「太陽と魚」というエッセイのなかで、この日蝕について書いた。記憶が心の奥底の淀みから取りだされるとき、それがいかに互いに関連づけられるかを書いたものだった。バーデンフェルへの旅の記憶には、うだるように暑い日にケンジントン・ガーデンズを訪れたことが重なる。戸外では、ロンドンの夏が息苦しいほどに迫ってくる。

だが、水槽のなかでは、陽光を浴びた水のなかで青と銀の魚がまったく平静そのもので動き回っていた。光輝き、ほとんど透明の魚たちは、ウルフにとって壮大な構想のなかのイメージであり、存在と完全に同調した形状のイメージに思われた。

彼女は憧れに満ちた夢心地のなかに漂う。その後、太陽の顔を見えなくする影と同じくらい唐突に記憶の目は閉じ、残像のごとく、「死んだ世界と不死の魚」のイメージだけが残されるのである。

迫りつつある6度目の大量絶滅

「あの暗闇をどう表現できるだろうか」と、ウルフは日記に書いた。「あれは急転直下で、予想していなかったことだった」

地球の歴史は、絶滅によってところどころ中断されている。多くの事象は地球の生物多様性にわずかな凹みを残しただけだったが、大量絶滅の事象は5度にわたって生じ、生物多様性は少なくとも75%は激減した。O－S境界〔オルドビス紀とシルル紀の境目〕、デボン紀後期、ペルム紀、T－J境界〔三畳紀とジュラ紀の境目〕、それにK－T境界〔白亜紀と第三紀の境目〕であり、最後のこの大量絶滅が恐竜の終焉と哺乳類の興隆を見るものとなった。最も被害が甚大だったのは「大絶滅」として知られる2億2500万年前のペルム紀だ。このときは、急速に暖まった大気と酸性化した海洋〔火山活動が急速に途方もなく増加したのが原因〕によって、すべてのサンゴ礁を含む生物種の96％が死に絶えた。

地球全体で見ると、絶滅は通常、かなり唐突に生じる現象だ。これは隕石の衝突の場合は言うまでもないことだが、火山活動やその他の気候要因でも全球的な気温や大気と海洋の化学成分に急速な揺れを引き起こす可能性があり、生命にとてつもない影響をおよぼす。「大絶滅」が生じるには、わずか6万年ほどしかかからなかったと推測されている。地球の45億年の歴史からすれば、1日のあいだの24秒間の日蝕と変わらない。

今日、種の絶滅の割合は高まっている。推計では〔人類繁栄以前の〕通常の環境レベルの100倍とも1000倍とも言われるが、それが向かっている方向や原因については誰も異論がない。狩猟は最もカリスマ的な種の大半を葬り去った。生息地は縮小し、生きるための資源は人間の開発圧力を受けてどんどん少なくなっている。気候の変化は動物をその環境に結びつける条件を変えている。

2019年に、「生物多様性及び生態系サービスに関する政府間科学－政策プラットフォーム」は、100万種にものぼる生物が絶滅の危機に瀕する可能性があると警告した。今日、生存していると考えられているすべての動物、植物、昆虫の12・5％に相当する。だが、危機に瀕している生物のうち詳細に研究されてきたのはその4分の1しかない。大半は広大な空白となっており、その存在が人間の言語に痕跡を残さないうちに消え去る可能性が高い。私たちは何が失われたのか、本当に知ることは決してないのである。

人類は豊かな生物多様性の見られる世界で進化したが、人間はそのバランスを途方もない度合いで傾けてきた。すべての野生動物の生物量は、いまやヒト1種の10分の1以下でしかない。家畜とペットを含めるとすれば、私たちが食料とし、一緒に暮らしたいと思う動物と人間が、陸上の哺乳類の全生物量の97%を占めることになる。化石記録は、この均質性も反映することになるだろう。わずか一握りの種の家畜の同じ骨が、南極を除くすべての大陸から次々に出土するわけである。

世界の隅々まで、影はどんどん広がりつつある。かつては色のあった場所でも、生命が崩壊して暗闇と沈黙に変わりつつある。私たちは6度目の大量絶滅事象の瀬戸際にいると予測する人もいる。日々、200種もの生物が永久に影に覆われた存在となっているのだ。その軌道を阻まない限り、私たちは間違いなく3万年前から5万年前に、大型哺乳類の半分ほどが死に絶えた第四紀後期と同等の絶滅を経験することになるだろう。その結果は、未来の化石記録に残る空白《ギャップ》となり、進化の中断が解消されるまでには、何百万年もの歳月が必要となる。

ウルフの記述から、私は1979年2月26日にワシントン州で観測された日蝕について書いたアニー・ディラードのエッセイ「皆既日蝕」を思いだした。ディラードにとって、その経験は時間の流れの外にでたようなものだった。彼女の語りのなかで、月の影は、さながら長く秘めていた恐怖が見ている者たちの喉元へこみ上げてくるかのように、叫び声とともに到来する。暗闇が太陽の顔を覆うにつれて、群衆の心も影に包まれるように思われ、人びとにとって世界は死んだ遠いものとなり、消えゆく記憶とかすかな愛着が存在するだけの場所となる。そこに集まった誰もがかつては人生も地球も愛していたのに、影が威力を振るう限り、もはやどちらもあまり思いだせないのだと、ディラードは書く。

人びとが叫んだのは、月の影がその〔ヤキマ川〕流域を渡ったときの速さゆえだった。その影は300キロ以上というあまりにも広大ではてしなく感じられる範囲にわたり、それが時速約2900キロで移動したのだ。それでも、太陽のコロナそのものは安定して見えた。それはまるで「静かな爆発」のようだったと、彼女は記録する。肉眼では見えない苔類の辛抱強い生長のようなものだ。あるいは日々1億1265万キロにわたって宇宙空間に広がるかに星雲が、何十年を隔てて撮影された写真でも変わらなく見えるようなものだ。

今日、私たちは静かな爆発の中心で、すべてがそれまでどおりであるという幻想に囚われて生きている。その幻想には1990年代なかばに名前がつけられた。海洋生物学者のダニエル・ポーリーが、世代交替するたびに、漁師の認識に微妙な変化が生じていることに気づいたときのことだった。逸話や写真からも、漁獲高が減ってきていることは証明されるだろうが、それでも各世代には自分たちの漁獲量が通常だという固定観念があり、古い世代の大漁の話は漁師たちのほら話として片づけられていた。ポーリーは景観設計の用語を借用して、これを基準線移動症候群《シフティングベースライン》と呼んだ。各世代は静かになった世界を、それまでもずっとそうであったのだと思い込むのである。

何かがあるべきところに、何もない

世界をこのように経験することには、不気味なものがある。文化批評家のマーク・フィッシャーは、不気味であることは、空虚感の問題なのだと定義し、私たちがそのことに気づこうと気づくまいと変わらないとする。「不気味な感覚は何もあるはずがないところに何かがある場合にも、何かがあるべきところに、何もない場合にも生じる」のだと、フィッシャーは書く。

生態学者のイェンス・クリスチャン・スベニングによれば、人類は有史以前から知らず知らずのうちに不気味な景観に住み着いてきたのだという。私たちが大自然だと考える世界各地の土地には、大型種の亡霊たちがさまよう。現代では大型哺乳類（体重44キロ以上）は生態的地位《ニッチ》に見合った環境にのみ生息するが、４０００万年にわたってこれらの動物は各地に豊富にいた。第四紀後期の絶滅には、５万年前に到来した気候の変化が一役買ったかもしれないが、絶滅の主たる推進者は人間だったのだ。ホモ・サピエンスがアフリカからでてからは、彼らがどこに出現しようと、大型動物の個体群は大量死した。だが、これらの動物はただ姿を消しただけではない。今日もつづくギャップをあとに残したのである。大きな動物は大きな種や果実をつける多様な植物の種子散布者として重要な役割をはたすので、絶滅した大型動物に関しても、すべていなくなるまでは同じ役割を担っていたと言えそうだ。

だが、進化上の変化には長い時間がかかる。今日ある植物の多くの種は、現在の地球の条件に表面的に適応したにすぎない。大半は、人類が登場して手を加える以前に存在し、すでに消滅した生態系で繁殖すべくもともと備わっていた種だ。ヒトの手による絶滅の最初の波は、生態学的に深刻な変化をもたらした。一部の植物は種子散布者がいなくなったために、その分布域が大幅に縮小した。その他の種は、それらを餌とする草食動物によって抑制されなくなったために、爆発的に増えた。かつてヨーロッパと北アメリカ東部の大半を覆っていたと考えられる深い森は、大量絶滅の結果である可能性が非常に高い。

暗い原生林のイメージ――ほかに現実の秩序がある可能性を示唆する魔法や謎――は世界各地の多くの文化で想像の裏づけとなっている。それでも、そのイメージがこれほど不気味に有無を言わせぬものとなっているのは、これがあるべき事態ではないと私たちが直観するからなのかもしれない。私たちはおそらく、豊かであることが当然という感覚を受け継いできて、沈黙には尻込みするのだろう。そして、何かがあるべきところに、なぜ何もないのかと疑問に思うのだろう。

クラゲの大量発生

だが、変化はいつもゆっくりとは限らない。人間が推進した、自然のプロセスをはるかに凌ぐ割合の進化は、あらゆる主要な分類群（動物、植物、微生物）で見てとることができる。農業が発達して以来、私たちは474種の動物を家畜化し、269種の植物を栽培化してきた。そして、人新世の選択圧――気候変化、海洋の酸性化、土壌や水質の汚染、侵入種に病原体、農薬や都市化――は、生物に新たな進化の経路をたどることを迫っている。昆虫や雑草は農薬への耐性を発達させる。養殖魚は海洋に生息する魚よりも早く成熟する。動物は行動、体格、色を変化させて、侵入種の到来に適応する様子が観察されてきた。都市環境で生きることを学ぶなかで、同種のその他の仲間との結びつきを忘れる生物もいる。たとえば、チカイエカ（*Culex pipiens molestus*）は、ロンドンの地下鉄のトンネル内にある淀んだ水溜まりだけに生息するよう進化し、地表からの蚊と交雑する能力を失っている。沈黙が迫りくるなかで、大惨事を生き延びた生き物たちの多くの体に私たちはみずからを書き込んで〔痕跡を残して〕いるのだ。

私たちがつくりあげた世界では、1つの生物がとりわけ勢力を増していた。クラゲの大量発生は、より頻繁になっていると言われ、ときには1平方メートル当たり10匹もがひしめき合う状況が何キロにもわたってつづき、その水の混み具合があまりにも凄まじく、その上を歩けるのではないかと思えるほどだ。日本では、エチゼンクラゲ――長さが2メートル、重さが200キロにも成長しうる巨大クラゲ――の大量発生は、かつては40年周期に限定されていたが、いまではほぼ毎年生じるようになった。大量発生は途方もない規模で、漁船が転覆するほどとして知られてきた。

2006年には、クラゲの生物量が世界の海洋にいるすべての魚類の全生物量より3倍は多いと推計された。クラゲは研究するのが非常に難しく、大量発生の原因も、その生活環もほとんど理解されていない。それでも、海洋学者のなかにはクラゲが人為的な効果の波に乗っているのではないかと案ずる人もいる。先カンブリア時代の、骨がなく、触手のある生物に支配された海洋の世界に地球を連れ戻す効果である。

クラゲ（2000種以上の刺胞《しほう》動物と有櫛《ゆうしつ》動物を含む総称〔英語名はジェリーフィッシュ。日本語のクラゲは厳密には有櫛動物のクシクラゲは含まない〕）は実際には魚《フィッシュ》ではないが、これらは途方もなく古い生命体なのだ。軟らかい体しかもたない動物であるため、化石となって残ることはめったにないが、ウィスコンシン州の採石場には、何千匹ものクラゲが大量発生した珍しい証拠が残っている。なかには直径が90センチ以上のものもあり、5億年以上前にかつては熱帯の海であった場所の海岸に打ち上げられたものだった。漂着したクラゲは数時間のうちに堆積物に覆われて、砂岩のなかに盃状穴《はいじょうけつ》となって保存されたのだろう。進化上の驚くほどの連続性を証言するかすかな影である。

クラゲは「大絶滅」を含め、事実上すべての地球規模の絶滅を通じて、おおむね変わることなく存続してきた。科学者のなかには、6億4000万年も昔の先カンブリア時代の海でクラゲは泳いでいたかもしれないと考えている人もいる。石灰化した骨格をもつ複雑な生命体が急増するよりはるか昔のことで、こうした生命体がやがて私たちヒトとなった。

その他の生物は人間とともに生きるべく適応しなければならないのに、クラゲはますます太古の昔に似てきた環境で繁殖することに適しているがために、珍しく悩まされることがない。先カンブリア時代の海のほうが、今日よりも酸素がずっと少なかったが、いまでは世界各地で海は生命を窒息させ、枯渇させている。広い死の海域は、最も人口の多い海岸線の一部と接している。ベンガル湾、南シナ海、メキシコ湾である。死の海域は水中の栄養負荷が、富栄養化と呼ばれるプロセスで低層部の酸素を枯渇させることによって生じる。海底に近い低層は多くの生物にとって生息できない環境となり、それが食物連鎖にも跳ね返ることになる。

大量の窒素により酸素が欠乏した海

主要な要因の1つは過剰な窒素だ。地球の歴史ではその大半において、窒素は非常に豊富に存在し——大気ガスの78%を占める——きわめて代謝しづらく、恐ろしく堅い分子結合のなかに封じ込められてきた。25億年ほど前に、一種の細菌のような生命体が不活性の大気中窒素を使って、核酸とたんぱく質を合成する方法を見いだし、現代の窒素循環が動きだした。それでも、1911年までは反応性窒素の供給源はわずかでありつづけたが、この年、ドイツの化学者のフリッツ・ハーバーとカール・ボッシュが、天然ガスから抽出した水素を非常に高圧・高温のもとで不活性窒素と結合させ、産業規模で反応性窒素を生産するプロセスを開発した。これは25億年にわたって窒素が循環してきたなかで最も抜本的な介入となった。1960年から2000年までに、窒素肥料の使用は800%増加した。車の排出ガスから放出される窒素酸化物と合わせると、人間の活動は地球の自然な窒素固定の割合を倍増させたことになる。

大量の人為起源の窒素は、リンなどの産業および農業廃棄物としての化学物質とともに、いまでは世界のどこでも河川や水路に未処理のまま流れ込んでいる。化学者のジェームズ・エルザーによれば、「世界は不注意による地球規模の生物地球化学的な実験にどっぷり浸かっているのだ」。余剰の栄養分は、食物連鎖の底辺にいる植物プランクトンの生長を促し、最初のうちは一気に生物を急増させる。小さなカイアシ類からクジラまでが、思いがけないご馳走にありつきにやってくる。しかし、この饗宴にはツケがくる。藻類の増殖は一気に食べられないほど大量なのだ。死んだプランクトンは海底に沈み、それとともに大豊作の藻にありついた底生生物から生じた排泄物の量が大幅に増すことで、細菌のために2度目のご馳走が誘発され、海底の酸素の大半が消費されるようになる。そもそもこうした大増殖を引き起こす過剰な栄養分に富んだ水は、〔通常の〕海水よりも温かく、塩分濃度が低いため、はちみつの壺の上にある封蠟のごとく、海面に居座る。水域全体が健全な層と不健全な層に分かれ、低層に再び酸素を送り込む攪拌を阻害する。その結果、そこでは細菌とクラゲのほか生物はほとんど生きられない（無酸素の）水域となり、酸素がおおむね欠乏した（低酸素の）、あるいは完全に欠乏した

1960年以来、死の海域の数は10年ごとに倍増してきた。この現象は前世紀の初めから見られていたが、いったん死の海域となった場所で生態系が大幅に回復した事例の記録はない。2011年には、世界各地に530カ所以上存在した。

私たちは転換点に近づきつつあるのかもしれない。魚に有利な生態系から、クラゲに支配された海へと移り変わってきているのだ。人間が海洋の広い領域を汚染させつづければ、ウルフが一方に傾く船と表現したように、ある時点で転換は抗しがたいものになり、元に戻すことは不可能でないにしろ、きわめて難しいものになるだろう。この観点からすれば、今日、大量発生するクラゲを、甲殻類が殻をつくれないほど酸性化し、乱獲された海でもゆらゆらと生き延びる、潜在的な未来の化石の生きた事例として見ることができる。生物が生きるための条件が急速に悪化したため、何もないはずの場所にも、何かが存続するのかもしれない。

軟らかい体の生物が岩石に痕跡を残すことなどいかにもありえそうにない。だが、クラゲが再び海洋を支配するような事態になれば、ほかにはほとんど生物のいない海で、生命の証拠が化石となって残る

可能が最も高いのが、ウィスコンシン州の採石場に残されたような大量打ち上げとなる未来を、私たちは予期することになるのかもしれない。

バルト海――地球上で最大の死の海域

船旅はかなり荒れたものとなり、波頭にぶつかるたびに跳ね上がっていたため、自分が再び堅い大地に立ったときは嬉しかった。私たちは古いボートハウスに船を繋いだ。内側には網と杭が並び、壁にはあざやかなピンク色の自転車が固定され、ボートハウスの屋根の下の水は緑色に輝いていた。だが、外では、空は深い、晩夏の青色になり、空気は切った松材の温かい香りで満ちていた。小さな船着場の右手では、3人の男性が新しいボートハウスを建てており、わずかばかりの木造建築物群――いずれも伝統的なファル〔弁柄〕、つまりレンガ色の赤の顔料で塗られていた――に追加されていた。アスキュ島にあるストックホルム大学の研究施設、バルト海センターを構成するものだ。

アスキュ島は、ストックホルムの南につづく群島から突きだした10キロの細長い指状の島で、現地調査所はその西側の湾曲部に位置していた。客員の科学者たちは、仕事上の必要に応じてやってきては去る。それ以外では、この島に常時暮らすのは、1人の農場主と牛たちだけだ。私はスウェーデン人の同僚と、ここの元センター長であったレーナ・カウツキーに面会し、クラゲが増殖するような海洋環境についてもっと学ぶためにやってきた。

バルト海は地球上で最大の死の海域だ。ヨーロッパ9カ国、合計で8000万の人口に囲まれ、北海への出口は1カ所しかなく、しかもその幅が最大の地点でも20キロしかないため、バルト海は化学物質を含む農業排水、未処理の下水、プラスチックごみ、産業由来の毒素や重金属、マスタードガスなどの投棄された化学兵器、チェルノブイリからの放射性核種の汚水溜となっている。この地域を守り、汚染を改善するために全バルト諸国が結んだ協力関係である、バルト海洋環境保護委員会〔HELCOM〕によると、この海の97％が富栄養化による影響を受けているという。

それでも、私たちの目の前にある光景には、何ら不吉なものは感じられなかった。カモメは海岸の上で急降下を繰り返し、船着場付近では数羽のカモが水面で上下している（あとからそのうちの3羽はプラスチック製で、水中でダイビングの道筋を示すものであることを知った）。聞こえるのは、新しいボートハウスで作業をする人びとがときおり立てるトントン、カチカチという音だけだった。

レーナはセンター内を抜けて、中央の建物の上に鐘楼のようにそびえる、光に満ちた上階の部屋に私たちを連れて行った。彼女は引退したばかりで、胸元にヒバマタ属の海藻をかたどった銀のネックレスをつけ、鉄色のおさげ髪を一方の肩に垂らし、どこまでも辛抱強い表情を浮かべていた。部屋には、低木に覆われた島々やむきだしの岩礁が見える窓が並んでいる。私たちが到着したボートハウスの陰に、同センターの2隻の船が見えた。大きいほうの船はエレクトラ号（アガメムノンとクリュタイムネーストラーの娘ではなく、*Electra Pilosa*というコケムシから付けられたのだと、レーナは言った）で、小さいほうは*Aurelia aurita*、つまりミズクラゲにちなんで、アウレリア号と呼ばれていた。

アスキュの調査所は、１９６０年代初めに、スウェーデンの報道で「モーダー・アルゲン」（文字どおり、「殺し屋藻」）として知られるようになったものが大増殖して、スウェーデン沿岸の生態系を破壊したのちに設立された3つの研究施設の1つだった。窒素を固定するシアノバクテリア、つまり藍藻〔アオコと呼ばれるもの〕の増加は、バルト海では季節的に発生する。海底の堆積物からは、中世温暖期に植物プランクトンが頻繁に大量発生していた証拠すらあるのだと、レーナは私たちに語った。しかし、その状況は、窒素とリンによる汚染に影響されて著しく悪化した。

バルト海はその特殊な事情ゆえに、とりわけ富栄養化しやすい。ここは世界で最も新しい海で、最終氷期後の1万年前ごろに形成されたが、ここはオンカロをつくるために掘削されたのと同じ、太古の基盤岩の上にある。氷床が後退して以降、土地の隆起と海面の上昇が互いに影響力を競い合い、バルト海地域は浮上して淡水湖に戻っては、沈下して塩水の海が広がる状態を繰り返した。7000年ほど前に現在の形状に定まって以来、バルト海は黒海に次いで世界で2番目に広い汽水域となっている。北海と結ぶ狭い水路のボトルネック効果と、（浅い海堆《シル》によって囲まれた深さ460メートルにもなる一連の広い海盆からなる）流し台のような地形が相まって、淡水と海水が入り混じっていることは、この水域の水が自然に層状をなしていることを意味する。軽い塩分の少ない層が海面にあって、酸素を含んだ水が下方へ攪拌されるのを妨げているのだ。

レーナは富栄養化が最も進んだ最悪の時期は1970年代から80年代だったと説明した。バルト海の一部はそれ以来、回復している。「当時は、ストックホルムの群島付近の海では泳げませんでした」と、彼女は言った。「今日なら、泳ぎたいときはいつでも泳げます」。だが、島に囲まれた、入り組んだ沿岸地域を回復させることと、開けた海域を管理することはまるで異なる問題なのだと、彼女は私たちに語った。「ゴットランド深淵部《ディープ》にある無酸素域が、最もひどく影響をこうむった海域で、おおよそデンマークほどの広さがあります」

私はレーナに、海洋の未来が意味するものは、死の海域とともに生きるすべを学ぶことなのかと質問してみた。よい兆候もでてきているのだと、彼女は主張する。最近の研究からは、下水や工業・農業の排水を（少なくともバルト諸国の一部が）きちんと管理すれば、窒素濃度は下がり、リン濃度は横這いになることが示唆されるのだ、と。だが、バルト海は、政治的な責務とは別の、独自の時間の尺度に沿って動いている。流出口が1カ所しかないという事実は、バルト海の水が北海とすっかり入れ替わる速度は非常にゆっくりであることを意味する。バルト海に染料を入れて赤くしたとすれば、その色がすべて消えるのに30年はかかるだろうと、レーナは言った。

彼女は私たちを階下の、壁際に水槽が並ぶ場所に連れて行った。それらはバルト海で最も多く生息する普通種を代表するものだった。水槽からは心地よく泡が立ちのぼっていたが、妙に静まり返って見えた。素早く泳ぎ回る魚の代わりに、水槽内にはアマモやヒバマタなどの海藻や、ムラサキイガイしか入っていなかったのだ。

バルト海の汽水には、比較的わずかな種しか適応していないため、自然に制約の多い生態系となる。陽光が差し込む浅瀬には、12メートルの水深までゴムのようなヒバマタ類が繁茂する。ムラサキイガイは海岸に密集する。濾過摂食《ろかせっしょく》するこれらの生物は、1リットルの水を1時間で漉すことができる。バルト海に生息するムラサキイガイの個体群は、1年間にこの海全体の容量と同じだけの水を濾過できるのだ。だが、このことはムラサキイガイを毒素の吸収源にも変える。海鳥がこれらの貝を餌とするにつれて、汚染物質の大半が食物連鎖の上部に濃縮する。

アマモや藻のほかには、バルト海にはごくわずかな生物しかいない。バルト海の海底の堆積物には、6種ほどが棲むだけだとレーナは教えてくれた。「だから研究するのは非常に楽なんです!」

コスターフィヨルドの海底に生息する生物

バルト海の生態系の単純さは注目すべきことのようだ。これは自然の希薄さであり、わずかな種だけが、特定の生態的地位に収まるべく適応した結果なのである。しかし、それはまた警告のようにも感じられた。死の海域が広がるのを放置すれば、もっと生物が豊富にいるほかの海域がどのように変わりうるかを予兆するものだ。

アスキュ島を訪ねる前に、私はスウェーデンの入り組んだ西岸にあるチャーナー島にあるイェーテボリ大学の海洋インフラストラクチャーという別の海洋研究所を訪ねていた。北海は大型の海洋生物に関しては驚愕するような衰退——体重4キロ以上の魚の約97%が消失——を経験してきたが、バルト海と比較すれば、北海の海域は小型の生物にはまだ富んでいる。だが、ここでも変わりゆく状況はその豊かさにたいする脅威となっている。レーナはチャーナー島に家をもっていて、見渡す限りミズクラゲが大繁殖する光景をしばしば目撃したと、私たちに語った。

チャーナー島はマツとトウヒ、それに5000万年前のピンク色の筋が入った花崗岩からなる土地だ。アスキュ島と同様に、チャーナー島でも太陽は木々の茂る島々や奥まった砂浜を穏やかに照らしていた。チャーナーの研究所はバルト海の研究所よりも大きく、研究者や学生、客員研究員などが入り交じって家族とともに常時ここで暮らしている。私たちが研究所の調査船に乗り込んだときは、浅瀬で子供たちが水遊びをしていた。すべてが暖かく、青く、穏やかだった。

調査船の船長はシャシュティン・ヨハネソンという海洋生態学の教授で、髪を短くクルーカットにし、風雨に耐えてきた風貌だった。「この船はイェーテボリ大学で大学副総裁の管轄下にない唯一の場所です！」と、彼女はにやりとしながら言い、私たちはコスター・フィヨルドに乗りだしていった。

最も深い場所では、コスターの海溝は水深400メートルにもなるが、ここは過去3億年間に250メートル以上は堆積物で埋め戻されてきた。この船旅の目的は、海底から試料を、硬いものも軟らかいものも集めて、北海の海底にどんな小さい生物が生息しているのかを調べることだった。驚くべき事態を目にすることになると私たちは言われていた。「すべての種を同定できなくても非難しないでください」と、シャシュティンは釘を刺していた。私たちが浚渫《しゅんせつ》しようとしていた泥は、6000種以上の海洋植物と動物の住処なのである。

浚渫は、非常に無遠慮で、かつ非常に繊細な行為が奇妙に入り混じった作業だった。浚渫機そのものは、鋼鉄製の牛乳箱のように見え、その下から網がぶら下がっていた。1回分の試料が丸ごと船上に吊り上げられると、その中身は木製のパレットに空けられ、ベルベットのように滑らかに光る泥の大半がホースで洗い流される。その後、残りが鋤でプラスチックのトレーに入れられ、甲板の流しを使って手作業で細かい生物をふるい分け、分類してゆく。

絹のような泥の初回の浚渫分からは、切手サイズほどのクモヒトデがごっそりでてきて、先端が細くなった長い腕を曲げ伸ばししていた。クモヒトデはヒトデの一種だ。その腕は、失われれば再生することができるため、幹細胞の研究において重要な役割をはたしている。トレーのなかには、切断された腕が無数にあり、クモヒトデの寄せ集めのあいだで、奇妙な毛深い微小物のごとくただ丸まっていた。クモヒトデには顔や目に類するものは何もないが、のちに彼らが全身で、というよりはむしろその骨でものを見るように進化したことを知った。骨格内にある炭酸カルシウムの結晶が小さなレンズの働きをして、光を集中させるので、この生物の全身が1つの複眼になっているのだ。

2回目の試料も、割れた陶磁器の破片を集めたかのように、甲板にどっと広げられた。カニの脚、灰色の牡蠣、嵐雲色のイガイの殻片、地下茎のようなウミトサカ目の軟体サンゴ（*Alcyonium digitatum*、英語では「死人の指」とも呼ばれる）、それに革紐のような昆布などだ。つやつやした堆積物のなかを掘り返しながら、もう1人の海洋科学者マティアス・オプストが、溶けたプラスチックに見える塊を引きだした。「これはあなたの近縁の生物です」と、彼は断言した。その塊は尾索《びさく》動物だった。幼生期にだけ脊椎の原型のようなものをもつ無脊椎動物の一種だ。突然変異によって一部の尾索動物の幼生は脊椎を残すことができたのだと推測されている。やがて私たちのような脊椎動物になっていった進化である。

この生物は、真っ赤なセルロースの外套である「チュニック」（それゆえに、チュニケイト〔尾索動物の英語名〕と呼ばれる）を身につけている。軟らかく、曲げ伸ばしが可能な殻で、セロファンに似たものだ。マティアスは親指を使ってその殻を剝き、その下にある形の定まらない生き物をあらわにした。船のエンジンの振動に合わせて彼の掌中で穏やかに揺れる軟骨の塊である。「大丈夫ですよ」と彼は、驚いて見守る私たちに請け合った。「別に傷つけることはありません。外套は3週間も経てば、また元どおりに生え変わります」

その尾索動物をこちらへ、あちらへと傾けながら、彼はそれを光にかざした。「彼らにも心臓がありますが、見つけるのはかなり難しい」と、彼は説明した。彼らの体液の循環は、潮のリズムに従っている。一方向に7回流れたあと、反転するのだ。その生物は怒ったように水を噴射させて（尾索動物は、イガイと同様に濾過摂食動物なのだと私は知った）全員を驚かせたが、私たちは心臓を見つけることはできなかった。

チャーナーの研究所に戻ると、私たちは試料を入れた木箱を甲板からもち上げ、研究所まで運んだ。コスター・フィヨルドの光る沈泥のなかで私たちはすでに驚くべき発見をあれこれしていたが、この海の見事な豊かさが明らかになったのは、顕微鏡の下で照明を使って見たときのことだった。そこではスポットライトを浴びてクモヒトデ（英語ではブリトル・スターという）が手を振っていた。ヒトデの透明に近い脚には、クリーム色のうねった繊毛が何百本となく並んでいた。カニの目は楕円形だった。私は銀色のパターンが型押しされた茶色っぽい革のような海藻の断片を拾い上げた。肉眼で見たときは、果物のカビか、擂り切れた気泡緩衝材のように、大したものでなく思われたが、顕微鏡で覗くと、これらの灰色の茂みはサンゴの都市のように見えた。海水を垂らしたペトリ皿では、植物プランクトンと動物プランクトンが、銀貨のシャワーのごとくキラキラと光っていた。

鼻には冷たい水の塩気が感じられ、指は海水のにおいにまみれていた。北海では魚は枯渇していたが、この環境はまだ無数の生命で活気づいた生きている場所なのだ。マティアスがもう1体の尾索動物の外套を剝いでいる場所へ顕微鏡を覗きにくるようにと私たちを手招きした。そこでは、鼻水のような形状の曖昧模糊としたなかに小さな赤い点があり、その体は独自の潮の干満のリズムに合わせてゆっくりと脈打っていた。

「バルト海の森」

水槽のなかにバルト海の環境を再現したものを見せたあと、レーナは実物を見学しに私たちをアスキュ島内に連れだしてくれた。バルト海沿岸は海の砂漠かもしれないが、レーナはどんな生物が生き延びているかを私たちに見せたいと考えていた。彼女は林を抜けて、ダイビングスポットとプラスチック製のカモの近くの海岸線に私たちを案内した。水際まで到着すると、彼女は靴を脱いで、足指で水中を探りだした。岩の縁には、その年の大増殖の名残であるライムグリーンの藻が濃い顎鬚のように覆っていた。「藻は水に窒素が加わるたびに、緑色が増します」と、彼女は言った。「ペンキのチャートのようなものです。藻の色で、どれだけ水が富栄養化しているかがわかります」

慎重にバランスを取りながら、レーナは片足を引き抜いて、足指のあいだからヒバマタの塊を抜き取った。その顔がパッと明るくなり、私にはヒバマタのネックレスを彼女がつけている理由がわかった。レーナはこのような海藻――「バルト海の森」と彼女は呼んでいた――を調査して研究生活を送ってきたのであり、そのような不安定な環境で足場を失わずにいる丈夫な植物への敬意をまだ胸いっぱいにいだいていた。

研究所まで歩いて帰る際に、オレンジ色のマツの葉が敷き詰められた小道で、レーナは私たちにストックホルムのレストランが連絡してきたのだと話した。地元で獲れるクラゲのうち、どれであればお客に提供ができ、どこで手に入れればよいのかを尋ねてきたのだ。クラゲを食べたことはあるのかと、私は彼女に聞いてみた。答えはノーだったが、レーナはクラゲのパイは試してみたことがあった。どんな味がするのだろうかと、私は疑問を声にだしてみた。

「味はない、何の味もしませんでした。ただの塩水です」と、彼女は言った。

クラゲの大量発生の原因とその影響

私たち人間が海を改変し、クラゲのほかはほぼどんな生物も適さない場所に変えてきたやり方は多数あり、多岐にわたる。富栄養化した水の透明度の低さは、魚などの視覚に頼る捕食動物には不利に働くが、クラゲがそれによる痛手を受けることはない。クラゲは魚より繁殖も成長も早く、豊富な栄養分をうまく利用することができる。なかには体を通して必要な栄養素の40％を直接吸収できる種もいる。魚介類の乱獲は、クラゲの個体数を制限していたはずの捕食者も生存競争も減らす。

巨大な網で海底を一掃する底引き網漁は、魚に適したサンゴ礁などの生息環境を破壊し、その代わりに「微小岩礁《マイクロリーフ》」――放置された漁網の切れ端からクモヒトデの小さな切れた腕まで――を生みだし、それがクラゲのポリプ〔生活環のなかで無性生殖で増殖する段階〕には理想的な環境となる。底引き網はハマグリのようにポリプを食べる底生の濾過摂食動物も壊滅させる。これに加え、硬い底質と呼ばれるもの、つまりポリプが定着するのに必要な堅固な表面が大幅に増加している。

石油掘削プラットフォーム、沖合の風力発電基地、難破船、養殖、港湾の護岸、海洋のプラスチック廃棄物などはいずれも、ポリプが生息環境として利用できるものを、往々にしてその他の海洋生物を犠牲にして増やす。巨大なエチゼンクラゲの大量発生は、急速に開発されている東シナ海北部の海岸線でコンクリートの護岸堤防が増大したためと考えられている。

気候の変化もある。クラゲの代謝は温かい水域では盛んになり、かたや酸性化した水は多くの甲殻類の殻を軟弱にするからだ。高い海水温は、クラゲの一部の種では繁殖の引き金になる可能性すらある。

世界の港湾を結ぶ航路はクラゲのハイウェイの役目をはたす。クラゲは船のバラスト水のなかに吸い上げられ、到着時に吐きだされて、これらの侵入生物に対処できるほどうまく適応していない遠隔地の港湾で、新しい生態系を掻き回すことになる。ムネミオプシス・レイディ（*Mnemiopsis leidyi*）は卵大のクラゲだが、その矮小なサイズから予想されることとは裏腹に、数十年間で世界中に際限なく広がった。アメリカから運ばれたこのクラゲは、黒海、カスピ海、北海、バルト海、地中海にコロニーをつくった。

クラゲの成功には、あらゆる種類の予期せぬ、不気味な結果が伴った。発電所は通常、大量の冷却水を必要とするため、海岸沿いに建てられている。2011年6月には、8800キロ以上は離れた場所にある2カ所の原子力発電所の取水口の濾過装置に大量のミズクラゲが詰まり、双方が一時的にシャットダウンするはめになった。エディンバラから50キロ離れた、私が悠久の時代を垣間見る現地調査旅行に学生たちを連れてゆく海岸から見える距離にあるトーネスと、西日本の島根原子力発電所である〔島根では出力低下で切り抜けた〕。これは福島で津波によって原発が破壊されてからわずか3カ月後のことで、さらなる原子力災害が生じるのではという不安が高まっていた。

翌月、クラゲはイスラエルのハデラでオロトラビン〔石炭火力〕発電所のエネルギー生産を停止させ、同様のことがフロリダ州の原発でも再び起きた。スウェーデンのバルト海沿岸では、オスカシャムンの原発が２０１３年にクラゲが大量に流入して運転停止となったが、ここは２００５年にもやはり影響を受けていた。エネルギー生産におけるこの脅威に対応して、韓国の科学者は「クラゲ・ターミネーター」ロボットを設計した。１時間に９００キログラムのクラゲを、すなわち６０００匹ほどを粉砕できる自動装置である。

クラゲの大量発生がどんなものか知りたかったので、アスキュ島から戻ってきたあと、インターネット上でクラゲの大群の動画を見始めた。メロドラマ的なナレーションと不気味な音楽の音声を消せば、クラゲはピンク色の猛吹雪のごとく、かなり催眠効果のあるものになった。いくつかの動画では、泡パーティの真っ只中のように、ダイバーが白い雲のなかに呑み込まれかけていた。どれほどの規模なのか感覚を失うのは容易かった。掌サイズの透明なクラゲは、螺旋を描く小さな銀河のようにゆっくりと旋回していた。

クラゲの大量発生はより頻繁になりつつあるが、これは何も新しいものではない。１７９９年から１８０４年にかけてスペイン領アメリカへ旅をした記録のなかで、アレクサンダー・フォン・フンボルトは、クラゲがとてつもなく大量発生していたため、船は足止めされたも同然となり、その状況が石畳の道のようにはるか彼方までつづいていたと書いた。クラゲの遅々とした行列が通り過ぎて、船がまた行く手を遮られずに前進できるようになるまで45分かかった。そのような驚くべき光景は、太平洋ではよく見かけるようになったとフンボルトは記録した。『ネイチャー』誌の1880年のある号は、ドイツ沿岸のキール湾におけるミズクラゲの大量発生を報告しており、群れのなかに突き立てたオールが垂直の状態のままになるほどの密度だったとした。

個々のクラゲは繊細だが、大群になると圧倒的な威力をもつ。2006年に、何千匹ものクラゲがアメリカの原子力空母ロナルド・レーガンの原子炉を冷やす復水器に大挙して入り込み、同艦を立ち往生させた。ところが、クラゲは単独ではほとんど存在しないも同然だ。1795年には、メアリー・ウルストンクラフトがオスロ・フィヨルドでクラゲの大群にでくわしている。海は穏やかで澄んでおり、海面のすぐ下で上下しているクラゲは「濃くなった水のように」見えた。しかし、近くでよく見るために1匹をボートの上にすくい上げると、クラゲは形も艶も失い、無色の液体の塊になりはてた。

スウェーデンの詩人トーマス・トランストラマーは1970年代のバルト海で「水葬後の花」にも似た大量発生について書いている。だが、彼もやはり、水から引き上げると、その軟らかい体は不明瞭なものになり、「さながら言い表わせない真実が／沈黙から引き上げられている」かのようであることを発見した。クラゲは、この生物を知ろうと試みる隙から消滅する。私たちが好奇心から岸に打ち上げさせると、クラゲは崩れて形をなさなくなるのだ。

難点は、クラゲの途方もない異質感から生じる。クラゲには顔もなければ脳もなく、その代わりに体中に均等に広がった「神経網」がある。これほど液体でゼラチン質の状態というのは想像するのがほとんど不可能で、クラゲでは感覚や知覚は集中しておらず、拡散している。「自分のなかに骨もなく、はらわたもなく、ただ雲のような青さがあるだけだとしたら、どんな風であるに違いないか？」と、詩人のジーン・スプラックランドは書く。

エルンスト・ヘッケルが描いたクラゲ

ネット上の動画よりも、手描きのイラストのほうが私にはクラゲを知るうえで役立った。1864年に、進化生物学者エルンスト・ヘッケルは、新婚わずか1年半で妻のアナを亡くしたあとでニースにいた。ある日、地中海の海辺を歩いていたとき、彼は潮溜まりで1匹のクラゲに出合った。その丸まった金色の触手は、亡き妻の髪を思いださせた。歳月の経過とともに悲しみが癒えたのちも、彼はそう連想しつづけた。40年後に作成した壮大な動物学の画集『自然の驚異的な形態』で、ヘッケルは自分が最も美しいと考えるクラゲの一種を*Desmonema annasethe*〔現在は、同じユウレイクラゲ科だがデスモネマ属からユウレイクラゲ属に分類が変更されている〕と命名して、彼の人生で最も幸せな時期を与えてくれた「アナ・ゼータの思い出を不滅のものにした」。

『自然の驚異的な形態』には自然の驚異があふれている。刺毛のあるカイアシ類や、骨の王冠のような珪藻、ファベルジェの卵〔ロシア皇帝のためにつくられたイースター・エッグ〕のように輝く尾索動物などである。だが、私を夢中にさせたのは、クラゲの驚くほどの美しさと巧みなバランス感覚だった。どのページも、びっくりするほど効率よく空間という空間が使われているが、紙面が混み合っていると感じることはなかった。一部のページではクラゲは紋章のように左右対称に配置され、ブレード飾りや、フロッグボタンを付け、金色の細かい模様が浮き彫りになり、濃いピンク色がぼかして塗られていた。それらは教会の〔跪いて祈るための〕クッションやケルト文様、あるいは封蠟を思い起こさせた。ビクトリア朝時代の壁紙デザインのように重厚で複雑で、綿密に計算されたものだ。

だが、別のページは、クラゲが互いのまわりを優雅に漂い、穏やかにぶつかり、静かに捕食し、一連の触手をなびかせる世界を容易に想像させる。なかには植物のような外見のものもある。ヘッケルに亡き妻をよく思いださせたクラゲは、ヤグルマソウにも似た葉状体の傘があり、長いピンク色の根を引きずっている。軟クラゲ目〔現在はレプトテカータ目と呼ばれる〕のクラゲは一連の冷たい青のスペクトルのようにインクをぼかして描かれ、まるでこれらの生物がただ水からの流出物であるかのようだった。横から見た傘の形状は、砂袋を取りつけたロープが切られた熱気球のごとく漂っている。

なかでも驚かされる一部のイラストは、B級映画に登場しても場違いではないだろう。ハコクラゲのページの中心には、首のない天使〔のようなクラゲ〕がいる。あるイラストでは、深海を思わせる暗い背景に幽霊のごとく描かれたクラゲが獲物を狙う避け難い相手として、ページの中央で悪夢のように迫る。傘は平たく、硬そうに見え、カメの甲羅にも似た甲板《パネル》があった。下側からは野菜のケールのような葉状体が流れでて、カマキリの鎌のように振り上げられた太い触手となっている。

クラゲの生存戦略

生物学者のリサ＝アン・ガーシュウィンによると、クラゲが成功しているのは、彼らが要するに雑草だからなのだという。クラゲはじつに多種多様な形態で存在し、海底から海面まで、冷たい極地の海から生温かい熱帯域まであらゆる緯度の、世界の隅々に生息範囲を広げている。どの種も〔おおむね〕発達の過程で2つの段階を経て変容する。底生性の（海底に生息する）ポリプ期と漂泳性の（水中に生息する）クラゲ〔英語ではメドゥーサ〕期である。それぞれの段階では生殖方法が異なる。

メドゥーサ期には、私たちがジェリーフィッシュ〔クラゲ〕と呼ぶ、浮遊し、粘着性のある、軟らかいガラスのような形状になり、オスとメスが一緒になってポリプを生みだす〔水中に放出された精子をメスが取り込むと受精卵になり、そこから浮遊するプラヌラが孵り、岩などに付着してポリプに変態する〕。ポリプは成熟してクラゲになる代わりに、ポリプそのものも無性生殖する。しかし、低温状態がつづくと、横分体形成として知られるプロセスでポリプは横に伸びて、さながらカジノで賭け用チップを配るクルピエのように、円板を重ねたようなクラゲの幼生になる。彼らは事実上、自分たちをクローン再生しているのだ。ポリプは死んでも、その遺伝的なクローンが生きて、新たなクラゲをつくりだすのである。

チチュウカイベニクラゲ（*Turritopsis dohrnii*）という種は、これをさらに一歩推し進めた。このクラゲは極小で、直径が数ミリしかなく、糸のような触手が何百もあり、透明な傘からは鮮やかな真紅色の点、つまりその胃が見える。クラゲが死ぬと、何百もの細胞が死骸から分解され、どうにかして〔誰もその仕組みを明確にしていない〕互いを見つけだし、極小のコロニーのなかに集まり、やがて新しいポリプをつくりだす。

地球上のあらゆる複雑な生命体は死の影のなかで生きている。細胞死は、有性生殖の代償なのである。これまでに存在したほぼすべての種は絶滅した。かつて生存した全種を考えれば、99％にものぼるだろう。これだけの壊滅状態のなかでは珍しく、チチュウカイベニクラゲは永遠に生きる方法を見いだしたのだ。未来の海がどのような状況になろうと、このクラゲはそこにいて、永遠へと穏やかに脈打っているだろう。

すべてのほかの光と色が消えた海を漂うもの

1929年1月の、新年になって間もない時期に、バージニア・ウルフは彼女の最も重要な小説だと多くの人が見なすようになる本と格闘していた。「2つの矛盾が頭から離れない」と、彼女は日記で告白している。「これはずっとつづいてきたもので、この先も永遠につづくだろう。いまいるこの瞬間には、私は世界の底まで落ちている。移ろいやすく、飛んでいて半透明のものでもある。私は波の上を雲のように通り過ぎよう」

ウルフは『波』のなかで、別の世界が、記憶された印象と感覚の世界が、現在にも伴われているという彼女の変わることのない信念に最も近づいていた。自分の目的は、生命によって、どれほど矛盾しようが「瞬間」に伴うすべてによって、満たされた作品を生みだすことなのだと、彼女は宣言した。

同書のいちばん最後で、彼女は1927年に目撃した日蝕のことに再び言及する。この小説でも、以前のエッセイと同様に、「大地は影の廃墟となっていた」が、今回、彼女は光が戻ってきたことに最も心を奪われていた。最初は弱い筋となって、やがて閃光となり、「まるで大地が1度、2度と、初めて息を吸っては吐いたかのように水蒸気」が立ちのぼり、「海綿がゆっくりと水を飲むように」大地が色を吸収するにつれて、光は重さと濃さを増していった。

日蝕の恐怖は一時的なものだった。影は去り、生命が戻る。弱々しいながら避けがたいものとして、薄いコロナから飛びだす閃光は世界を再び活気づける。現代の絶滅危機についても、同じことが言えるだろう。過去に絶滅が起きるたびに、事態がどれほど完全な終焉に近づいたとしても生物多様性は復活した。今日、生きているすべての動物は「大絶滅」を生き延びたほんの4%の種の子孫なのだが、そのために費やされた時の経過はとてつもない。私たちはおそらく、陸と海に音や姿、色が完全に戻るまでに、何千万年もつづく日蝕の影で生きることになるだろう。

その間、そこには埋めなければならないギャップがある。何も生きられないはずの場所でも、何かは繁殖するはずだ。クラゲは何百万年ものあいだ海を支配していたのであり、彼らは再び海を受け継ごうと待ち構えている。海には「多くの神々と多くの声」があると、T・S・エリオットは書いた。だが、おそらくそう長くはないだろう。未来において、もし私たち人間の不注意によってすべてのほかの光と色が海から消えたとすれば、海の唯一の神はひだ飾りをつけ、目はなく、その広大な空っぽの支配域を平然と、執念深く漂う生き物になるだろう。

第8章 微生物の攪乱

微生物が生み出した世界

ローマの詩人オウィディウスは、世界はこのように創造されたと思い描いた。何かが存在する以前は、あらゆるものがあったのだと。姿も輪郭もなく、物質の塊が舞い散っていた。そこは真っ暗闇で、暗がりのなかで元素が絶え間なく、熱いものは冷たいものと、柔軟なものは強硬なものと、湿ったものは乾いたものと際限なく衝突していた。

ある神とともに、秩序がもたらされた。神は天と地を分け、地の周囲を水で覆い、双方からきれいな空気を別にした。最も高い領域は重さのない火のようなエーテルからなり、それが天空をなしていた。下にはもっと濃い大気があった。最後に、いちばん重いものがあり、そのあまりの重さにみずからの質量の下に沈み込んだのが大地そのものだった。

神は、しわの寄った布地のように、陸を振るって、周囲に海を配置して動かないようにし、そうすることで風を遮って世界が再びばらばらに引き裂かれないようにした。そのように定められると、世界は多様な生物の住処となり、各々がそれぞれの領域に適応した。水には魚が、陸は獣が、空には鳥がそれぞれ棲み分けたのである。

オウィディウスの『変身物語』の神のように、生命が繁栄する環境は微生物によって生みだされた。複雑で酸素に富んだ大気ガスの混合物は、光合成をするシアノバクテリアの産物だ。シアノバクテリアは27億年前ごろにコロニーをつくり始めた。当時の大気中には今日のわずか1％しか遊離酸素は存在しなかったが、二酸化炭素は100倍も多かった。その後の数億年間に、シアノバクテリアは大気中の酸素含有率を今日の濃度の10％ほどに上げさせ、複雑な生命体の進化を急速に早めた。

微生物は、発酵、光合成、細胞呼吸、窒素循環など、生命のすべての主要なプロセスの担い手である。微生物の潜在能力は並外れている。社会学者のマイラ・ハードによれば、無菌の惑星にシアノバクテリアがわずか1個残され、増殖できる状況になったとしても、40日以内に大気は酸素化されうるという。微生物は冶金という技術と共同生活を発案した。これらの生物は地球のエネルギー循環の創始者であり、太陽のほかにも、化学的、有機的、無機的な物質からエネルギーを引きだす方法を考案してきた。

おそらくこれまでに500億種もの多細胞の生命体が地球の表面や内部を泳ぎ、歩き、飛び、掘り、這ってきたが、そのいずれもが微生物の創意工夫のおかげで存在してきたのである。微生物が分解を助けてくれなければ、世界は死んだ生き物の山でしかなくなる。今日あるような生物圏は、微生物が残した1つの巨大な足跡なのだと言うことができる。『変身物語』の冒頭でオウィディウスが述べた名言を借りれば、微生物の生命が「世界のいちばんの始まりから、途切れることのない詩の糸」を紡ぎだしてきたのである。

未来に化石として残るものを追い求めるなかで、私は地球上で最大の都市の1つや、最大の死の海域や、地球上で最大の生体構造へと旅することになった。だが、人類があとに残すこれらの最も巨大で目に見える足跡について考えるなかで、たとえば大陸をまたがる道路網や、一国ほどの面積で海洋に渦を巻くプラスチックを考えるにつれて、私は最小のものについても考え始めた。

微生物によって生みだされた生命の主要なプロセスの多くには、いまでは私たち人間も痕跡を残している。窒素循環に干渉したことは、初期の微生物の生命体が25億年前に大気中の不活性窒素を固定し始めて以来、最も顕著な影響なのである。人間はわずか100年間に自然の窒素増加率を100％〔つまり2倍に〕加速させ、堆積物や植物化石にも、窒素とリンによる汚染で荒廃した海洋環境にも、はっきりそれとわかる化学的痕跡を残してきた。

大気と足下の地中のあいだで何十億トンもの炭素を動かしてきた何千年にもわたるゆっくりした循環から、死んだ植物や動物の体を通して炭素を急速に循環させる方法へと、人間は炭素循環を根底から変えてきたのである。人間由来の最後の炭素の痕跡が岩石と海洋に取り込まれる前に、余剰の炭素による温暖化効果は世界をつくり替えているだろう。海洋の化学的性質を変え、海岸線を水没させ、氷河はわずかな残骸だけに変え、砂漠をのさばらせ、海流の循環を歪ませ、海岸沿いの異常気象現象や陸上の火災を増発させ、世界各地で動植物や微生物の種の分布図を塗り替えているだろう。

シアノバクテリアは世界の色すら変え、灰色と緑のパレットに、酸化鉄の赤や暗褐色を加えた。そして、衛星写真に写る人類の灰色の都市の広がりや、砂漠化した土地の乾燥しきった黄色を思い浮かべさえすれば、私たちが同じことをやり遂げる途上にあることがわかるだろう。

微生物は世界の鉱物の多くをつくりだしてきた。地球を生みだした塵とガスには、鉱物は12種類しか含まれていなかった。数十億年におよぶ地球化学的な混乱状態から、鉱物の数は1500種類に増えたが、微生物の活動が始まってからはわずか数億年間にその数は3倍近くに増えた。

それでも、さらに208の新しい鉱物が、ものの300年間の産業活動によって合成された――大半は鉱業に関連した短命の鉱物――ほか、鉱物に似た合成物質でもっと長期間の存続に適した物質も何十万と生みだされた。その一部は、宇宙のどこにもこれまで存在しなかったかもしれないと、地質学者は推測する。

私たちは鉱物をナトリウム、カルシウム、カリウムなど、自然界では決して純粋な形では存在しえなかった元素や、アルミニウム、チタン、亜鉛など微量でしか生じない金属に分離し、それを年間、何十トンどころか、何百トンもの規模で生産してきた。私たちの町や都市や道路網は、途方もない量の鉱物のようなレンガ、コンクリート、ガラスなどでできており、そのうえ同じくらい耐久性のあるプラスチック、スマートフォンやノートパソコンのシリコンチップ、工作機械に入っている炭化タングステン、電球のフィラメントにボールペンなども大量にある。私たちは〔プレートの〕沈み込みや風化の遅々としたプロセスから鉄や金のような物質を解放し、それらを地表の隅々にまで分散させ、建物の枠組みのなかに固定し、あるいは世界各地の家屋や銀行の金庫室や墓地に埋めてきた。

宇宙空間に残る人工物

人類は鉱物の痕跡を宇宙空間にも散乱させてきた。1957年のスプートニク以来、5000基近いロケットが打ち上げられ、過剰供給と衝突によって、軌道を描く宇宙ごみの雲を生みだしてきたのである。この6000トンほどの物質——その大半はアルミニウムとケブラー〔強靱な特殊繊維〕などのプラスチック——のうち、わずか5%前後が衛星として機能している。その他に関しては、大きさが10センチを超える2万2000個の物体はNASAが追跡している。だが、1センチから10センチまでの50万から75万個のかけらが存在し、さらに大半となるペンキの破片のような極小片は1億3500万個以上が、時速2万8000キロという超高速の弾丸の勢いで軌道上を回っている。衝突が頻繁に生じているということは、その数が指数関数的に増加していることを意味する。

軌道の上部であればあるほど、物質は長く居残るだろう。高度1000キロ以下のところをめぐる残骸が存続できるのは数百年間だ。高度1500キロ付近の物体であれば、数千年間は軌道上に残るかもしれない。だが、静止軌道上〔高度3万5786キロで地球の自転に同期するため静止して見える位置〕では、地球の引力がその表面におよぼす影響は地表のわずか50分の1しかないため、そこにある物質は何百万年間も残りつづけうる。1976年に大陸の動きを追うために打ち上げられたレーザー地球力学衛星〔LAGEOS〕は、高度5900キロの軌道を今後840万年間は回りつづけるものと期待されている。

6度にわたるアポロの月面着陸は、月の表面に数百個の人工物を残した。アポロ11号だけでも

106点が残され、ゴルフボール2個と金のオリーブの小枝もそのなかに含まれている。月には70以上の宇宙船や着陸船などが放置されているが、それらを風化させる気象現象がないため、宇宙船もそれが月の表面に残した何キロにもおよぶ轍や「道」も、おそらく無限に存続するだろう。地表面にあるどんな道よりも、はるかに長く残ることは間違いない。ニール・アームストロングをはじめとするアポロ宇宙飛行士の足跡は、おそらく数千万年、ことによると数億年は残るだろうと考えられている。

地球の軌道を超えた先でも、人類は火星、金星、土星の衛星タイタン、テンペル第1彗星とチュリュモフ・ゲラシメンコ彗星、小惑星イトカワ（25143）とエロス（433）に遠隔操作による探査機を上陸させた。木星の大気がガリレオ探査機の微量のプルトニウムとイリジウムで汚染された可能性はある。

今日までに人為起源の4つの物体が太陽系を脱している。パイオニア（10号と11号）とボイジャー（1号と2号）の宇宙船だ。4機には、宇宙生物学者のフランク・ドレイクが一部を考案したメッセージが取りつけられている。WIPPの警告システムにも貢献した研究者だ。人間の姿と太陽系の図が盛り込まれたパイオニアの銘板の考案者は、自分たちの試みを星間の洞窟壁画と呼び、宇宙ではそれらが何十億年も保存されるだろうと推測した。ボイジャー探査機はどちらも同じくらい長期の耐久性をもち、なかには金めっきを施した12インチの銅製ディスクに音声と画像を収めた永遠の図書館が搭載され、そこにはグレートバリアリーフや南極探検や現代のニューヨーク州のハイウェイの写真と、人間の足音の録音が含まれている。

オウィディウスの創造物語では、神は最後に立ち上がる動物をこしらえ、「天を見上げて、頭を星に向けるよう命じる。そうして、何ら形のないでこぼこの土をこねて、人の姿をかたどった。それまで知られていなかった生き物である」。

人体に棲みつく微生物群

微生物の生命体を見た最初の人は、それを見るために上を見なければならなかった。1674年に、ガリレオの望遠鏡より20倍は拡大率の高い強力な手製のレンズを使って、アントニ・ファン・レーウェンフックという織物商が、自分の顕微鏡を上に傾けて（彼のレンズは〔鏡を使わず〕自然光の透過照明によるものだったため、望遠鏡のように）覗き込んだところ、1滴の湖の水に微生物の世界が初めて垣間見られた。小さな存在は「さまざまな色」をしていたと、彼は報告した。「白っぽいものもあれば、透明なものもあった。緑色やよく光る鱗状のものものもあった」。だが、多様性よりも驚くべきことは、その大きさだった。「1万ほどのこれらの小さな生物は、大きさは通常の砂粒ほどもない」と、彼は推測した。

数年後、レーウェンフックは自分の歯垢を羽根ペンで削ぎ落として、人の口のなかにすら無数の小さな生物がいることを発見して仰天した。「王国全土にいる人間よりも」ずっと数が多いに違いないと彼は考えた。これは17世紀末にはとてつもない主張であっただろうが、桁数が数桁足りない。実際には平均的な人の口内には、現在生きている人間の1000倍の細菌が含まれている。

1969年1月に、W・H・オーデンが『サイエンティフィック・アメリカン』誌に掲載されたメアリー・マープルズによる論文を読んだ。人間の皮膚表面に棲みつく微生物群にとって、人間の体がいかに多様な生態系をもつ惑星のごとく思われるに違いないかを描いたものだった。「前腕のほとんど何もいない砂漠」から、脇の下の「熱帯林」や「頭皮の涼しく暗い森」までである。マープルズの「皮膚の世界」観にすっかり魅了されたオーデンは、「新年の挨拶」という詩を書いた。彼自身に棲む微生物の民衆に、オリンポス山の高みから神のように語りかけたものだ。温厚であったかと思うと気まぐれになり、ぬくもりと居場所を提供するが、着替えたり洗ったりするたびに、日々2度は大変動を引き起こす神である。

オーデンの寓話から、私たち人間には自分が紡ぎだす壮大な物語の中心にみずからを位置づける傾向があることが示唆される。ヒトの活動は、光合成が始まって以来、比類ない規模と重大性で地球のシステムに変化をもたらしており、私たちはそのことに自惚れやすい。「私たちは神々のごときものなのであり、ならばその役目をうまくはたそう」と、スチュアート・ブランドは第1号の『全地球カタログ』の扉に書いた。草の根の行動主義における革新的な試みとして1968年に発行された雑誌である。ブランドの声明——人類学者のエドマンド・リーチの言葉を脚色したもの——は、20世紀後半の野心と驕慢《ヒュブリス》を要約していた。人間が地球を支配するうえでのあらゆる障壁を、技術の爆発的な発展が排除したかのように思われた時代である。

近年、この標語は、「よい人新世」などとも呼ばれるものの提唱者によって採用されてきた。技術に関する人間の才能は、私たちがエネルギーに飢えた暮らし方を追求しつづけられることを保証するのだという考えだ。地球の善意の管理人として、人間は自分たちが手にした恐ろしい力を賢く、平等に行使するものとして信頼できるのだと、そのような考えは告げる。

これは実際、ばかげているだけでなく、残酷な考えでもある。倫理哲学者のクライブ・ハミルトンが述べるように、すでに旱魃や海面の上昇に苛まれている人びとにたいして「よい人新世」が発するメッセージは歴然としている。「あなたは社会の利益のために苦しんでいるのだ」というものだ。ビキニ諸島民はアメリカ軍から似たようなこと——故郷の島から立ち退くことは、人類全体の利益になるだろう——を言われていた。人間が神を演じたこの特定の事例では、世界の一角が向こう2万年以上は暮らすのに適さない場所として残された。

人間が地球の地球化学的循環を変えたという事実は、私たちが事態を掌握していることを意味するわけではない。だが、人新世もまた何ら統制に関するものではない。むしろ、それは人間が地球の未来と密接にかかわっていることを強調する。それは私たちを、体内の微生物群と結びつけているのと同じくらい奇妙なかかわりなのだ。

レーウェンフックは、あまりにも極小で、人間の世界とはまるで別個の、私たちの傍で静かにひそかに存在する世界を発見したのだと感じたに違いないが、オーデンが自分の体内にいる微生物の住民に神の視点から発した激励ですら、私たちと微生物の世界のかかわりの深さを捉えてはいない。人間はみずからを体内の微生物を別にしては知りえないのである。私たちの体内は、人間の細胞以上に多くの微生物の細胞を含んでおり、それらが代謝、免疫、成長に結びついた必須の機能をはたしているだけでなく、私たちの気分すら左右している。人間は何千年ものあいだ体内の微生物群と共進化してきたのであって、私たちの体内だけでなく、活動してきた環境にも、消すことのできない痕跡を残す形で互いに影響し、影響されてきたのだ。

人間が変えている微生物の世界

近年の研究からは、人間の文明が大きな進歩を遂げたそれぞれの時代と並行して、微生物群の撹乱をたどれることも示唆されている。農業の始まりや産業革命、第2次世界大戦後の消費と技術革新の加速などである。

微生物学者のマイケル・ギリングズによると、人間社会は微生物の分布や個体群の多様性、さらにその進化にまで介入してきたという。何千年にもわたって植物を栽培化し、動物を家畜化してきたことは、微生物の共生者も飼い馴らしたほか、動物の病原体から発生した人間の病気も生みだしてきた。農業の産業化は、メタンを発生させ、窒素を固定する有機物のための環境を著しく増やすことになった。ニワトリなどの動物の分布を広げ、クラゲのポリプを不注意から拡散させたのに加え、海上輸送が始まると、梅毒、天然痘、腺ペスト、インフルエンザなどの疫病も大陸から大陸へと移動させることになった。微生物は船員の体や船のバラスト水に潜んで海を越え、新しい世界でコロニーを築いたのだ。

生物学者は現代の海運網を野生生物の疫病にとっての「機能的パンゲア」にたとえている。1億7500万年間は地質学的な現実としては存在してこなかった、地球にただ1つの大陸がある状態を事実上、再編成することである〔パンゲアはかつて存在したと考えられている超大陸〕。空の旅はこの移動の速度を飛躍的に加速してきたし、気候がさらに変化するにつれて、土壌の温度が変わり、微生物とサンゴなどの共生生物の接点がさらに崩れるなどして、微生物の生息範囲はいま以上に変わるだろう。

私たちは、大気を生成し、新しい無機化合物を生みだすうえで微生物がはたす役割を侵害してきただけではない。人間は微生物の世界そのものも変えているのだ。私たちは、目に見える世界と同じくらい、目に見えない世界においても恒久的な痕跡を残しつつある。DNAはあまりにも早く腐敗するため化石となって直接残ることはないが、だからと言って微生物に関連した人新世の足跡が何もないわけではない。これは絶滅のなかに包み込まれた絶滅の話なのであり、進化の時代そのものへの干渉なのだ。氷河期の景観と生物を復活させて、生命の基本的な物質のなかに太古の時代の嘆きを書く試みの物語なのである。

私は、顕微鏡を通して人類が残した最小の足跡を見た科学者と話をする必要があると考えた。

失われる微生物の生息環境

シドニー北部にあるマッコーリー大学の生物科学学科は、きのこ色のレンガ造りの魅力的とは言い難い長方形の建物内にある。背の高い窓から冬の陽射しが降り注ぎ、私の足音はラミネート加工された床に静かに響いた。壁の掲示板や茶色い事務室の閉じたドアには、ピンで留められた学会発表用のポスターや論文が並んでいた。マイケル・ギリングズの研究室への角を曲がったところで、突然、あふれだした色に私は目を奪われた。プラスチック製の原色の物体――子供の玩具やレモン搾り器や、私には見当のつかないもの――がごちゃ混ぜ状態で、出窓の1つからまとめて吊るされていたのだ。それらは

DNAの折り畳まれた染色体を拡大した模型のように見え、襞《ひだ》や皺《しわ》が迷路になって互いの周囲に絡まり合っているようだった。

マイケルの研究室のドアの外にピンで留められた記事――私が浦東で訪れたような中国の河口域の泥に、1グラム当たり最大で1億個の抗生物質の効かない遺伝子が発見されたことに関するもの（「つまりマッチ棒の先ほどの泥のかけらに100万個の耐性遺伝子があるということだ」）――を読んでいると、廊下を歩いてくる足音が聞こえた。振り返ると、マイケルが私のほうに片手を差し伸べながら歩いてきていた。彼は手ぬぐいのような布を首に巻きつけ、灰色の無精髭を生やしており、第一印象では科学者というよりはサーファーのように見えた。

研究室は気楽な雰囲気であちこちに書類の山があり、立ち机が置かれ、周囲は彫刻や奇妙なデザインの写真に囲まれていた。椅子に座ると、彼は前かがみになって、質問を始めてくれと促した。

私は人間がマクロとミクロの世界におよぼしてきた影響の類似について尋ねた。どちらも実際にそれほど明確なのかと。

「ええ、もちろんです」と、彼は言った。「私がこのことを考え始めた理由の1つは、現在われわれが見ているものを調べれば、太古の昔の微生物の状況がわかるのではないかと考えたことからです。たとえば、恐竜の絶滅に関する微生物の痕跡はあるのか、といったことです」

マイケルはさっと立ち上がって立ち机へ行き、コンピューターの画面に1枚の写真を表示させた。何もなかった画面に暗赤色と紫がかった黒がなだらかな帯を描いて、鮮やかな色に照らしだされた。西オーストラリアからの縞状鉄鉱床だと、彼は言った。20億年ほど前にシアノバクテリアの活動によって

〔溶存鉄が酸化して海底に〕堆積したものだ。「5000万年後に、もしゴキブリが進化して古生物学者になり、21世紀初めに当時起こっていたことの証拠を探すために掘り返したとすれば」と、彼はつづけた。「窒素循環に関連して、これとよく似た特徴的な痕跡を見つけるかもしれません。彼らに肉眼でそれが見えるというわけではありませんが、化学的な遺産は読み取れるでしょう」。では、色はないんですねと私は尋ねた。

「ありません」と、彼は答えた。「ゴキブリは化学的に分析しなければなりませんが、リンやプラスチック汚染の分布などの別の痕跡との関連から、微生物の変化も推察できるでしょう。ガラスを通してぼんやり見えるようなものとなりますが」

彼は研究室をでて、階下に私を案内した。「それで私は自分が未来の古生物学者になったのだと想像し始めたわけです」と、彼は階段の吹き抜けで声を響かせながら言った。「そこで何が見つかるか?」

私たちはガラス・キャビネットに入った大きなポスターの前にやってきた。何やらはっきりしない焼けたような物体が、小さな六角形の台の上に展示されていた。マイケルは自分と学生たちに、いまから5000万年後に発見された「人新世層」の展示をする課題を与えたのだと説明した。「ハイブ・コンソーシアム14255〔巣共同体〕」という進化したハチの生活共同体の遺物という想定で、このポスターは「人新世境界層に技術をもった種が存在した証拠」と題されていた。これらのハチの科学者たちは、とうの昔に消滅した種の決定的な証拠が堆積物中に発見されたと主張し、そこには「珍しい鉱物や、金属とガラスがきわめて集積した地層」など、重要な技術的進歩が見られたとする。発見の一部がその下に示されており、金属器や「絶滅した動物をかたどった原始的な陶磁器」などが含まれ、「あらゆるハイブ・カインド〔群居生物〕への警告」の役割をはたすことになっていた。

人新世層の出処は、マイケルが学生たちを連れて行った近くの公園の現実の地層だった。ポスターの写真には、ごみの地層から白いプラスチックの破片が覗く様子が写しだされていた。「地球内部の微生物相にはほとんど変化はないと考えられます。つまり基盤岩に棲む有機物です」と、彼は説明する。「痕跡が残るのは、地表かその近くです。われわれの埋め立てごみが、微生物にとっては金脈となるでしょう」

現代の埋立地は、すべてをなかに閉じ込め、外へは何も漏れでないように設計されている。粘土とプラスチックの層で密封され、有害な物質が地下水に浸出するのを防ぐこうした埋立地は制御された化学環境となり、そこでは湿度や温度、酸素含有率、pH値が一定でありつづけ、予測可能となり、その中身はゆっくりと保存処理されることになる。

密封された浸出液は、埋められたコンクリートからの炭酸カルシウムに富み、いずれは家庭ごみやフライアッシュ粒子、汚れた梱包材など雑多なものを結合して硬い塊に変える一種のセメントをつくりだすかもしれない。酸素の供給が限られれば、堆積物はおおむね微生物による腐敗からは守られる。

だが、私がのちに知ったように、カールズバッドにあるＷＩＰＰの掘削現場から採取された塩の結晶試料にも、やはり微生物の「化石」が含まれていた。ＷＩＰＰの試料には、２億５０００年前に結晶のなかに閉じ込められながらも生存しつづけた、生きている好塩菌が含まれていたことが判明したのである。

しかし、最もありうるシナリオは、証拠が解釈を必要とするようになるというものだ。「微生物の物語についてて言えば」と、マイケルは研究室に戻ってからつづけた。「われわれはそれがリアルタイムで展開するのを見られるわけです。ちょうど、大型動物の絶滅が展開するのを目の当たりにするように。人間による生物圏の支配は微生物の世界にまで広がっていますが、どちらも縮小しつつあります」。彼は野生生物の全生物量が、人間と家畜化された脊椎動物の生物量からするといかにわずかであるかを示すグラフを引っ張りだした。

「世界で最も恐ろしいグラフです」と、彼は言った。「でも、これが微生物の大惨事をも表わすことを理解する人は、ほとんどいません」

どの種にも独自の内部生態系があるが、これは一部にはそれぞれの動物が移動する環境の種類と、彼らがかかわるその他の生物によって左右される。「自分は動物園のライオンなんだと想像してみてください」と、彼は言った。「通常ならば、サバンナで死んだ動物を食べるたびに、あるいは水飲み場で糞尿をするほかの動物から、新しい微生物にさらされます。檻のなかでは、そうしたものは皆無となります。そこでは殺菌された肉を食べ、人間にしかさらされません」

何かの度合いが下がると、別のものも減少する。マクロの世界で生物多様性が低下すると、微生物でも下がる。つまるところ、かつての微生物多様性の痕跡は、未来の地球のパンゲノム、つまり、地球上に生息するすべての生物のすべてのゲノムにある遺伝子の総計の先細りとなって現われるだろう。グレートバリアリーフが実際に崩壊したら、化石記録に現われるギャップは、微生物の厄災も記すことになるに違いない。マトリョーシカのごとく、哺乳類や昆虫のいずれかの種が絶滅するたびに、その生物に依存していた微生物相も生息環境を失うので、ほかにも無数の絶滅や絶滅に近い事態が生じているのだ。

「残されるのは、人間と人間が食べたいもの、つまり豚や牛、羊、鶏などと関連のある微生物全体《マイクロバイオマス》だけなのです」

そのときドアをノックする音がして、マイケルの同僚のサーシャ・テトゥが入ってきた。マイケルは会議に出席しなければならないため、この対話はあとでつづけることにして、その間にサーシャと私は日当たりのよい中庭でお茶をすることになった。

サーシャは海洋光合成と毒性ゲノム学に焦点を絞った彼女の研究について語ってくれた。要するに、彼女は海洋微生物にとってどんな状況が致命的となりうるかを研究していた。そのすべてが、ごく単純な実験から始まったのだと彼女は語った。「シアノバクテリアからなるきれいなエメラルドグリーンの培養物のなかに、プラスチックの浸出液を加えたところ、とにかくただ白化したんです。すべての色が失われて、病的な薄いヘドロ状態になりました。微生物の集合体《コロニー》が死んでいたのは明白でした」

彼女はさまざまなプラスチックで実験を始めた。すると、ポリ塩化ビニル（ＰＶＣ）が最も毒性が強いことがわかった。海洋にはすでに非常に多くのプラスチックがある事実に、私は言及した。そこに棲むすべての微生物にとって、どんな影響がおよぶのだろうかと。「それによって主要な細菌の酸素をつくる能力に影響がでるかもしれません。別に、海洋が無菌化していると言っているわけではありません」と、彼女はすぐに言葉を弱めた。「でも、細菌群の構造にはおそらく変化が生じています。細菌は適応して、より強力な、雑草的な変種になるのではないかと私は考えています。そもそも微生物学を始めたのはそのためなんです。微生物の適応能力に驚かされないことはありませんから」

抗生物質が加速する微生物の進化

変化の原理は微生物の世界の最も本質的な特徴なのである。単細胞生物はおそらく40億年ほど存在しており、その無数の世代はそれぞれ、複製する際にわずかな欠陥があって、前の世代とは少しだけ異なって生まれる。個々の細菌と同じくらい異なる種が存在することすら示唆されてきた。どんなときでも、地球上には500穣（10の30乗）ほどの細菌が存在することを考えるまでもなく、充分に驚くべき概念だ。さらに100京――1,000,000,000,000,000,000――が大気中の塵粒子内にいると考えられているほか、海洋の生物量《バイオマス》の50％から90％は微生物細胞からなると言われる。海洋微生物はプラスチックごみを食べるように進化すらしており、2016年に日本の科学者がペットボトルのリサイクル施設でPETを分解するすべを身につけた細菌を発見した（京都工芸繊維大学の小田耕平名誉教授らが堺市の処理工場で発見）。

この驚異的な多様性が生まれた原因は、DNAを共有するその潜在能力にある。遺伝子の水平伝播（LGT）として知られるプロセスを通じて、細菌の細胞はその遺伝子情報を、ほかの細胞と入れ替えることができる。互いにこすれ合う微生物は遺伝子を交換しているのかもしれない。あるいは、微生物は共生する選択をし、長年連れ添った夫婦のように、最後は互いに見分けがつかないほどに1つになってしまう可能性もある。すべての交換が意味のある適応という結果をもたらすわけでなく、役に立たない修正はしばしばのちの世代で削ぎ落とされる。それでも、遺伝子の水平伝播は微生物に、光合成や異化作用、共生など、主要な生命のプロセスを発達させた。『変身物語』のように、微生物の生命体は形質転換の騒動の連続なのである。

だが、人間の活動はますます〔微生物たちの〕こうした自由表現を検閲し、お祭り騒ぎを抑制し、微生物の進化を私たちに随従させている。人間の集団は少なくとも3万5000年前から食べ物を選択することで、体内の微生物群でどの遺伝子が選ばれるべきかに影響を与えてきた。人間が火を使って食べ物を調理し始めたときのことである。だが、この「緩やかな」選択は、抗菌性化合物の使用を通じて「厳密な」選択過程へと移行してきた。1800年代末に水銀と砒素の予防薬効果が利用され始めた当初はためらいがちにであったが、第2次世界大戦後に抗生物質が広く使用されるようになると、こうした化合物はやたらに使われるようになった。抗生物質の過度の使用は、世界の先進国の人びとのあいだで、ヘリコバクター・ピロリ〔ピロリ菌〕を急激に減らしたとして非難されている。ピロリ菌は少なくとも10万年前から人間とともに共進化し、胃に生息してきた微生物で、胃酸の分泌を調整するのに一役買ってきた。そして、そのように気前よく処方される抗生物質の効果は、ヒトの胃をはるかに超えた部分でも見られる。

ペニシリンは1928年にアレグザンダー・フレミングによって発見されたことで知られる。フレミングが休暇から帰ってみると、実験室の台の上に蓋のない状態で放置されていたペトリ皿に異物が混入してしまったことに気づいた逸話である。ペトリ皿には、鮮やかな色のカビの大きなコロニーが〔もともとあった〕細菌コロニーとともにあった。細菌のコロニーは大きさと数を大幅に減らしており、カビのコロニーのいちばん近くでは、ほとんど透明にまでなっていた。カビは細菌の壁を、ゆで卵の殻のように剝いていたのだ。

ペトリ皿の写真は、性能の低い望遠鏡で覗いた月と星のようにも見えた。フレミング自身は、カビにやられた細菌を「幽霊」と呼んでいた。この薬は最終的に腐ったカンタロープ〔赤肉腫のマスクメロン〕から入手したカビから1943年に合成され、今日使われているさまざまなペニシリン系抗生物質はすべて、その1つの試料に端を発している。それ以前は治療ができなかった感染症も、いまでは単純に錠剤を投与することで治癒が可能になった。関節や臓器の移植のような、前代未聞だった処置も、何ら珍しいものではなくなった。抗生物質は死亡率におよぼした影響だけでも、未来の化石をつくることに間違いなく貢献してきたが、これはまた投与された人間や動物の体とはまるでかけ離れた場所に生息する細菌にも、根本的な影響を与えてきたのである。

ペニシリンは家畜の成長を促進させるためによく使用されている。動物と人間の双方が摂取する抗生物質の30％から90％は、土壌や水路にそのまま排泄されるので、微生物の世界には全体的に抗菌性化合物があふれている。微生物の人新世に関する研究の1つで、マイケル・ギリングズはこのことが「細菌の進化の根本的な速度」にすら影響するかもしれないと予測する。

人工的な抗生物質への耐性は、1920年代のある時点でDNAのただ1つの要素――クラス1インテグロン〔インテグロンは、環境に適応するための複数遺伝子を細菌がまとめて取り込む単位で、1から5までに分類されている〕――として生じ、それ以来、遺伝子の水平伝播で把握するのが困難なほどの数に増殖した。当初のインテグロンの何百万もの複製がいまでは、人間や家畜の糞便の隅々に存在する。日々、1000垓〔10の23乗〕もの複製が環境に排出され、汚水処理場〔遺伝子の水平伝播の「ホットスポット」となり、細菌の過熱した乱痴気騒ぎのようになる〕から河川や海洋へと放出されるか、土壌に戻される。

　クラス1インテグロンは、アマゾンの雨林でも、北極と南極の双方でも見つかっている。私たちは生物圏を化合物で飽和状態にしたのであり、それが細菌の基本的な進化の度合いを加速させ、パンゲノム内で耐性を与える遺伝子の割合を高めている。耐性を引き起こす選択の出来事の多くは一過性となるものの、微生物群の構成に生じる一部の変化は恒久的になるだろうとマイケルは推測する。

　土壌には1グラム当たり、微生物細胞が何十億個も含まれている。適切な条件であれば、細胞外のＤＮＡは土壌や粘土のなかで数千年間は生き延びることができ、腐植土のなかに止まりつづけるが、それを受け入れられる細菌に触れた途端、まるで火花が散ってヒューズが飛ぶように、細菌の新たな進化が始まるのである。

合成生物学でマンモスを蘇らせる

　学科の建物に戻る途中で、サーシャは木の葉のオブジェについてマイケルから話を聞いたか尋ねた。毎年秋になると、マイケルは生物科学学科の建物内の中庭で落ち葉を掻き集めて地上絵を描くのだという。彼女は最新のインスタレーションが見られる場所に、私を連れて行ってくれた。「端のほうがちょっと乱れていますす」と、彼女は言ったが、輪郭はまだはっきりしていた。茶色くなった枯葉が木の根元からタコの腕のように丸く、螺旋を描きながら先細りになっていた。

　私はマイケルの研究室付近にピンで留められていた写真のどれかで、すでにこの光景を見ていたことに気づいた。彼が会議を終えて戻ってくると、私は落ち葉のオブジェについて聞いてみた。「10年間やってきましたが、最初の6年間は秘密にしていました」と、彼は言った。キャンパス内が目を覚ます前に、彼は早起きをして自分のデザインで落ち葉を掻き集めるのだった。その意図は、学生たちに生物圏の構造や複雑さについて考えるよう促すことだと、彼は言った。「学生に自問してもらいたいと思ってね。どうしてこうなったのか？　これが腐って再び土と一体になるにつれてどんな変化が起こるのか、と」。今年のオブジェの題名は「海竜めざめる」〔ジョン・ウィンダムのSF小説の題名〕だった。

微生物の世界に見られる人間の足跡に関して、私にはもう1つ話し合いたい側面があった。生命の本質的な法則は40億年ほどのあいだ変わらない。生物学的な情報はDNAからRNAへと流れ、さらにたんぱく質と表現型〔目に見える遺伝的形質〕へと、科学者がセントラルドグマ〔中心教義〕と呼ぶ閉じられたカスケード反応のなかで伝わってゆく。これは揺るぎないことで、すべての生命の最後の普遍的な共通祖先がいた時代からずっと変わらない。だが、DNAの分子内部にデジタル情報をしまい込む技術の発達によって、セントラルドグマは37億年ぶりに初めて破られ、拡大されたのだ。

「こうして初めて、われわれはみずからの進化と、地球上に生きるあらゆるものの進化を定めることのできる有機物を手にしたのです」と、マイケルは言った。

彼は再び立ち上がってコンピューターを操作し、一連のスライドを表示した。「科学的に合成された最初のゲノムは2007年にメリーランド州のJ・クレイグ・ベンター研究所でつくりだされました。ベンターらはDNAを*Mycoplasma mycoides*という細菌から採取し、それを*Mycoplasma capricolum*という別の細菌の細胞に移植したのです。その結果は、外見も振る舞いも最初の*M. mycoides*とそっくりでした」。数年後、ベンターはさらに一歩進めて、コンピューターに保存された情報をもとに、*M. mycoides*の生きた細胞を合成した。

マイケルはUSBメモリーを取り上げて、それを振り回した。「これは進化上の重大な移行です。それまではどの生物にも祖先が必要でした。いまではそうではない。ある生物に関するすべての遺伝的情報をここにアップロードし、世界各地へものの数秒で電子的に送れるわけです」。理論的には、セントラルドグマを拡大することは絶滅した病原体や種の再構築を可能にするだけでなく、新規の生物を合成すらできるのだと、彼は説明した。それが繁殖すれば、進化の砂時計のなかで1つの系統を表わすことになる。

この新しい技術は、絶滅した種を蘇らせて、失われた生態系をつくり直す好機となると考えた人もいた。1989年に、シベリアの永久凍土に保存された膨大な量の炭素を初めて計算したロシアの地球物理学者セルゲイ・ジーモフは、シベリア北東部に160平方キロの保護区、更新世《プライストシーン》・パークを創設し、ツンドラの草原の生態系を復元すれば、永久凍土が解けるのを遅らせるか、防ぐことすらできるだろうという自身の仮説を試すことにした。

更新世には地球は氷期と間氷期で揺れ動き、北半球の景観は〔前進する〕巨大な氷の臼歯の下で削られていた。だが、シベリアの草原は無傷だったと、ジーモフは述べる。途方もない群れをなしたバイソン、ジャコウウシ、野生馬、トナカイ、ヘラジカ、マンモスなどが数百万平方キロのツンドラを歩き回り、その口で草を忙しく刈りとって、平原に樹木が生えないように保っていた。

何万年ものあいだ、こうした平原では砂埃が吹き荒れ、枯れ草や動物性物質、微生物とともに深く堆積し、それが凍結してエドマ層と呼ばれる炭素に富んだ永久凍土の一種になってきた。凍結したエドマ層だけでも、500ギガトン前後の炭素を含んでいるとジーモフは計算した。さらに400ギガトンがエドマ層以外の永久凍土に封じ込められており、シベリアの泥炭には50から70ギガトンの炭素が含まれている。合計すると、1750年以来、煙突や排気管から大気中に送り込まれた炭素の4倍以上になる。

ジーモフは、エドマ層が完全に安定した状態にはないことに気づいた。夏季に一部が解けて小さな湖ができると、軟らかくなった永久凍土にいた嫌気性微生物が炭素をメタンに変えていたのだ。永久凍土からは1立方メートルごとに日々40グラムの温室効果ガスが吐きだされていた。今世紀末までに地中に蓄えられていた炭素の大半を使いつくすほどの急速さだと、彼は推計した。

草が解決策となると、彼は感じた。明るい色の草原は、北極圏の平原に広がる暗い森ほど太陽からの熱を吸収しない。そして冬季には草食動物の大群が、厳しい北極圏の外気から永久凍土を守る雪を蹴散らすだろう。冬中、踏みつける蹄の下で凍らされれば、夏のあいだに解ける可能性は低くなる。そこで、ジーモフはプライストシーン・パークに可能な限り多くの大型草食動物を集めた。ツンドラのこの小さな一角には、2万年以上前のように、野生馬とアメリカバイソンがうろついている。だが、更新世の生息環境を本当に回復させて、草原に樹木を茂らせないようにするためには、更新世の平原を最初につくりだしたような大型動物が必要だと彼は気づいた。彼にはマンモスが必要だったのだ。

2014年に、ジョージ・チャーチというハーバード大学の遺伝学者がジーモフの考えに着想を得て、マンモスを蘇らせるプロジェクトを始めた。彼はマンモスとアジアゾウのゲノムを隔てている

１４０万回の突然変異のうち、２０２０回がタンパク質を発現する遺伝子に影響を与えたと計算した。CRISPR-Cas9という、改変されたタンパク質からＤＮＡ配列の特定の箇所を科学者が突き止められるようにする技法を使って、チャーチはシベリアの永久凍土で冷凍保存されていた死骸から採取した、体毛、小さい耳（熱損失を最小限にするため）、皮下脂肪などに必要となった情報を含む、マンモスの45個の遺伝子をこれまでにアジアゾウのゲノムに切り貼りしてきた。アジアゾウのＤＮＡに、合成したマンモス断片を少しばかり交ぜた細胞はマンモスではないが、シベリアの生態系におよぼす影響は同じだろうとチャーチは賭けをした。

だが、マイケルは新しいゲノムを製造すれば充分だという説には納得していなかった。ゾウと同様に、マンモスには複雑な社会構造があった。新しい群れは社会の欠如した状況に存在することになる。それは、マンモスであることがどんなものか完全に忘れられた世界なのだ。「動物は、動物であることを学ばなければなりません」と、彼は言った。「行動は合成できないのです」

絶滅種の復活はあらゆる神業のなかで最大の芸当となるだろうが、それは消滅した種を実験室でこしらえるだけでは達成できないだろう。動物は単にその部分の合計ではない。それぞれの身体的特徴は何千世代ものあいだに受け継がれてきた多数の進化上の適応の結果なのだ。そして、私たち人間も変わる必要があるだろう。人類の支配域の拡大によって失われた種を取り戻すことは奇跡的なことで、過去の罪滅ぼしですらあるのだろうが、そのためには人間がかつて絶滅へと追いやった者たちと共存することを私たちが学ぶ必要もあるだろう。

マイケルが学科の建物の外まで見送ってくれた際に、私たちは中庭の葉のオブジェを見下ろせる窓辺で立ち止まった。端のほうが崩れかけてはいたが、丸く湾曲した形状はまだはっきりしていた。翌年のアイデアもあるのか、私は彼に聞いてみた。

「以前、シドニーにある芸術家がいましてね」と、彼は言った。「公共の建物の側面や敷石に〈永遠〉という言葉をチョークで書いていました。来年は、大きな銅板の文字で、エントロピー〔秩序から混沌への移行〕という単語をつくるかもしれません」

微生物の驚くべき耐久力

微生物は、その発明能力ゆえに何十億年も存在してきた。彼らは世界最高の即興芸人であり、見かけの限界を超えて進化するその潜在能力は、人間がみずからのためにつくったこの世界で生きることを学ぶためのよい模範のように見える。人間がなりうるものは、いまの私たちの現状によって制限されるものではないことを微生物は示し、協力と適応、それに古い形態を捨て去って新しいものを受け入れることが、生きる力を増しうることを教える。

その適応力は、微生物に途方もない耐久力があることを意味する。細菌は、海の最も深い部分にも、地底の奥底にも生息していることがわかっている。現在のところ最深の記録は地下5キロだが、生命が生きられる限度が122℃であることからすれば、微生物はその2倍は深いところからも見つかる可能性がある。地球のすべての細菌と古細菌の70%は、地下の暗闇に存在していると考えられている。なかには私たちの頭上よりはるか上に生息している種もある。1978年には、ロシアの科学者が気象観測用ロケットを使って上空60キロ以上の中間圏から、ペニシリンの一種を含む微生物の試料をもち帰らせた。

一部の微生物は、ただ厳しい暮らしに耐えているだけではない。そこで長生きしているのだ。2010年に、エディンバラ大学の宇宙物理学者、チャールズ・コケルが10年間そのまま放置されていたペトリ皿に、干からびてはいたもののまだ生命力のある芽胞《がほう》があることを発見した。細菌の芽胞が休眠状態でいったいどれだけ存在でき、まだ復活できるのかを明らかにするために、コケルと共同研究者のチームは「500年間細菌実験」というものを考案した。彼らは*Chroococcidiopsis*と枯草菌の2種の細菌の乾燥した試料を800本のガラスの小瓶に密封し、2つの頑丈なオーク製収納箱に鍵をかけて保存し、その回復力を調べるために数世紀にまたがる計画を立てた。実験の最初の24年間は2年ごとに、その後475年間は25年ごとに科学者はそれぞれのオークの箱から小瓶を1本ずつ取りだして中身を調べ、芽胞が発芽するか確認する。最後の小瓶は2514年に試験をする。

WIPPの周囲で遠い未来に確実にメッセージを伝えようとする試みと奇妙にも似た形で、同チームは未来の——大半はまだ生まれてもいない——同僚に向けた指示を、実験を守るために細心の注意を払って考案しなければならなかった。現在のところ、その指示は試料とともに文書とUSBメモリーで保管されている。だが、シビオークの原子力の祭司のように、科学者の各世代は最新の技術を使って新しい指示書のコピーをつくり、言語の変化を説明する任務を負うことになる。

細菌は、少しも望みがなさそうな状況下で、たとえ本のページとページのあいだでも、増殖できる機会を待ちながら好機を窺うことができる。チャールズ・コケルがエディンバラで、10年ものの試料が入ったペトリ皿を発見した同じ年に、サラ・クラスクという芸術家がケント州の中古品販売店で、275年前の『変身物語』を見つけた。彼女はそれを3ポンドで購入し、のちにようやく、これがわずか3冊しか残っていない特定の版のうちの1冊だったことを知った。だが、彼女の関心を引いたのは、本の珍しさでもなければ、正確には、詩の中身そのものですらなく、そのページに目に見えない形でプリントされたものだった。すなわち、300年近い微生物学の歴史である。

サラは自分の『変身物語』が生物学的な情報の図書館でもあることを知り、サイモン・パークという微生物学者とともに研究を始め、この本の秘密の歴史を発見した。2人はページを切り取り、溶かした血液寒天培地を入れた生物検定用の皿に20秒間押しつけた。その後、ページを取り除いて、皿の中身を1週間培養する。この細菌の版画制作からは、驚くほど多様な細菌の生命体が明らかになった。何世代にもわたる読者が本のページの上に擦りつけたり、咳をしたりしたものだ。皿内には何百ものコロニーが出現し、なかには（おそらく）人間の皮膚に棲む多くの種類の細菌も含まれていた。そのうちの1つ、*M. luteus*は、フレミングがペニシリンを発見するうえで欠かせないものだった。

だが、ほかにも特筆すべき生存者がいたのだ。アクタイオンとナルキッソスの物語の余白に、2006年に41キロ上空から採取した空気の試料から最初に発見された*Bacillus altitudinis*と、「500年間細菌実験」で使われ、乾燥と53℃の温度にも耐えられる枯草菌が生息していたのだ。枯草菌のコロニーは、NASAの人工衛星で宇宙空間でも6年間、生きつづけた。

こうした耐久力をもった微生物は、極限環境微生物と呼ばれる。これらはおおむね地球上で最も忍耐力のある生命体なのである。一部の種は氷のなかで凍結した状態で、あるいは120℃以上の高温で生きつづけ、熱水噴出孔の栄養分に富んだ斜面にしがみついている。ほかにも極限環境微生物には大量の放射線や、圧倒的な速さの衝撃にも耐えられる種もいる。枯草菌が示したように、真空状態の宇宙ですら生きられるのだ。極限環境微生物の回復力には驚くべきものがあるため、科学者たちは細菌のDNAを、デジタル情報を保存するためのマシンとして使用することを探究し始めた。

DNAによる情報の保管

データストリーム〔バイト単位でデータを転送する〕サービスや人工知能、クラウドのデータ保管、ソーシャルメディア〔SNS、ブログなど〕が登場し、誰もがスマートフォンやスマートウォッチをもつようになって以来、いまでは50億ギガバイトのデジタル・コンテンツを生みだすのにわずか2日ほどしかかからなくなった。これは2003年までに存在していたすべてのデジタル情報に等しい量だ。2025年には、年間に生みだされるデータ総量は160ゼタバイト（つまり160兆ギガバイト）を超えるだろう。世界のシリコン埋蔵量は、私たちが生みだすすべてのデータを恒久的に保管するのに必要となる量の、ごく一部にしかならない。だが、DNAはたった1グラムで、455兆ギガバイトを保管できるのだ。

パシフィック・ノースウエスト国立研究所の研究者パクチュン・ワンは、2000年代の初めにデータ保管の問題について考え始めた。問題は途方もない量の情報だけでなく、保管の手段が不安定であることだった。人類は何千年間も、自分たちの知っていることの痕跡を意図的に残すことで、エントロピーを克服してきた。筆記によって人間は歳月に打ち勝ち、未来へと語りかけられるようになったが、いまのところ私たちが手に入れられる素材は脆弱だった。「骨も石も風化する」と、ワンは書いた。「紙は分解し、電子記憶は劣化する」

一方、生命は本質的に、時を超えて情報を安全に伝えるものとして定義される。ワンは、2進法《バイナリー》の情報をDNAの4つの核酸塩基（Aを00、Gを01、Cを10、Tを11として）に変換して、それを生物のゲノム内に安全に封入すれば、生命の非常に基本的な事実を利用することができ、理論上は、その情報はいつまでも取りだすことが可能になると想像した。2003年にこのアイデアを試すために、彼はディズニーの歌「イッツ・ア・スモール・ワールド・アフター・オール」の歌詞を2種の細菌――大腸菌（*Escherichia coli*）とデイノコッカス・ラディオデュランス（*Deinococcus radiodurans*）のゲノムのなかでコード化した。

ワンの実験以来、ほかの研究者も細菌のDNA内に保管されるデータ量を急速に増やした。研究者たちは、シェイクスピアのソネット全編から、DNAの構造に関するフランシス・クリックとジェームズ・ワトソンのノーベル賞受賞論文のPDFファイルまで、あらゆる種類の情報をコード化してきた。だが、DNAは情報を取りだすために1度だけ配列されたのち破壊されることに、彼らはそのたびに気づいた。若干の誤記はあったものの、データは読めたのだが、読むことで事実上、データを消していたのだ。この方法でデータを保存するためには、その情報を読むたびに、専用の写しが必要となる。お気に入りの本を毎年読むために何十冊も同じ本を揃えたり、同じメッセージを入れた瓶が見渡す限り必要となるようなものだ。

1953年に、『ファンタジー&SF』誌にフィリップ・K・ディックの短編「保存マシン」〔邦題は「名曲永久保存法」〕が掲載された。これはちょうどクリックとワトソンが、ロザリンド・フランクリンの功績を認めることなくその研究を引用した論文を発表し、セントラルドグマの拡大を可能にする生命の新しい理解を伝えたのと同じ年だった。ディックの物語のなかでは、迷宮博士と呼ばれる科学者が文明の衰退について案ずるようになる。現在の諸々の功績は、ちょうど古代世界の驚異が闇に消え去ったように、失われるのではないかと彼は心配する。博士は音楽が失われることに何よりも悩まされたので、楽譜を生物に変換できる「保存マシン」を考案する。迷宮博士のマシンに取り込まれると、2種類の流行歌が走り回るネズミとなって現われる。モーツァルトの交響曲は、クジャクのトサカをつけた小鳥になった。

ストラビンスキーの楽譜は奇妙な部位が合わさった不思議な鳥を生みだす。その他の作曲家の作品は、昆虫に変身――ベートーベンのカブトムシや、ムカデのようなブラームスの生物――したり、濃厚な色で興奮しやすいワーグナー動物のような新種になったりする。それぞれに独自の気性をもち、おとなしい生物もあれば、荒々しいものもある。迷宮博士は自分の創造物を自宅の裏手の森に放すが、彼らはたちまち野良になり、互いを餌とし、夜間は叫び声がこだまする。事態の展開に困惑した博士は、バッハ虫の1匹を捕まえて保存マシンのなかに再び取り込ませた。そこから現われた音楽は聞き覚えのない、博士がそれまでに聞いたどんな音とも違う不気味な響きだった。

未来の化石を探すなかで、私は人間の痕跡を記録する驚異的な手段に出合ってきた。レナータ・フェラーリとウィル・フィゲイラによるグレートバリアリーフのデジタル地図から、グリーンランドと南極の広大な氷床にいたるまでの媒体だ。「都市層」そのものは、つまりいまから数億年後に人類最大の都市から唯一残される薄い層は、今日これらの都市のごみを受け入れている埋立地によって予告され、予示される一種の物理的な記録なのである。

インターネットのおかげで、私たちはこれまでに築かれた文明のなかで最も詳細な肖像画を描きだしてきた。日々の何十億ものやりとりや画像を記録し、巨大な熱いデータセンターに保管しているのだ。だが、これらの記録が意図的につくられたにせよ、そうでないにせよ、それらはいずれも生命の本質そのものに記録を残そうと試みることはなかった。ＤＮＡへの保管は、私たちの物語が自己再生する生きた記録に書き残されるという見通しを与えるのだ。

そう考えたとき、私には不安が忍び寄ってきた。世界の生物多様性が危機的状況にあるとき、科学者がＤＮＡへの保管について思案しているという事実は、痛烈な皮肉を感じさせる。その他の生命体を単なる資源として扱うことは、人間が陥った混乱の大きな部分を占めるが、すべての生物が生きられる未来を築くことに私たちの関心を向けなければならないときに、人間は自分たちの物語を確実に残すために、生命そのものに目を向け始めたのだ。

しかし、人間が最も大切にするものを、微生物の管理に任せるという見通しにも、私は不安を感じた。情報を取りだすために、図書館ではなく実験室を訪れることになり、自分たちが思いだしたいものが本ではなく小瓶に保管されていても、人類の記録として現われるものをまだ歓迎するのだろうかと、私は疑問に思った。経糸の1本が織物のなかに、異質な菌株を取り入れながら入っていたとすれば、どうなるだろうか？

人間はシェイクスピアの全作品を微生物の合成記録として保管するのかもしれない。だが、ボルヘスの図書館にある名作のさまざまな版のようにそれらが復元され、たとえ間違いが1カ所であっても原作とは異なっていれば、私たちは自分が実際には何を読んでいるのか、そしてどんな種類の情報――どんな生命――をそれが表わしているのか、考え直さなければならないかもしれない。迷宮博士は人間の功績の頂点を表わす音楽を保存することにするが、彼の生物たちから再生される音はまるで非人間的で、有機的な記録保管所に滞在していたあいだに奇怪なものに変異していた。

だが、おそらくそんな懸念は杞憂に終わるのだろう。2017年に、ワシントン大学の研究者らがディープ・パープル〔イギリスのロックグループ〕の「スモーク・オン・ザ・ウォーター」と、マイルズ・デイビス〔アメリカのトランペット奏者〕の「トゥトゥ」の録音を記号化してDNAに保存することに成功した。この情報を再び取りだしてみると、どちらの曲も完璧に演奏されていた。

小さな神

2003年に実験的な詩人、クリスチャン・ブックがワンの論文を読み、微生物のDNAをただ書き込む表面として使うのではなく、執筆のパートナーとして使えないかと考え始めた。それ以来、何十万ドルという費用をかけて、彼はデイノコッカス・ラディオデュランスを、情報を保存するためではなく、永遠の詩を書くマシンに変えようと試みてきた。

デイノコッカス・ラディオデュランスは1956年に、コーンビーフの缶に生息しているところを発見された。ガンマ放射線が保存にもたらす潜在能力をオレゴン州の科学者たちが実験していた際に、殺菌できない細菌を発見したのだ。その名前は、「放射線に屈しない恐るべき種《たね》」を意味する。この細菌は極端な乾燥状態でも、人間にとって致命的な量の1000倍のガンマ放射線を浴びても生き延びられる。人間ならば死ぬ被曝量の3000倍を浴びると、この細菌も衰弱するが、まだ生きていられる。2002年にNASAが地球の上空300キロで太陽放射の紫外線に6分間さらしたが、この細菌は無傷で地球に戻ってきた。

その驚異的な回復力は、ひとえにその形状ゆえである。この細菌は4つの細胞が輪のなかにぴったり収まるように並んでおり、ホットクロスバン〔十字の切れ目のある丸パン〕にいくらか似ている。放射線による損傷はDNAを分解するが、周囲をしっかりと囲まれた形状は、DNAが壊れても近くに寄せ集められた状態が保たれ、細菌がみずからを急速に修復できることを意味する。あらゆる知見からして、これは殺すことのできないものだ。この細菌のゲノムに書かれた詩ならば、「太陽そのものが爆発するまで、地球上から消えない」だろうと、クリスチャン・ブックは想像した。

オーストラリアのノーザンテリトリー準州のレンジャー・ウラン採鉱場を訪れた数日後、私はその州都ダーウィンで文芸創作を教えているクリスチャンと待ち合わせをした。数時間後にはシドニーに戻る飛行機が出発するというときに、私はダーウィン郊外のサウナ状態の通りを、この大陸の端にある海辺のカフェまで、永遠に生き残る詩を書こうと努力している詩人に会うために急ぎ足で歩くことになった。

照りつける太陽のもとで海はラベンダー色に変わっており、到着したころには私は汗をかき、狼狽していた。かたやクリスチャンは、くつろいで落ち着いていた。私が冷たいジュースを注文する傍らで、彼はエスプレッソとスパークリングワインを飲みながら、自身の手順を説明した。

ワンのような研究者は、記号化された情報が変わることなく保存される方法を模索するが、クリスチャンの目的は彼が書いたものを細菌が変更するよう推奨することだった。彼のプロジェクトの核心は、ゼノテクストと名づけられた2編のソネットだ。ソネットはそれぞれ、「オルペウス」と「エウリュディケ」〔実際には英語読みされている〕と命名されていた。第1段階は、詩を書くことのできる暗号を探すことで、その暗号を使って読めば、最初の詩が2番目の、まるで異なる詩に置き換えられるようにすることだった。「私は詩を書いたというよりは、詩を発見したわけです」と、彼は言った。彼は8兆近い可能性――大半はただ意味のない言葉を紡いだ――を探るコンピューター・プログラムを書いて、実用に足る暗号（ANY-THE 112という）に到達した。読むことのできる1つの詩を、別の判読可能な詩に変えるものだ。

こうして、「any style of life / is prim〔どんな暮らし方も／堅苦しい〕」――「オルペウス」の1行目――は、それに対応する「エウリュディケ」の1行目では「the faery is rosy / of glow〔妖精はバラ色／輝きで〕」となった〔aがtに、nがhにという具合に変換〕。これを成し遂げたあとで、彼は26のコドン（3個のヌクレオチドのセットで、DNAをRNAに変換する指示をだす働きをする）を選びだし、それぞれにアルファベットの文字を当てはめた。「オルペウス」のソネットを合成したコドンに変換して細菌に取り込ませると、この細菌はタンパク質を生成するための一連の指示としてその詩を「読む」はずであり、暗号を通して読み返せば、「エウリュディケ」となって現われることになる。姿を消した妻を探して冥界をさまようオルペウスのごとく、クリスチャンの詩は殺すことのできない細菌のなかに、そのパートナーを探して入り込むのである。

オウィディウスの詩では、オルペウスは地表に戻るまで妻を振り返らないという条件で冥界に入ることを許される。だが、最後の瞬間に彼は自分を抑えきれず、妻が闇のなかへ再び落ちてゆくのを見守るはめになる。エウリュディケを再び失ったオルペウスは悲嘆に暮れ、そのあまりに、首を切断されても、彼の頭部はヘブロス川の水面に浮かびながら哀歌を歌いつづける。オルペウスの亡霊は再び冥界を訪れ、今回、彼は妻と再び永遠に結ばれる。「そこで2人は並んで一緒にそぞろ歩く」と、オウィディウスは書く。「またときにはオルペウスが先を行って、いまでは心置きなく振り返られるので、妻のエウリュディケのほうを見やる」

2019年の年始に、「オルペウス」と「エウリュディケ」はウルティマ・トゥーレ、すなわち地球から65億キロの距離にある、太陽系の成立から取り残された瓦礫帯を、NASAの無人探査機ニューホライズンズに乗って通過した〔エッジワース・カイパーベルト内にある小惑星ウルティマ・トゥーレは、現在はアロコスと呼ばれる〕。そして、これらのソネットの一部は、火星探査機インサイトのペイロード〔有償荷重。探査機では搭載した実験観測機器を指す〕に含まれて、現在は火星の表面にある。クリスチャンは自分の詩が確実に長寿を全うできるように、とてつもない努力を傾けたわけだが、微生物の生命体を使った彼の実験が成功すれば、ゼノテクストはその他のどんな未来の化石よりも長く残ることになるだろう。

いまから100万年後、オンカロ内部の核廃棄物はバターの塊ほどの危険性もなくなり、ニューオーリンズや上海のような都市は数キロの厚みの泥と粘土の下で平らに潰されているが、デイノコッカス・ラディオデュランスは書きつづけるだろう。地球表面に残る人間のわずかな痕跡も特徴がなくなり、ラシュモア山に刻まれた〔4人のアメリカ大統領たちの〕顔が風化して空を見つめるようになっても、この細菌は動じないだろう。死にゆく太陽が地球を呑み込むまでは、「オルペウス」と「エウリュディケ」は二重唱を歌いつづけるのだ。

だが、いまのところ、「エウリュディケ」はつかみどころがないままだ。14年間、実験をつづけたのち、クリスチャンは「オルペウス」が細菌のなかに取り込まれて、それに対応したタンパク質を生成していることはどうにか立証できた。だが、いまのところ、彼はタンパク質を合成して、「エウリュディケ」を光のもとに連れ戻すことはできていない。デイノコッカス・ラディオデュランスは協力してくれなかったのだ。「私はこの生物と交渉しているようなものです」と、クリスチャンは言った。「何を試みても変わりません。悪態をついて、ばらばらにしても、かかわり合いを拒否するわけです」

彼は悲しげな笑みを浮かべた。「まるで小さな神をなだめようと試みているようなものです」

終章　未来の化石が示すもの

海岸に打ち上げられた人新世の新種の石

空は晴れていて、一面の青空に綿のような巻雲がいくつか浮かんでいるばかりだった。3月のことで、エディンバラはそのわずか数週間前まで深い雪に埋もれていたが、今日はコートを鞄に詰め込んで、北海からのそよ風が薄手のセーターを吹き抜けるに任せられるほど、暖かく感じられた。冬は例年になく遅くまで居座り、天候に変化もないまま週を経るごとに重くのしかかっていたが、寒さの緩んだ空気はようやく季節の変わり目がすぐそこまできていることを約束しているようだった。

この季節は、私が学生たちをダンバーへ連れてゆき、遠い過去が遠い未来と出合う海岸沿いを歩いてみる時期でもあった。私たちの一行はその朝、列車で到着し、灯台まで海岸をたどり、ゴルファーに余計な詮索をされないように小石の浜を進みつづけた。ちょうど引き潮で、カモメが潜っては波の上を旋回していた。まだ水が引いていない遠くの岩の上では、1羽の鵜が翼を乾かしていた。

この海岸の小道は、満潮線より低い場所で海面に突きだしている「石灰岩舗装」に合流し、引き潮になると、太古の生命の痕跡を残す化石が豊富に見られる高台がそこに現われる。灯台まで行けば、遠くに原子力発電所のずんぐりとした姿が見えることが私にはわかっていた。梢の上にはセメント工場の殺風景な建物が覗いていた。私は、3億年前に石灰岩舗装のなかに残された痕跡が、人類の遺産の未来の先触れとなることも学生たちに見て欲しかったので、足下にある滑らかな岩から何か見つかりはしないかと視線を落としていた。

太古の波の化石化した痕跡が波模様になって残る砂岩の塊を学生たちと調べていたとき、目の隅で何かが見えた。最初は、汀線に打ち上げられた海藻の山の一部だろうと思った。だが、むしろ遠くの丘の斜面から移植されたヒースの小枝のように見えた。両手を合わせたほどの大きさのまだらの礫岩の窪みから、淡いオレンジとトルコ石色の針のように細い葉が何千枚も、触角のように丸まりながら、揺れ動いていたのだ。上部は砂粒にまみれていたので、上から見ると砂だらけで色褪せて見えた。それが植物なのか、鉱物なのか言い当てるのは不可能に思われた。石が有機的に見えるものと合体し、再び石に戻っていたのである。

ポール・バレリーの『エウパリノス』では、ソクラテスの亡霊が、「はてしない海岸」沿いを歩いたはるか昔の若かったころの思い出を語る。海岸は、海から拒まれ、陸からは再び受け入れるのを断られたものであふれている。難破船の焼け焦げた木材や、海獣の潰れた死骸などである。ソクラテスの亡霊はある物体に遭遇して仰天する。白くて硬くて滑らかだが、はっきりとしないものでもあり、それが何であって、どこからきたのだろうかと彼は悩む。おそらく、魚の骨が磨耗してなめらかになったのかもしれないし、彫刻された象牙の一部で、船が遭難して失われた神の彫像なのかもしれない。あるいはひょっとすると、「無限の時の経過からの産物」なのだろうと、彼は推測する。

私たちは発見した奇妙な物体に近づいて眺め、その小枝を突いてみた。小枝は硬くて、合成物質のように弾力性があったが、その形状は分類できるようなものではなかった。もち上げてみると、ボウリングのボールほどの重さがあった。

硬い、触手のように奇妙な房の一部を剥いてみると、太い管が隠れているのが見えた。やや畝があって、ほとんどが砂粒に覆われていた。これは植物ではないと、私は気づいた。石と合体してしまった漁綱の一部だったのだ。ロープの両端は滅茶苦茶にほつれ、何千本もの繊維をあらわにしながら、いまでは見慣れない植物か何かのように砂まみれで垂れ下がっていた。

私たちが見つけた奇妙な物体は、プラスティグロメリットだった。人新世の新種の石で、通常は海岸で生じた火災でプラスチックごみが岩石や堆積物の粒子とともに溶けて生成される。最初のプラスティグロメリットは2006年にハワイで見つかったが、その後、世界各地の海岸に、まるで奇妙な新世界の前触れのように出現している。

未来の化石は、予言され、すでに到来してもいる変化を見ることを学ぶという、特異な難題を突きつける。遠い未来への旅の途上で、私はしばしば現実態《エネルゲイア》がつかの間その輝きを現代にもたらすのを目の当たりにした。浦東の高層ビルに当たる太陽の光や、クィーンズフェリー・クロッシング橋の輝く帆〔のようなケーブル〕や、私が手にもった光る氷床コア、〔極小の〕ゴルゴンの開いた口が何百と刻印されたサンゴのコアなどである。オンカロの暗闇に埋められた銅製の処分用キャニスターの輝く蓋や、地球を駆けめぐって生命の光を呑み込もうと脅かす絶滅の影。はるか昔にヘイズブラの足跡を受け入れた滑らかな泥や、エドワード・バーティンスキーの写真のなかの光る黒い足跡。表面的には、ソクラテスの亡霊が発見した謎の白い物体のように冴えないかもしれないが、私たちが見つけた奇妙なプラスティグロメリットの植物岩は、同様の奇妙な光で燃えていた。

「いま新世界が発見されたら、私たちにはそれが見えるのだろうか？」と、イタロ・カルビーノはかつて問いかけた。この新しい現実の兆候は私たちの周囲のいたるところにある。景観のなかにも、視界の端で揺らめき移り変わる物体にも見られる。最も移ろいやすく思われるものが長くもちこたえる潜在能力を秘めており、それがめまいを起こさせるのだ。

悠久の時代に残される私たちの痕跡の一部は避けようのないものであり、人間が築いてきた都市や道路の規模と、私たちが考案した素材の耐久性ゆえにすでにそうなることが保証されている。その他の痕跡が残る度合いは、生態系の空洞化や、凍結した埋蔵メタンが解ける大惨事にたいし、私たちがこれから下さねばならない選択に左右されつづける。

だが、その任務の重要性——何世代ものあいだに展開する変化をいまここで見て、未来の命にも親近感を覚え、重大な責任を親身に負うこと——はいくら誇張しても足りない。未来の化石は私たちに、自分と直接つながる世代、つまり私たちの子供の子供の子供だけでなく、私たちとは何百世代どころか、何千世代も隔てられている人びとにも責務を負っていることを示す。これらは、言語も文化も、私たちの知るものや、想像できるものとはまるで異なる人びとだ。それでも、彼らは自分が生まれる何千年も昔に、私たちが下した決断によって歪められたままの世界で暮らさなければならないかもしれないのだ。

何も行動しなければ必然的に訪れる新しい世界を見るすべを私たちがもっと学べば、別の選択肢をより想像できるようになると私は信じる。それは私たち自身のためでもあり、私たちのあとにつづく者たちのためでもある。

それでもこれは何ら容易なことではない。自分の暮らす世界に何を期待すべきかは知っていると私たちは考え、物事をありのままに見る機会を見逃しているだけでなく、それらがどう変わりゆくかも見過ごしている。新しい世界は日々、出現しているが、私たちはそれに気づかずにいる、とカルビーノは述べた。毎日の慌ただしい暮らしのなかで、私たちはそれとない変化を見逃している。習慣から現在を、過去の光で照らして見ているのだ。難題は、猛進してくる未来が投げかける不気味な光のもとで、私たちの現在を、自分たちを、代わりに検証することを学ぶ作業である。

ソクラテスの亡霊は、得体の知れない物体にどれほど悩まされたかを追想する。「この風変わりな物体が生命の仕業なのか、芸術作品なのか、それとも時が為せるわざなのか、私には判断ができなかった」と、亡霊は述べる。不意に、苛立ちのあまり、亡霊はそれを海に投げ返すが、自分が見たものは忘れられず、うまく表現できない形で変わってしまった自分があとに残されていた。亡霊にとってすら、不安を掻き立てるその白さは記憶に残る。私は馴染みの海岸に立ちながら、自分たちのこの奇妙な発見は、この先もずっと忘れられないだろうと思った。

私たちはさらに数分間、奇妙な発見物を調べ、まるで金脈を探す試掘者のごとく、それをあっちに、こっちに傾けてみた。だが、この物体はもち帰るには重すぎたので、満潮線より上にある岩に載せたまま置いてきた。灯台に向かって海岸を進みつづけるうちに、空が灰色に変わり始めた。そして小石の浜には、私たちの足跡は残らなかった。

謝　辞

本書には多くの親切な行為の痕跡が残されている。

未来の化石を探すためにどこへ旅をしようと、私は心から歓迎してくれるガイドや主催者・受け入れ先のもてなしを受けた。アリソン・シェリダン、エル・リーンとアンドルー・モイとメレディス・ネイション、ジョディ・ウェブスターとマーダビー・パターソンとベリンダ・デクニック、パシ・トゥオマとアン・コントゥラ、クリスティナ・フレデングレンと・レーナ・カウツキー、クリスティン・ハンセンとシャシュティン・ヨハネソンとマティアス・オブスト、マイケル・ギリングズとサーシャ・テトゥ、そしてクリスチャン・ブック。これらの人びとの寛大さがなければ、実際、私はごく薄い本しか書けなかっただろう。ビンセント・イアレンティは地下450メートルの生命について私に説明してくれたし、ヤン・ザラシェビチは100万年後のプラスチックを想像する手助けをしてくれた。

私はレバーヒューム財団からの助成を受けて、オーストラリアで家族とともに過ごした3カ月間に、未来の化石の物語をどう語るかについて考え始めた。私は本書の調査で訪れた国の伝統的な所有者たちの優先権を認め、管理者として彼らがその土地と水にかかわりをもちつづけてきたことに敬意を払う。

イオラ・ネーションのガディガル氏族、クク・ヤランジ氏族、ミラル・グンジェイッミ氏族などである。ニューサウスウェールズ大学の客員研究員となる手配をしてくださったトム・バン・ドーレンには感謝しており、またシドニーで私たちをじつに温かく迎えてくれたイアン・マッカーマン、アストリダ・ネイマニスと、それぞれのご家族にも感謝したい。また、ジュリアン・バリーはノーザンテリトリー準州を回るために車を使わせてくれ、エディンバラ大学のジャネット・ブラック、ビッキ・キンケイド、ローラ・トムリンソンには旅行中に物資面で支援していただいた。お礼を申し上げる。

大勢の方々から励ましの言葉を頂戴したことはじつに幸運であり、しかもその多くは私が最も後押しを必要としていたときだった。イーサ・アルデゲリ、レベッカ・アルトマン、ジェームズ・ブラッドリー、サイモン・クック、ティム・ディー、ピーター・ドワード、私の両親のリンとイアン、トム・キリングベック、ロバート・マクファーレン、マックス・ポーターとケイト・リグビー。優しい言葉をかけ、熱意を示してくれてありがとう。幸いにも友人と呼ばせてもらっている優れた2人の方々、ギャビン・フランシスとベン・ホワイトは、私の最初の原稿に洞察力のある意見を述べてくれ、おかげで私は進むべき道をよりよく見ることができた。エディンバラ大学の「悠久の時代《ディープタイム》」読書グループの友人たち、ミシェル・バスティアン、エミリー・ブレイディ、フランクリン・ギン、ジェレミー・キッドウェル、アンドルー・パトリツィオにはとくにお礼を申し上げたい。ここで私が語った話の多くは、私たちの会話のなかで芽生えた。

２０１７年に英国王立文学協会からジャイルズ・セントオービン賞をいただいたことは、私の自信を格別に高めてくれた。同協会のすべての方々と審査委員には支援をいただいたことを大いに感謝している。

これほど熱い思いを傾けてきた話を語る機会を与えてくれたすべての人びとに、私は恩義を感じている。デジタル・マガジン「イーオン」のサリー・デイビスは、遠い未来について書くきっかけを最初に与えてくれ、レティス・フランクリンは私を信頼して本書の執筆を委託してくださった。ゾウイ・パグナメンタ、フォースエステイト社のニコラス・ピアソン、ファラー・ストラウス&ジルー社のエリック・チンスキーとジュリア・リンゴと仕事ができたことは、きわめて幸運だった。これ以上に献身的で優れた編集チームは想像できない。彼らが思いやりをもって、私が書く奇妙な物語を信頼してくれたことで、大いに恩恵を受けた。

私のエージェントである素晴らしいキャリー・プリットは、最初から最後まで導き手で友人でありつづけ、つまるところ私にも語るべき話があるかもしれないと思わせてくれた。

これまでに出会った誰にも増して私が敬服するレイチェルからは、言葉にはできないほどの恩義を受けた。

アイザックとアニー、これは君たちの未来のための本だ。

参考文献

序章　呪われた未来の痕跡

Anthony Andrady, *Plastics and Environmental Sustainability* (John Wiley, 2015); David Archer, 'Fate of Fossil Fuel CO_2 in Geologic Time', *Journal of Geophysical Research* 110 (2005); David Archer and Victor Brovkin, 'The Millennial Atmospheric Lifetime of Anthropogenic CO_2', *Climate Change* 90 (2008); Aristotle, *The Rhetoric of Aristotle*, trans. Lane Cooper (Appleton-Crofts, 1932)(『弁論術』アリストテレス著、戸塚七郎訳、岩波書店); Thomas Carlyle, 'Boswell's Life of Johnson', *Fraser's Magazine* 5, no. 28 (May 1832); Damian Carrington, 'How the Domestic Chicken Rose to Define the Anthropocene', *Guardian*, 31 August 2016; John Stewart Collis, *The Worm Forgives the Plough* (Penguin, 1975); Daniel Defoe, *Robinson Crusoe* (Oxford University Press, 2007)(『ロビンソン・クルーソー』デフォー著、唐戸信嘉訳、光文社); T. S. Eliot, *Complete Poems: 1909–1962* (Faber, 2009)(『荒地』T・S・エリオット著、岩崎宗治訳、岩波書店); Owen Gaffney and Will Steffen, 'The Anthropocene Equation', *Anthropocene Review* 4, no. 1 (2017); William Grimes, 'Seeking the Truth in Refuse', *New York Times*, 13 August 1992; Roger LeB. Hooke, 'On the History of Humans as Geomorphic Agents', *Geology* 28, no. 9 (2000); Richard Irvine, 'The Happisburgh Footprints in Time', *Anthropology Today* 30, no. 2 (2014); Adam Nicolson, *The Seabird's Cry* (William Collins, 2017); Alice Oswald, *Memorial* (Faber, 2011); Stephanie Pappas, 'Human Ancestor "Family" May Not Have Been Related', Live Science, 4 November 2011, https://www.livescience.com/16894-human-ancestor-laetoli-footprints-family.html; Heinrich Plett, *Enargeia in Classical Antiquity and the Early Modern Age* (Brill, 2012); Percy Bysshe Shelley, *The Major Works* (Oxford University Press, 2003)(『対訳 シェリー詩集』シェリー著、アルヴィ宮本なほ子編、岩波書店); Robert Louis Stevenson, 'A Gossip on Romance', *Longman's Magazine* 1, no. 1 (November 1882); James Temperton, 'Inside Sellafield: How the UK's Most Dangerous Nuclear Site Is Cleaning Up Its Act', *Wired*, 17 September 2016, https://www.wired.co.uk/article/inside-sellafield-nuclear-waste-decommissioning; Alfred, Lord Tennyson, *In Memoriam* (W. W. Norton, 2004)(『イン・メモリアム』テニスン著、入江直祐訳、岩波書店); Bruce Wilkinson, 'Humans as Geologic Agents: A Deep-Time Perspective', *Geology* 33, no. 3 (2005); Jan Zalasiewicz and Katie Peek, 'A History in Layers', *Scientific American* 315, no. 3 (2016).

第1章　飽くことなく延びる道路

J. G. Ballard, *Extreme Metaphors: Collected Interviews* (Fourth Estate, 2014); Vince Beiser, 'The Deadly Global War for Sand', *Wired*, 26 March 2015, https://www.wired.com/2015/03/illegal-sand-mining; A. G. Brown et al., 'The Anthropocene: Is There a Geomorphological Case?', *Earth Surface Processes and Landforms* 38, no. 4 (2013); Edward Burtynsky, *Manufactured Landscapes: The Photography of Edward Burtynsky* (National Gallery of Canada, 2003); Edward Burtynsky, *Quarries* (Steidl, 2007); Edward Burtynsky, *Oil* (Steidl/Corcoran, 2009); Bruce Chatwin, *In Patagonia* (Picador, 1977)(『パタゴニア』ブルース・チャトウィン著、芹沢真理子訳、河出書房新社); Hart Crane, *The Complete Poems of Hart Crane* (Liveright, 2001)(『ハート・クレイン詩集：書簡散文選集』ハート・クレイン著、東雄一郎訳、南雲堂); Joan Didion, *The White Album* (Farrar, Straus and Giroux, 1979)(『60年代の過ぎた朝：ジョーン・ディディオン集』ジョーン・ディディオン著、越智道雄訳、東京書籍); Ralph Waldo Emerson, *Emerson's Prose and Poetry* (W. W. Norton, 2001)(『自然について』ラルフ・ウォルドー・エマソン著、斎藤光訳、日本教文社); Roy Fisher, *The Long and the Short of It: Poems 1955–2010* (Bloodaxe, 2012); Seamus Heaney, *Station Island* (Faber, 1984)(『シェイマス・ヒーニー全詩集：1966～1991』シェイマス・ヒーニー著、村田辰夫ほか訳、国文社); Roger LeB. Hooke, 'On the Efficacy of Humans as Geomorphic Agents', *GSA Today* 4, no. 9 (1994); Ryszard Kapuściński, *Shah of Shahs*, trans. William R. Brand and Katarzyna Mroczkowska-Brand (Penguin, 2006); KCGM, 'Mineral Processing', http://www.superpit.com.au/about/mineral-processing/; Jack Kerouac, *On the Road* (Penguin, 1991)(『オン・ザ・ロード』ジャック・ケルアック著、青山南訳、河出書房新社); Barry Lopez, *Arctic Dreams* (Picador, 1986)(『極北の夢』バリー・ロペス著、石田善彦訳、草思社); Michael Mitchell, 'More Urgent Than Beauty', in Edward Burtynsky, *Quarries* (Steidl, 2007); Ben Okri, *The Famished Road* (Vintage, 1992)(『満たされぬ道』ベン・オクリ著、金原瑞人訳、平凡社); David Owen, 'The World Is Running Out of Sand', *New Yorker*, 22 May 2017; Val Plumwood, 'Shadow Places and the Politics of Dwelling', *Australian Humanities Review* 44 (March 2008); E. Ramirez-Llodra, 'Man and the Last Great Wilderness: Human Impact on the Deep Sea', *PLoS One* 6, no. 8 (2011); Neil L. Rose, 'Spheroidal Carbonaceous Fly Ash Particles Provide a Globally Synchronous Stratigraphic Marker for the Anthropocene', *Environmental Science and Technology* 49, no. 7 (2015); Wolfgang Schivelbusch, *The Railway Journey: The Industrialization and Perception of Time and Space* (University of California Press, 1977); Autumn Spanne, 'We're Running Out of Sand', *Mental Floss*, 21 June 2015, https://www.mentalfloss.com/article/65341/were-running-out-sand;

Christopher Simon Sykes, *Hockney: A Pilgrim's Progress* (Century, 2011); James P. M. Syvitski and Albert J. Kettner, 'Sediment Flux and the Anthropocene', *Philosophical Transactions of the Royal Society* A 369 (2011); Edward Thomas, *The Icknield Way* (Wildwood House, 1980); Michael Torosian, 'The Essential Element: An Interview with Edward Burtynsky', in *Manufactured Landscapes: The Photography of Edward Burtynsky*, ed. Lori Pauli (National Gallery of Canada, 2003); Gaia Vince, *Adventures in the Anthropocene* (Chatto and Windus, 2014); Jan Zalasiewicz, *The Earth After Us* (Oxford University Press, 2008); Jan Zalasiewicz et al., 'Human Bioturbation, and the Subterranean Landscapes of the Anthropocene', *Anthropocene* 6 (2014); Jan Zalasiewicz et al., 'Petrifying Earth Process: The Stratigraphic Imprint of Key Earth System Parametres in the Anthropocene', *Theory, Culture, and Society* 34, nos. 2–3 (2017).

第2章　薄い都市

Peter Ackroyd, *Venice: Pure City* (Vintage, 2010); J. G. Ballard, *Extreme Metaphors: Collected Interviews* (Fourth Estate, 2014); J. G. Ballard, *Miracles of Life* (Fourth Estate, 2014); J. G. Ballard, *The Drowned World*(Fourth Estate, 2012)(『沈んだ世界』J・G・バラード著、峰岸久訳、東京創元社); Walter Benjamin, *The Arcades Project*, trans. Howard Eiland and Kevin McLaughlin (Harvard University Press, 1999)(『パサージュ論』ヴァルター・ベンヤミン著、今村仁司ほか訳、岩波書店); Walter Benjamin, *Illuminations*, trans. Harry Zohn (Fontana/Collins, 1979); Daniel Brook, *A History of Future Cities* (Norton, 2013); Italo Calvino, *Hermit in Paris*, trans. Martin McLaughlin (Jonathan Cape, 2003); Italo Calvino, *Invisible Cities*, trans. William Weaver (Picador, 1979)(『見えない都市』イタロ・カルヴィーノ著、米川良夫訳、河出書房新社); Richard Campanella, 'How Humans Sank New Orleans', *Atlantic*, 6 February 2018; 'China Is Trying to Turn Itself into a Country of 19 Super- Regions', *Economist*, 23 June 2018; J. A. Church et al., 'Sea Level Change', in *Climate Change 2013: The Physical Science Basis. Contribution of Working Group I to the Fifth Assessment Report of the Intergovernmental Panel on Climate Change*, eds. T. F. Stocker et al. (Cambridge University Press, 2013); Lisa Cox, 'Cavity Two-Thirds the Size of Manhattan Discovered Under Antarctic Glacier', *Guardian*, 6 February 2019; Orlando Croft, 'China's Atlantis: How Shanghai Is Slowly Sinking Under the Weight of Its Tallest Towers', *IB Times*, 9 January 2017; *The Epic of Gilgamesh*, trans. Andrew George (Penguin, 2003)(『ギルガメシュ叙事詩』矢島文夫訳、筑摩書房); Jeff Goodell, *The Waters Will Come* (Black, 2018); O. Hoegh-Guldberg et al., 'Impacts of 1.5℃ *Global Warming on Natural and Human Systems', in Global Warming of 1.5*℃, eds. V. P. Masson-Delmotte et al.

(World Meteorological Organization, 2018); Hurricane Katrina External Review Panel, *The New Orleans Hurricane Protection System: What Went Wrong and Why* (ASCE Press, 2007); IPCC, 'Summary for Policymakers', in *Global Warming of 1.5℃*, eds. V. P. Masson-Delmotte et al. (World Meteorological Organization, 2018); Frederic Lane, *Venice: A Maritime History* (Johns Hopkins University Press, 1973); Leo Ou-Fan Lee, *Shanghai Modern: The Flowering of New Urban Culture in China, 1930–1945* (Harvard University Press, 1999); Coco Lui, 'Shanghai Struggles to Save Itself from the Sea', *New York Times*, 27 September 2011; Hugh MacDiarmid, *Selected Poetry* (Carcanet, 2004); Joe McDonald, 'Shanghai Is Sinking', ABC News, 28 July 2000; Robert I. McDonald et al., 'Urbanization and Global Trends in Biodiversity and Ecosystem Services', in *Urbanization, Biodiversity and Ecosystem Services: Challenges and Opportunities*, eds. Thomas Elmqvist et al. (Springer, 2013); Gordon McGranahan et al., 'Low Coastal Zone Settlements', *Tiempo* 59 (2006), https://sedac.ciesin.columbia.edu/downloads/docs/lecz/coastaltiempo.pdf; Olga Mecking, 'Are the Floating Houses of the Netherlands a Solution Against Rising Seas?', *Pacific Standard*, 21 August 2017, https://www.psmag.com/environment/are-the-floating-houses-of-the-netherlands-a-solution-against-the-rising-seas; P. Milillo et al., 'Heterogeneous Retreat and Ice Melt of Thwaites Glacier, West Antarctica', *Science Advances* 5, no. 1 (2019); Edward Muir, *Civic Ritual in Renaissance Venice* (Princeton University Press, 1981); Jaap H. Nienhuis et al., 'A New Subsidence Map for Coastal Louisiana', *GSA Today* 27, no. 9 (2017); John Ruskin, *Stones of Venice* (Dana Estes, 1851) (『ヴェネツィアの石』ジョン・ラスキン著、井上義夫編・抄訳、みすず書房); W. G. Sebald, *Vertigo*, trans. Michael Hulse (Harvill Press, 1990) (『目眩まし』W・G・ゼーバルト著、鈴木仁子訳、白水社); Mu Shying, *China's Lost Modernist*, trans. Andrew David Field (Hong Kong University Press, 2014); J. D. Stanford et al., 'Sea-Level Probability for the Last Deglaciation: A Statistical Analysis of Far-Field Records', *Global and Planetary Change* 79, nos. 3–4 (2011); UN-Habitat, *Urbanisation and Development: Emerging Futures World Cities Report* (2016); Union Internationale des Transports Publics, *World Metro Figures: Statistics Brief*, October 2015, https://www.uitp.org/sites/default/files/cck-focus-papers-files/UITP-Statistic%20Brief-Metro-A4-WEB0.pdf〔現在はアクセス不可〕; US Department of Housing and Urban Development, *The Big 'U': Rebuild by Design*, http://www.rebuildbydesign.org; *What the World Would Look Like If All the Ice Melted*, September 2013, https://www.nationalgeographic.com/magazine/2013/09/rising-seas-ice-melt-new-shoreline-maps/; P. P. Wong et al., 'Coastal Systems and Low-Lying Areas', in *Climate Change 2014: Impacts, Adaptation, and Vulnerability. Part A: Global and Sectorial Aspects. Contribution of Working Group II to the Fifth Assessment Report of the Intergovernmental*

Panel on Climate Change, eds. C. B. Field et al. (Cambridge University Press, 2014); *World Ocean Review 5: Coasts–A Vital Habitat Under Pressure* (Maribus, 2017), https:// www.worldoceanreview.com/en/wor-5/; Qiu Xiaolong, *A Case of Two Cities* (Hodder and Stoughton, 2006); Jan Zalasiewicz, *The Earth After Us* (Oxford University Press, 2008).

第3章　ペットボトルの行方

Anthony Andrady, *Plastics and Environmental Sustainability* (Wiley, 2015); David K. A. Barnes et al., 'Accumulation and Fragmentation of Plastic Debris in Global Environments', *Philosophical Transactions of the Royal Society B* 364 (2009); Roland Barthes, *Mythologies*, trans. Annette Lavers (Paladin, 1987)(『現代社会の神話：1957』ロラン・バルト著、下澤和義訳、みすず書房); Bernadette Bensaude-Vincent, 'Plastics, Materials, and Dreams of Dematerialization', in *Accumulation: The Material Politics of Plastic*, eds. Jennifer Gabrys et al. (Routledge, 2013); C. M. Boerger et al., 'Plastic Ingestion by Planktivorous Fishes in the North Pacific Central Gyre', *Marine Pollution Bulletin* 60, no. 12 (2010); Mark A. Browne et al., 'Spatial Patterns of Plastic Debris Along Estuarine Shorelines', *Environmental Science and Technology* 44, no. 9 (2010); Matthew Cole et al., 'Microplastic Ingestion by Zooplankton', *Environmental Science and Technology* 47, no. 12 (2013); Patricia L. Corcoran et al., 'An Anthropogenic Marker Horizon in the Future Rock Record', *GSA Today* 24, no. 6 (2014); Patricia L. Corcoran et al., 'Hidden Plastics of Lake Ontario', *Environmental Pollution* 204 (2015); Marcus Eriksen et al., 'Plastic Pollution in the World's Oceans: More Than 5 Trillion Plastic Pieces Weighing Over 250,000 Tons Afloat at Sea', *PLoS One* 9, no. 12 (2014); Jan A. Franeker and Kara Lavender Law, 'Seabirds, Gyres and Global Trends in Plastic Pollution', *Environmental Pollution* 203 (2015); Roland Geyer et al., 'Production, Use, and Fate of All Plastics Ever Made', *Science Advances* 3, no. 7 (2017); William Golding, *The Inheritors* (Faber, 1955)(『後継者たち』ウィリアム・ゴールディング著、小川和夫訳、早川書房); Murray Gregory, 'Environmental Implications of Plastic Debris in Marine Settings', *Philosophical Transactions of the Royal Society B* 364 (2009); E. A. Howell et al., 'On North Pacific Circulation and Associated Marine Debris Concentration', *Marine Pollution Bulletin* 65, nos 1–3 (2012); Juliana A. Ivar do Sul and Monica F. Costa, 'The Present and Future of Microplastic Pollution in the Marine Environment', *Environmental Pollution* 185 (2014); Mark Jackson, 'Plastic Islands and Processual Grounds: Ethics, Ontology, and the Matter of Decay', *Cultural Geographies* 20, no. 2 (2012); Sarah Laskow, 'How the Plastic Bag Became So Popular', *Atlantic*, 10 October 2014; Bruno Latour, *Pandora's Hope: Essays on the Reality of Science Studies*

(Harvard University Press, 1999)（『科学論の実在：パンドラの希望』ブルーノ・ラトゥール著、川崎勝・平川秀幸訳、産業図書）; L. C.-M. Lebreton et al., 'Numerical Modelling of Floating Debris in the World's Oceans', *Marine Pollution Bulletin* 64, no. 3（2012）; Ursula K. Le Guin, 'The Carrier Bag Theory of Fiction', in *Women of Vision*, ed. Denise DuPont（St. Martin's Press, 1988）; Jeffrey Meikle, *American Plastic: A Cultural History*（Rutgers University Press, 1997）; Christopher K. Pham et al., 'Marine Litter Distribution and Density in European Seas, from the Shelves to the Basins', *PLoS One* 9, no. 4（2014）; William G. Pichel et al., 'Marine Debris Collects Within the North Pacific Subtropical Convergence Zone', *Marine Pollution Bulletin* 54, no. 8（2007）; Peter G. Ryan et al., 'Monitoring the Abundance of Plastic Debris in the Marine Environment', *Philosophical Transactions of the Royal Society B* 364（2009）; Xavier Tubau et al., 'Marine Litter on the Floor of Deep Submarine Canyons of the Northwestern Mediterranean Sea', *Progress in Oceanography* 134（2015）; Lisbeth Van Cauwenberghe et al., 'Microplastic Pollution in Deep-Sea Sediments', *Environmental Pollution* 182（2013）; Lucy C. Woodall et al., 'The Deep Sea Is a Major Sink for Microplastic Debris', *Royal Society Open Science* 1, no. 4（2014）; R. Yamashita and A. Tanimura, 'Floating Plastic in the Kuroshio Current Area, Western North Pacific Ocean', *Marine Pollution Bulletin* 54, no. 4（2007）; Jan Zalasiewicz et al., 'The Geological Cycle of Plastics and Their Use as a Stratigraphic Indicator of the Anthropocene', *Anthropocene* 13（2016）; Eric Zettler et al., 'Life in the 'Plastisphere': Microbial Communities on Plastic Marine Debris', *Environmental Science and Technology* 47, no. 13（2013）.

第4章　氷床コアの記録

Richard Alley, *The Two-Mile Time Machine: Ice Cores, Abrupt Climate Change, and Our Future*（Princeton University Press, 2000）（『氷に刻まれた地球11万年の記憶：温暖化は氷河期を招く』リチャード・B・アレイ著、山崎淳訳、ソニー・マガジンズ）; Matthew Amesbury et al., 'Widespread Biological Response to Rapid Warming on the Antarctic Peninsula', *Current Biology* 27, no. 11（2017）; Alessandro Antonello, 'Engaging and Narrating the Antarctic Ice Sheet', *Environmental History* 22, no. 1（2017）; Alessandro Antonello and Mark Carey, 'Ice Cores and the Temporalities of the Global Environment', *Environmental Humanities* 9, no. 2（2007）; Jonathan Bate, *The Song of the Earth*（Picador, 2000）; Tom Bawden, 'Global Warming: Data Centres to Consume Three Times as Much Energy in Next Decade', *Independent*, 23 January 2016; Jorge Luis Borges, *Labyrinths*, trans. James E. Irby（Penguin, 2000）; James W. P. Campbell, *The Library: A World History*

(Thames and Hudson, 2013)（『世界の図書館：美しい知の遺産』ジェームズ・W・P・キャンベル著、野中邦子・高橋早苗訳、河出書房新社); Mark Carey, 'The History of Ice: How Glaciers Became an Endangered Species', *Environmental History* 12, no. 3 (2007); Damian Carrington, 'A Third of Himalayan Ice Cap Doomed, Finds Report', *Guardian*, 4 February 2019; Joseph Cheek, 'What Ice Cores from Law Dome Can Tell Us About Past and Current Climates', 12 August 2011, http://www.sciencepoles.org/interview/what-ice-cores-from-law-dome-can-tell-us-about-past-and-current-climates; William Colgan et al., 'The Abandoned Ice Sheet Base at Camp Century, Greenland, in a Warming Climate', *Geophysical Research Letters* 43, no. 15 (2016); DOMO, 'Data Never Sleeps 6.0', https://www.domo.com/learn/data-never-sleeps-6; Aant Elzinga, 'Some Aspects in the History of Ice Core Drilling and Science from IGY to EPIPCA', in *National and Trans-National Agendas in Antarctic Research from the 1950s and Beyond*, ed. C. Lüdecke (Byrd Polar and Climate Research Centre, Ohio State University, 2013); Michel Foucault, 'Of Other Spaces', trans. Jay Miskoweic, *Diacritics* 16, no. 1 (1986); Gavin Francis, *Empire Antarctica: Ice, Silence and Emperor Penguins* (Chatto and Windus, 2012); A. Ganopolski et al., 'Critical Insolation-CO_2 Relations for Diagnosing Past and Future Glacial Inception', *Nature* 529 (2016); Tom Griffiths, 'Introduction: Listening to Antarctica', in *Antarctica: Music, Sounds and Cultural Connections*, eds. Bernadette Hince et al. (Australian National University Press, 2015); O. Hoegh-Guldberg et al., 'Impacts of 1.5℃ Global Warming on Natural and Human Systems', in *Global Warming of 1.5℃*, eds. V. P. Masson-Delmotte et al. (World Meteorological Organization, 2018); Adrian Howkins, 'Melting Empires? Climate Change and Politics in Antarctica Since the International Geophysical Year', *Osiris* 26, no. 1 (2011); Alexander Koch, 'Earth System Impacts of the European Arrival and Great Dying in the Americas After 1492', *Quaternary Science Reviews* 207 (2019); Tété-Michel Kpomassie, *An African in Greenland*, trans. James Kirkup (New York Review Books, 2001)（『グリーンランドのアフリカ人：温度差70度への旅立ち』T-M・ポマシィー著、八下田和子訳、新評論); Chester C. Langway, Jr., *The History of Early Polar Ice Cores* (Engineer Research and Development Centre, 2008); Kurd Lasswitz, 'The Universal Library', in *Fantasia Mathematica* (Simon & Schuster, 1958); Jasmine R. Lee et al., 'Climate Change Drives Expansion of Antarctic Ice-Free Habitat', *Nature* 547 (2017); Matthieu Legendre et al., 'In-Depth Study of *Mollivirus sibericum*, a New 30,000-y-Old Giant Virus Infecting *Acanthamoeba*', *Proceedings of the National Academy of Sciences* 112, no. 38 (2015); Alec Luhn, 'Anthrax Outbreak Triggered by Climate Change Kills Boy in Arctic Circle', *Guardian*, 1 August 2016; D. R. MacAyeal, 'Seismology Gets Under the Skin of the Antarctic Ice Sheet', *Geophysical Research Letters* 45, no. 20 (2018); Janet Martin- Nielsen,

'"The Deepest and Most Rewarding Hole Ever Drilled": Ice Cores and the Cold War in Greenland', *Annals of Science* 70, no. 1 (2013); Oliver Milman, 'US Glacier National Park Losing Its Glaciers with Just 26 of 150 Left', *Guardian*, 11 May 2017; Jing Ming et al., 'Widespread Albedo Decreasing and Induced Melting of Himalayan Snow and Ice in the Early 21st Century', *PLoS One* 10, no. 6 (2015); John Muir, *John Muir: His Life and Letters and Other Writings*, ed. Terry Gifford (Mountaineering Books, 1996); John Muir, 'Yosemite Glaciers', *New-York Tribune*, 5 December 1871; Kristian H. Nielsen et al., 'City Under the Ice: The Closed World of Camp Century in Cold War Culture', *Science as Culture* 23, no. 4 (2014); Rachel Obbard et al., 'Global Warming Releases Microplastic Legacy Frozen in Arctic Sea Ice', *Earth's Future* 2, no. 6 (2014); Alvin Powell, 'Study of 14th-Century Plague Challenges Assumptions on "Natural" Lead Levels', Phys.org, 31 May 2017, https://phys.org/news/2017-05-14th-century-plague-assumptions-natural.html；Project Ice Memory, https://fondation.univ-grenoble-alpes.fr; Radicati Group, Inc., *Email Statistics Report, 2017–2021*, February 2017, https://www.radicati.com/wp/wp-content/uploads/2017/01/Email-Statistics-Report-2017-2021-Executive-Summary.pdf; Arundhati Roy, 'What Have We Done to Democracy? Of Nearsighted Progress, Feral Howls, Consensus, Chaos, and a New Cold War in Kashmir', *TomDispatch*, 27 September 2009, http://www.tomdispatch.com/blog/175125/tomgram%3A_arundhatiroy%2C_is_democracy_melting; William Ruddiman, 'The Anthropogenic Greenhouse Era Began Thousands of Years Ago', *Climate Change* 61, no. 3 (2003); William Ruddiman, 'How Did Humans First Alter Global Climate?', *Scientific American* 292, no. 3 (March 2005); Ted Schuur, 'The Permafrost Prediction', *Scientific American* 315, no. 6 (2016); Yun Lee Too, *The Idea of the Library in the Ancient World* (Oxford University Press, 2010); Peter Wadhams, *A Farewell to Ice* (Allen Lane, 2016)（『北極がなくなる日』ピーター・ワダムズ著、武藤崇恵訳、原書房）; Walter Wager, *Camp Century: City Under the Ice* (Chilton Books, 1962); Eric N. Woolf, 'Ice Sheets and the Anthropocene', in *A Stratigraphic Basis for the Anthropocene*, eds. Colin Waters et al. (Geological Society of London, 2014). 南極大陸の氷が歌う録音はここで聴ける。https://www.theguardian.com/global/video/2018/oct/18/researchers-capture-audio-of-antarctic-ice-singing-video

第5章　失われつつあるサンゴ礁

Theodor Adorno, *Prisms*, trans. Samuel and Shierry Weber (Massachusetts Institute of Technology Press, 1967); Joseph Banks, *The Endeavour Journal of Joseph Banks: The Australian Journey*, ed. Paul Brunton (Angus and Robertson, 1998); Tom Bawden,

'Caribbean Coral Reefs Are Declining at "an Alarming" Rate', *Independent*, 2 July 2014; Thomas Browne, *Pseudodoxia Epidemica* 1 (Clarendon Press, 1981); Gilbert Camoin and Jody Webster, 'Coral Reefs and Sea-Level Change', *Developments in Marine Geology* 7 (2014); *The Correspondence of Charles Darwin*, eds. Frederick Burkhardt and Sydney Smith, vol. 1, 1821–1836 (Cambridge University Press, 1985); Adrian Desmond and James Moore, *Darwin* (Michael Joseph, 1991); Tim DeVries, 'Recent Increase in Oceanic Carbon Uptake Driven by Weaker Upper-Ocean Overturning', *Nature* 542 (2017); C. G. Ehrenberg, 'On the Nature and Formation of the Coral Islands and Coral Banks in the Red Sea', *Journal of the Bombay Branch of the Royal Asiatic Society* 1 (July 1841–July 1844); Great Barrier Reef Marine Park Authority, *Final Report: 2016 Coral Bleaching Event on the Great Barrier Reef* (GBRMPA, 2017); Jane Ellen Harrison, *Prolegomena to the Study of the Greek Religion* (Cambridge University Press, 2013); Stefan Helmreich, *Sounding the Limits of Life: Essays in the Anthropology of Biology and Beyond* (Princeton University Press, 2015); Terry Hughes et al., 'Ecological Memory Modifies the Cumulative Impact of Recurrent Climate Extremes', *Nature Climate Change* 9 (2019); Derek Jarman, *Chroma* (Vintage, 2000)(『クロマ』デレク・ジャーマン著、川口隆夫・津田留美子訳、河出書房新社); Elizabeth Kolbert, 'The Darkening Sea', *New Yorker*, 20 November 2006; Dan Lin and Kathy Jetñil-Kijiner, 'Dome Poem Part III: "Anointed" Final Poem and Video', 16 April 2018, https://www.kathyjetnilkijiner.com/dome-poem-iii-anointed-final-poem-and-video/ ; Iain McCalman, *The Reef: A Passionate History* (Scribe, 2014); Mathelinda Nabugodi, 'Medusan Figures: Reading Percy Bysshe Shelley and Walter Benjamin', *MHRA Working Papers in the Humanities* 9 (2015); Patrick D. Nunn and Nicholas J. Reid, 'Aboriginal Memories of Inundation of the Australian Coast Dating from More Than 7,000 Years Ago', *Australian Geographer* 47, no. 1 (2016); Ovid, *Metamorphoses*, trans. Mary Innes (Penguin, 1955)(『変身物語』オウィディウス著、高橋宏幸訳、京都大学学術出版会); Nicholas J. Reid et al., 'Indigenous Australian Stories and Sea-Level Change', in *Indigenous Languages and Their Value to the Community*, eds. Patrick Heinrich and Nicholas Ostler, Proceedings of the 18th Foundation for Endangered Languages Conference, Okinawa, Japan (2014); C. Sabine, 'Study Details Distribution, Impacts of Carbon Dioxide in the World Oceans', *NOAA Magazine*, 2014, http://www.noaanews.noaa.gov; William Shakespeare, *The Tempest* (Bloomsbury, 2011)(『テンペスト』ウィリアム・シェイクスピア著、小田島雄志訳、白水社); Derek Walcott, *Omeros* (Faber, 1990); Colin Woodroffe and Jody Webster, 'Coral Reefs and Sea Level Change', *Marine Geology* 352 (2014); Frances Yates, *The Art of Memory* (Routledge, 1966).

第6章　残りつづける核廃棄物

Svetlana Alexievich, *Chernobyl Prayer*, trans. Anna Gunin and Arch Tait（Penguin, 2013）（『チェルノブイリの祈り：未来の物語』スベトラーナ・アレクシエービッチ著、松本妙子訳、岩波書店）; 'Australia's Uranium', World Nuclear Association, http://www.world-nuclear.org/information-library/country-profiles/countries-a-f/australia.aspx; David Bradley, *No Place to Hide*（University Press of New England, 1983）; Julia Bryan-Wilson, 'Building a Marker of Nuclear Warning', in *Monuments and Memory, Made and Unmade*, eds. Robert S. Nelson and Margaret Olin（University of Chicago Press, 2003）; Jane Dibblin, *Day of Two Suns: U.S. Nuclear Testing and the Pacific Islanders*（New Amsterdam, 1990）; Herodotus, *The Histories*, trans. Aubrey de Sélincourt（Penguin, 1996）（『歴史』ヘロドトス著、松平千秋訳、岩波書店）; Russell Hoban, *The Moment Under the Moment*（Picador, 1992）; International Atomic Energy Agency, *Estimation of Global Inventories of Radioactive Waste and Other Radioactive Materials*, IAEA-TECDOC-1591（IAEA, 2008）; Jawoyn Association, https://www.jawoyn.org.au; Barbara Rose Johnson, 'Nuclear Disaster: The Marshall Islands Experience and Lessons for a Post-Fukushima World', in *Global Ecologies and the Environmental Humanities: Postcolonial Approaches*, eds. Anthony Carrigan et al.（Routledge, 2015）; *The Kalevala*, trans. Keith Bosley（Oxford University Press, 2008）（『カレワラ：フィンランド国民的叙事詩』森本覚丹訳、講談社）; Martti Kalliala et al., *Solution 239–246 Finland: The Welfare Game*（Sternberg Press, 2011）; Matti Kuusi et al. eds., *Finnish Folk Poetry–Epic: An Anthology in Finnish and English*（Finnish Literature Society, 1977）; Joseph Masco, *The Nuclear Borderlands: The Manhattan Project in Post-Cold War New Mexico*（Princeton University Press, 2006）; Andrew Moisey, 'Considering the Desire to Mark Our Buried Nuclear Waste: Into Eternity and the Waste Isolation Pilot Plant', *Qui Parle* 20, no. 2（2012）; 'The Nuclear Fuel Cycle', https://www.world-nuclear.org/; Mark Pagel et al., 'Ultraconserved Words Point to Deep Language Ancestry Across Europe', *PNAS* 110, no. 21（2013）; *Permanent Markers Implementation Plan*（United States Department of Energy, 2004）; Posiva, *Biosphere Assessment Report*（2009）; Posiva, *Safety Case for the Disposal of Spent Nuclear Fuel at Onkalo–Complementary Considerations*（December 2012）; Thomas Sebeok, *Communication Measures to Bridge Ten Millennia*（Office of Nuclear Waste Isolation, 1984）; Sophocles, *Three Theban Plays*, trans. Robert Fagles（Penguin, 1984）（『オイディプス王』ソポクレス著、藤沢令夫訳、岩波書店、『コロノスのオイディプス』ソポクレス著、高津春繁訳、岩波書店）; Kathleen M. Trauth et al., *Expert Judgement on Markers to Deter Inadvertent Human Intrusion into the Waste Isolation Pilot Plant*（Sandia National Laboratories, 1993）; Peter C. Van Wyck, *Signs of*

Danger: Waste, Trauma and Nuclear Threat (University of Minnesota Press, 2005); Mark Willacy, 'A Poison in Our Island', ABC News, 26 November 2017, https://www.abc.net.au/news/2017-11-27/the-dome-runit-island-nuclear-test-leaking-due-to-climate-change/9161442?nw=0; Alexis Wright, *Carpentaria* (Constable, 2006); Tom Zoellner, *Uranium: War, Energy, and the Rock That Shaped the World* (Viking, 2009).

第7章　脅かされる生物多様性

Stacy Alaimo, 'Jellyfish Science, Jellyfish Aesthetics', in *Thinking with Water*, eds. Celia Chen et al. (McGill-Queens University Press, 2013); Baltic Marine Environment Protection Commission, *The State of the Baltic Sea* (2017); Lucas Brotz et al., 'Increasing Jellyfish Populations: Trends in Large Marine Ecosystems', *Hydrobiologia* 690, no. 1 (2012); J. W. Bull and M. Maron, 'How Humans Drive Speciation as Well as Extinction', *Proceedings of the Royal Society B* 283 (2016); Donald E. Canfield et al., 'The Evolution and Future of Earth's Nitrogen Cycle', *Science* 330, no. 6001 (2010); Robert Diaz and Rutger Rosenberg, 'Spreading Dead Zones and Consequences for Marine Ecosystems', *Science* 321, no. 5891 (2008); Annie Dillard, *Teaching a Stone to Talk* (Canongate, 2017)(『石に話すことを教える』アニー・ディラード著、内田美恵訳、めるくまーる); T. S. Eliot, *Complete Poem: 1909–1962* (Faber, 2009); James J. Elser, 'A World Awash with Nitrogen', *Science* 334, no. 6062 (2011); Mark Fisher, *The Weird and the Eerie* (Repeater, 2016); Tim Flannery, 'They're Taking Over!', *New York Review of Books*, 26 September 2013; Shigehisa Furuya, 'World Worries as Jellyfish Swarms Swell', *Nikkei Asian Review*, 5 February 2015; Lisa-ann Gershwin, *Stung! On Jellyfish Blooms and the Future of the Ocean* (University of Chicago Press, 2013); Ernst Haeckel, *Art Forms in Nature* (Prestel, 1998)(『生物の驚異的な形』エルンスト・ヘッケル著、戸田裕之訳、河出書房新社); Lila M. Harper, '"The Starfish That Burns": Gendering the Jellyfish', in *Forces of Nature*, eds. Bernadette H. Hyner and Precious McKenzie Stearns (Cambridge Scholars, 2009); Intergovernmental Science-Policy Platform on Biodiversity and Ecosystem Services, *The Global Assessment Report on Biodiversity and Ecosystem Services*, E. S. Brondizio, eds. J. Settele, S. Díaz, and H. T. Ngo (IPBES Secretariat, 2019); Michael L. McKinney, 'How Do Rare Species Avoid Extinction? A Paleontological View', in *The Biology of Rarity*, eds. William E. Kumin and Kevin J. Gastin (Springer, 1997); Daniel Pauly, 'Anecdotes and the Shifting Baseline Syndrome of Fisheries', *Tree* 10 (1995); Jennifer E. Purcell, 'Jellyfish and Ctenophore Blooms Coincide with Human Proliferations and Environmental Perturbations', *Annual Review of Marine Science* 4 (2012); Robert J. Richards, *The Tragic Sense of Life: Ernst Haeckel and the Struggle*

Over Evolutionary Thought（University of Chicago Press, 2006）; Anthony J. Richardson et al., 'The Jellyfish Joyride: Causes, Consequences and Management Responses to a More Gelatinous Future', *Trends in Ecology and Evolution* 24, no. 6（2009）; Mark Schrope, 'Marine Ecology: Attack of the Blobs', *Nature* 482（1 February 2012）; Vaclav Smil, *The Earth's Biosphere*（MIT Press, 2002）; Jean Sprackland, *Hard Water*（Jonathan Cape, 2003）; Jens-Christian Svenning, 'Future Megaphones: A Historical Perspective on the Potential for a Wilder Anthropocene', *Arts of Living on a Damaged Planet*, eds. Anna Lowenhaupt Tsing et al.（University of Minnesota Press, 2017）; Tomas Tranströmer, *New Collected Poems*, trans. Robin Fulton（Bloodaxe, 1997）; John Vidal, 'UN Environment Programme: 200 Species Extinct Every Day', *HuffPost*, 18 August 2010, https://www.huffpost.com/entry/un-environment-programmen_684562; Mary Wollstonecraft, *A Short Residence in Sweden, Norway, and Denmark*（Penguin, 1987）（『北欧旅行記』メアリ・ウルストンクラフト著、堀出稔訳、金星堂）; Virginia Woolf, *The Diary of Virginia Woolf*, ed. Anne Olivier Bell, vol. 3, 1925–1930（Hogarth Press, 1980）; Virginia Woolf, Selected Essays（Oxford University Press, 2009）; Virginia Woolf, *The Waves*（Vintage, 2004）（『波』ヴァージニア・ウルフ著、川本静子訳、みすず書房）

第8章　微生物の攪乱

W. H. Auden, *Selected Poems*（Faber, 1979）; Martin Blaser, *Missing Microbes*（One World, 2014）（『失われてゆく、我々の内なる細菌』マーティン・J・ブレイザー著、山本太郎訳、みすず書房）; Christian Bök, 'The Xenotext Works', 2 April 2011, https://www.poetryfoundation.org/harriet/2011/04/the-xenotext-works; Douglas Ian Campbell and Patrick Michael Whittle, *Resurrecting Extinct Species*（Palgrave, 2017）; P. J. Capelotti, 'Mobile Artefacts in the Solar System and Beyond', in *Archaeology and Heritage of the Human Movement into Space*, eds. Beth Laura O'Leary and P. J. Capelotti（Springer, 2015）; Denise Chow, 'On the Moon, Flags and Footprints of Apollo Astronauts Won't Last Forever', Space.com, 6 September 2011, https://www.space.com/12846-apollo-moon-landing-sites-flags-footprints.html; Gary Cook et al., *Clicking Clean 2017*（Greenpeace, 2016）; Sarah Craske, http://www.sarahcraske.co.uk; Jason Daley, 'In a First, Archival-Quality Performances Are Preserved in DNA', *Smithsonian*, 2 October 2017, https://www.smithsonianmag.com/smart-news/two-rare-music-performances-archived-dna-180965088/; Anna Davison, 'The Most Extreme Life-Forms in the Universe', *New Scientist*, 26 June 2008; Deep Carbon Observatory, 'Life in Deep Earth Totals 15 to 23 Billion Tonnes of Carbon – Hundreds of Times More Than Humans', 10 December 2018, https://deepcarbon.net/life-deep-earth-

totals-15-23-billion-tonnes-carbon; Philip K. Dick, *The Preserving Machine and Other Stories* (Pan, 1972); James J. Elser, 'A World Awash with Nitrogen', *Science* 334, no. 6062 (2011); Andy Extance, 'How DNA Could Store All the World's Data', *Nature* 537, no. 7618 (2016); J. R. Ford et al., 'An Assessment of Lithostratigraphy for Anthropogenic Deposits', in *A Stratigraphic Basis for the Anthropocene*, eds. Colin Waters et al. (Geological Society of London, 2014); Michael Gillings, 'Evolutionary Consequences of Antibiotic Use for the Resistome, Mobilome, and Microbial Pangenome', *Frontiers in Microbiology* 4, no. 4 (2013); Michael Gillings, 'Lateral Gene Transfer, Bacterial Genome Evolution, and the Anthropocene', *Annals of the New York Academy of Sciences* 1389, no. 1 (2017); Michael Gillings and Ian Paulson, 'Microbiology of the Anthropocene', *Anthropocene* 5 (2014); Michael Gillings and H. W. Stokes, 'Are Humans Increasing Bacterial Evolvability?', *Trends in Ecology and Evolution* 27, no. 6 (2012); Michael Gillings et al., 'Ecology and Evolution of the Human Microbiota', *Genes* 6, no. 3 (2015); Michael Gillings et al., 'Using the Class 1 Integron-Integrase Gene as a Proxy for Anthropogenic Pollution', *ISME Journal* 9, no. 6 (2015); Alice Gorman, 'The Anthropocene in the Solar System', *Journal of Contemporary Archaeology* 1, no. 1 (2014); Alice Gorman, 'Culture on the Moon: Bodies in Time and Space', *Archaeologies* 12, no. 1 (2016); Clive Hamilton, 'The Theodicy of the "Good Anthropocene",' *Environmental Humanities* 7, no. 1 (2016); Robert M. Hazen et al., 'On the Mineralogy of the Anthropocene Epoch' *American Mineralogist* 102 (2017); Douglas Heaven, 'Video Stored in Live Bacterial Genome Using CRISPR Gene Editing', *New Scientist*, 12 July 2017; Myra J. Hird, 'Coevolution, Symbiosis and Sociology', *Ecological Economics* 69, no. 4 (2010); Myra J. Hird, *The Origins of Sociable Life* (Palgrave, 2009); Heinrich Holland, 'The Oxygenation of the Atmosphere and Oceans', *Philosophical Transactions of the Royal Society B* 361, no. 1470 (2006); Rowan Hooper, 'Tough Bug Reveals Key to Radiation Resistance', *New Scientist*, 25 March 2007; Gerda Horneck et al., 'Space Microbiology', *Microbiology and Molecular Biology Reviews* 74, no. 1 (2010); A. A. Imshenetsky et al., 'Upper Boundary of the Biosphere', *Applied and Environmental Microbiology* 35, no. 1 (1978); Carole Lartigue et al., 'Genome Transplantation in Bacteria: Changing One Species to Another', *Science* 317, no. 5838 (2007); Jeff Long, 'Scientists Rouse Bacterium from 250-Million-Year Slumber', *Chicago Tribune*, 19 October 2000; C. Magnabosco et al., 'The Biomass and Biodiversity of the Continental Subsurface', *Nature Geoscience* 11 (2018); Lynn Margulis, *Symbiotic Planet* (Basic Books, 1998) (『共生生命体の30億年』リン・マーギュリス著、中村桂子訳、草思社); Lynn Margulis and Dorian Sagan, *Microcosmos* (University of California Press, 1997); Mary J. Marples, 'Life on the Human Skin', *Scientific American*, 1 January 1969; Beth Laura O'Leary, '"To Boldly Go

Where No Man [*sic*] Has Gone Before": Approaches in Space Archaeology and Heritage', in *Archaeology and Heritage of the Human Movement into Space*, eds. Beth Laura O'Leary and P. J. Capelotti (Springer, 2015); Ovid, *Metamorphoses*, trans. Mary Innes (Penguin, 1955); Elizabeth Pennisi, 'Synthetic Genome Brings New Life to Bacterium', *Science* 328, no. 5981 (2010); Joseph N. Pleton, *Space Debris and Other Threats from Outer Space* (Springer, 2013); Oliver Plümper et al., 'Subduction Zone Forearc Serpentinites as Incubators for Deep Microbial Life', *PNAS* 114 (2017); David Reinsel et al., *Data Age 2025* (International Data Corporation, 2018); Ben C. Scheel et al., 'Amphibian Fungal Panzootic Causes Catastrophic and Ongoing Loss of Biodiversity', *Science* 363, no. 6434 (2019); Vaclav Smil, *The Earth's Biosphere* (MIT Press, 2002); Laura Snyder, *Eye of the Beholder* (Head of Zeus, 2015) (『フェルメールと天才科学者：17世紀オランダの「光と視覚」の革命』ローラ・J・スナイダー著、黒木章人訳、原書房); '250 Million Year Old Bacterial Spore Comes Back to Life', Bioprocess Online, 20 October 2000, https://www.bioprocessonline.com/doc/250-million-year-old-bacterial-spore-comes-ba-0001; Nikea Ulrich et al., 'Experimental Studies Addressing the Longevity of *Bacillus subtilis* Spores – the First Data from a 500-Year Experiment', *PLoS One* 13, no. 12 (2018); Peter C. Van Wyck, *Signs of Danger: Waste, Trauma and Nuclear Threat* (University of Minnesota Press, 2005); Milton Wainwright, *Miracle Cure* (Basil Blackwell, 1990); William Whitman et al., 'Prokaryotes: The Unseen Majority', *PNAS* 95, no. 12 (1998); Pak Chung Wong et al., 'Organic Data Memory Using the DNA Approach', *Communications of the ACM 46*, no. 1 (2003); Shosuke Yoshida et al., 'A Bacterium That Degrades and Assimilates Poly (ethylene terephthalate)', *Science* 351, no. 6278 (2016); Jan Zalasiewicz, 'The Extraordinary Strata of the Anthropocene', *Environmental Humanities*, eds. Serpil Oppermann and Serenella Iorvino (Rowman and Littlefi eld, 2017); Jan Zalasiewicz et al., 'The Mineral Signature of the Anthropocene in Its Deep-Time Context', in *A Stratigraphic Basis for the Anthropocene*, eds. Colin Waters et al. (Geological Society of London, 2014); Jan Zalasiewicz et al., 'The Technofossil Record of Humans', *Anthropocene Review* 1, no. 1 (2014); Eric Zettler et al., 'Life in the "Plastisphere": Microbial Communities on Plastic Marine Debris', *Environmental Science and Technology* 47, no. 13 (2013); Yong-Guan Zhu et al., 'Microbial Mass Movements', *Science* 357, no. 6356 (2017); Sergey A. Zimov, 'Pleistocene Park: Return of the Mammoth's Ecosystem', *Science* 308, no. 5723 (2005); Sergey A. Zimov et al., 'Permafrost and the Global Carbon Budget', *Science* 312 (2006).

終章　未来の化石が示すもの

Italo Calvino, *Collection of Sand*, trans. Martin McLaughlin（Penguin, 2013）（『砂のコレクション』イタロ・カルヴィーノ著、脇功訳、松籟社）; Patricia L. Corcoran et al., 'An Anthropogenic Marker Horizon in the Future Rock Record', *GSA Today* 24, no. 6（2014）; Paul Valéry, *Eupalinos, or The Architect*, trans. William McCausland Stewart（Oxford University Press, 1932）（『エウパリノス　魂と舞踏　樹についての対話』ポール・ヴァレリー著、清水徹訳、岩波書店）

著者・訳者紹介

デイビッド・ファリアー（David Farrier）

イギリス・エディンバラ大学の英文学と環境学の教授。本書で英国王立文学協会のジャイルズ・セントオービン賞を受賞。デジタル・マガジンの「イーオン」や、『アトランティック』誌に寄稿している。これまでに*Unsettled Narratives*（Routledge, 2006）、*Postcolonial Asylum*（Liverpool University Press, 2011）、*Anthropocene Poetics*（University of Minnesota Press, 2019）も上梓している。

東郷えりか（とうごう　えりか）

翻訳者。上智大学外国語学部フランス語学科卒業。訳書にセアラ・ドライ『地球を支配する水の力』、ルイス・ダートネル『世界の起源』と『この世界が消えたあとの 科学文明のつくりかた』（以上、河出書房新社）、アンジェラ・サイニー『科学の人種主義とたたかう』と『科学の女性差別とたたかう』（以上、作品社）、デイヴィッド・W・アンソニー『馬・車輪・言語（上・下）』（筑摩書房）など多数。

FOOTPRINTS《フットプリント》 未来から見た私たちの痕跡

2021年6月3日発行

著　者――デイビッド・ファリアー
訳　者――東郷えりか
発行者――駒橋憲一
発行所――東洋経済新報社
〒103-8345　東京都中央区日本橋本石町 1-2-1
電話＝東洋経済コールセンター　03(6386)1040
https://toyokeizai.net/

装　丁…………橋爪朋世
ＤＴＰ…………アイランドコレクション
印　刷…………東港出版印刷
製　本…………積信堂
編集担当………九法　崇

Printed in Japan　　ISBN 978-4-492-80091-1